河南省“十四五”普通高等教育规划教材
面向新工科普通高等教育系列教材

信息与编码理论

第 2 版

张长森　郭　辉　主编
邓　超　张延良　李宝平　王小旗　参编

机械工业出版社

本书重点介绍信息论的基本知识，以及常用信源编码和信道编码技术的原理与实现方法。全书共 7 章，主要内容包括绪论、信源与信源熵、信道与信道容量、信源编码、线性分组码、BCH 码和 RS 码，以及卷积码。本书面向工程应用的需要，在介绍信息论基本概念和必要数学知识的基础上，重点讲解常见的信源编码和信道编码技术的基本原理、物理意义和实现方法，内容全面，配有视频、MATLAB 仿真实例和丰富的习题，便于教学与自学。

本书可作为高等院校通信工程、电子信息工程、计算机科学与技术等专业的本科生或研究生的教材和参考书，也可供相关专业的科研和工程技术人员参考。

为配合教学，本书配有教学用 PPT、电子教案、课程教学大纲、试卷（含答案及评分标准）、习题参考答案等教学资源。需要的教师可登录机工教育服务网（www. cmpedu. com）免费注册，审核通过后下载，或联系编辑索取（微信：18515977506，电话：010－88379753）。

图书在版编目（CIP）数据

信息与编码理论/张长森，郭辉主编. —2 版. —北京：机械工业出版社，2023. 11

面向新工科普通高等教育系列教材

ISBN 978-7-111-74153-4

Ⅰ. ①信… Ⅱ. ①张…②郭… Ⅲ. ①信息论－高等学校－教材②信源编码－高等学校－教材 Ⅳ. ①TN911. 2

中国国家版本馆 CIP 数据核字（2023）第 205159 号

机械工业出版社（北京市百万庄大街 22 号 邮政编码 100037）

策划编辑：李馨馨 责任编辑：李馨馨 尚 晨

责任校对：郑 婕 李小宝 责任印制：刘 媛

涿州市般润文化传播有限公司印刷

2024 年 1 月第 2 版第 1 次印刷

184mm×260mm · 13. 75 印张 · 337 千字

标准书号：ISBN 978-7-111-74153-4

定价：69. 00 元

电话服务 网络服务

客服电话：010－88361066 机 工 官 网：www. cmpbook. com

010－88379833 机 工 官 博：weibo. com/cmp1952

010－68326294 金 书 网：www. golden－book. com

 机工教育服务网：www. cmpedu. com

前　言

1948 年，C. E. Shannon 发表了开创性论文《通信的数学理论》，宣告了信息论学科的诞生。信息论是研究信息传输和信息处理的科学，是现代信息与通信技术的理论基础。信息论及其衍生的编码理论和技术既是科学理论又是工程应用知识，对实际通信系统的设计与实现产生了深远的影响，并已经渗透到其他领域中。

编码理论和技术在本质上是高度数学化的，对其深入理解需要掌握丰富的通信理论、概率论和近世代数的背景知识。为了帮助读者尽快理解和掌握常用的重要编码和译码技术，本书在讲解信息论的基本概念之后，使用了最少的数学基础知识，重点对常用的信源和信道编译码理论和技术进行了深入的讲解。本书内容兼顾知识性和实用性，联系工程实践，强调物理意义，结构合理，概念清晰，示例丰富准确，可作为通信工程、电子信息工程、计算机科学与技术等专业的本科生或研究生的教材和参考书，也可供相关专业的科研和工程技术人员参考。

随着党的二十大的召开，科教兴国战略得到进一步深化，教育领域的综合改革与教育数字化方兴未艾。本书正是在该背景下进行了修订完善。全书共 7 章。第 1 章介绍了信息、信息论和编码问题的基本情况；第 2 章介绍了信源与信源熵的基本概念；第 3 章介绍了信道与信道容量的基本概念；第 4 章讲解了常见的无失真和限失真信源编码方法；第 5 章全面讲解了线性分组码和循环码的相关知识；第 6 章讲解了有限域的基本知识以及 BCH 码和 RS 码的编译码原理；第 7 章讲解了卷积码的编码原理、维特比译码算法和 Turbo 码的基本概念。书中各章均设有 MATLAB 仿真实例（第 1 章绪论除外）和丰富的习题，且提供习题答案、电子课件和授课视频等教学资源。扫描正文中的二维码可观看视频。

本书是河南省“十四五”普通高等教育规划教材（教高〔2020〕469 号），配套课程“信息论与编码”为河南省一流本科课程（豫教〔2020〕13008 号），同时得到了河南省新工科研究与实践项目“新工科视阈下通信工程专业课程与教学资源建设”（2020JGLX033）的支持。河南理工大学张长森、郭辉任主编，邓超、张延良、李宝平、王小旗参与了本书的编写。张长森编写了第 1 章，张延良编写了第 2 章，邓超编写了第 3 章，王小旗编写了第 4 章，郭辉编写了第 6 章，李宝平编写了第 5 章和第 7 章。在本书的修订过程中，得到了机械工业出版社的大力支持，在此表示衷心的感谢。

由于编者水平有限，书中疏漏和不当之处在所难免，敬请读者批评指正。

编　者

目　录

第1章 绪 论

信息论是通信的数学理论，它是人们在长期的通信实践活动中，由通信技术与概率论、随机过程、数理统计等学科相结合而逐步发展起来的新兴交叉学科。1948 年，美国科学家香农发表了著名的论文“通信的数学理论”，该论文运用概率统计方法对通信系统进行了研究，揭示了通信系统传递的对象是信息，并且对信息进行了科学定量的描述，提出了熵的概念，得出了具有普遍意义的重要结论，由此奠定了信息论的理论基础。近几十年来，随着信息概念的不断深化和信息论的迅猛发展，信息论所涉及的内容早已超出了通信工程的范畴，并渗透到人工智能学科、经济学科等多个领域，也日益得到众多领域工作者的研究和不断实践。

本章主要介绍信息论的形成过程、信息的概念、数字通信系统的模型及信源和信道编码的发展概况。

1.1 信息的基本概念

20 世纪后半叶，计算机技术、微电子技术、传感技术、激光技术、卫星通信和移动通信技术、航空航天技术、广播电视技术、多媒体技术等新技术快速发展和应用，尤其近年来以计算机为主体的互联网技术的兴起和发展，它们相互结合、相互促进，以前所未有的力度推动着人类经济和社会高速发展。正是这些现代新理论、新技术汇成了一股强大的时代潮流，将人类社会推入高度信息化的时代。

1.1 信息的基本概念

在当今信息时代，在各种生产生活活动中，无处不涉及信息的交换和利用。迅速获取信息，正确处理信息，充分利用信息，就能促进科学技术和国民经济的飞速发展。可见，信息的重要性是不言而喻的。

1.1.1 信息、消息与信号

那么，什么是信息？要弄清楚这一概念，我们先要把它和“消息”“信号”区别开来。

在日常生活中，人们常常将信息混淆为消息，认为得到了消息，就得到了信息。例如，当人们收到一封邮件、接到一个电话、收看了电视节目时，就说得到了信息。确实，人们根据这些消息可以获得各种信息，信息与消息联系密切。但消息和信息并不等同。

众所周知，在电话、广播、电视、计算机网络等通信系统中，发信者发出的是各种各样的消息。这些被传送的消息有各种不同的形式，如文字、符号、数据、语言、音符、图片、视频等。所有这些不同形式的消息都是能被人们的感官所感知的，人们通过通信，接收到消息后，得到的是关于描述某事物状态的具体内容。例如，听气象广播，气象预报为“晴”，这就是对某地气象状态的具体描述。又如，我们收到一份内容为“母病愈”的电报，则得知了母亲的身体健康状况，报文“母病愈”是对母亲身体健康状况的描述。再例如，电视中转播球赛，人们从电视图像中了解到球赛的进展状况，因此电视的活动图像就是对球赛进行状态的描述。可见，语言、报文、图像等消息都是对客观物质世界的各种不同运动状态或者存在状态的表述。当然，消息也可以用来表述人们头脑里的思维活动。例如，朋友给你打电话，电话中他说“我想去北京”，你就得知了朋友的想法。此语言消息则反映了人的主观世界——大脑物质的思维运动所表现出来的思维状态。

综上所述，我们可以给消息下一个定义。用文字、符号、数据、语言、音符、图片、图像等能够被人们感觉器官所感知的形式，对客观物质运动和主观思维活动状态的一种表述，就称为消息。

可见，消息中包含信息，是信息的载体。同一则信息可用不同的消息形式来载荷。例如，球赛进展情况可用电视图像、广播语言、报纸文字等不同消息形式来表述。

信息不同于消息，也不同于信号。在各种实际通信系统中，为了克服时间和空间的限制，必须对消息进行加工处理。把消息变换成适合在信道中传输的物理量，这种物理量称为信号，如电信号、声信号、光信号等。因此，信号携带着消息，它是消息的运载工具。

1.1.2 香农信息的定义

一个消息之所以会包含信息，正是因为它具有不确定性，一个不具有不确定性的消息是不会包含任何信息的。由于主、客观事物运动状态或存在形式是千变万化的、不规则的、随机的，所以在消息发生以前，具体是什么结果，观察者是不能准确知道的。经过对通信活动对象的分析研究，香农指出，“重要的是，一个实际的消息，总是从可能发出的消息集合中选择出来的。因此，系统必须设计成对每一种选择都能工作，而不是只适合工作于某一种选择。因为各种消息的选择是随机的，设计者事先无法知道什么时候会选择什么消息来传递。”这就是说，一切有通信意义的消息的发生都是随机的，是事先无法预料的，具有不确定性。通信的目的就是消除这种不确定性。比如，在得知硬币的抛掷结果之前，人们对于结果出现正面还是反面是不确定的。通过通信，人们得知了硬币抛掷的结果，消除了不确定性，从而获得了信息。

因此，信息是对事物运动状态或存在方式不确定性的描述。这就是香农信息的定义。

1.1.3 消息所含信息量的度量

根据香农有关信息的定义，信息如何测度呢？当人们收到一封电报，听了广播，或看了电视，到底得到多少信息量呢？显然，信息量与消息发生的不确定性的大小有关。那么，不确定性的大小能度量吗？

用数学的语言来讲，不确定就是随机性，具有不确定性的事件就是随机事件。从这个意义上说，数学中的随机事件和通信系统中的消息具有相同的特点。因此，可运用研究随机事件的数学工具——概率论、数理统计及随机过程来测度不确定性的大小。而这正是香农信息论的出发点和基本思想。

我们知道，“可能性”的大小在数学上可以用概率的大小来表示：概率大即表示出现的“可能性”大；概率小即表示出现的“可能性”小。我们同样知道，“不确定性”与“可能性”是有联系的：“可能性”大就意味着“不确定性”小；“可能性”小就意味着“不确定性”大。这样，“不确定性”就可以与消息发生的概率联系起来。例如，“中国女子乒乓球队夺取亚运会冠军”这条消息，根据中国女子乒乓球队的历来表现，夺取亚运会冠军的概率很大，即可能性很大，也就意味着“不确定性”很小。这个消息所表述的事件一旦发生，收信者从这条消息中获得的信息量也很小。相反，“中国男子足球队夺取亚洲杯冠军”这条消息，根据中国男子足球队的历来表现，夺取亚洲杯赛冠军的概率很小，即“可能性”很小，也就意味着“不确定性”很大。若该消息表述的事件一旦发生，收信者将万分惊讶，甚至欢呼雀跃。收信者从该条消息中将获得更多的信息量。由此可见，“不确定性”与消息发生的概率有内在的联系，它应该是消息发生概率的函数。

由此可见，消息所含的信息量是可以测度的。

假设某个消息出现的概率是 $p(x_i)$，香农用这个消息出现概率的对数的负值来表示该消息出现的不确定性，也就是该消息所含的信息量

$$I(x_i) = -\log_2 p(x_i)$$

如果消息在通信系统中能够正确传输，收信者就能获得同样多的信息量。如果通信系统中干扰比较严重，收信者收到的消息模糊不清，原先所具有的不确定性一点也没有减少，他就没有获得任何信息。如果干扰使得该消息产生部分差错，使得收信者原先的不确定性减少了一些，但没有全部消除，就获得了部分信息。所以通信过程是一种消除不确定性的过程。不确定性的消除，就获得了信息。原先的不确定性消除得越多，获得的信息就越多。

综上，信息是消息的内涵，消息是信息的表现形式。对信息量的数学定义体现了“透过现象看本质”的道理，反映了马克思主义哲学中本质和现象的关系。现象是事物的外部联系，是本质在各方面的外部表现。事物的本质存在于现象之中，离开事物的现象就无法认识事物的本质，事物现象和本质的统一提供了科学认识的可能性。另一方面，现象又不等于本质，把握了事物的现象，并不等于认识了事物的本质，现象和本质的矛盾决定了认识过程的曲折性和复杂性。人们正是通过对事物现象的去粗取精、去伪存真、由此及彼、由表及里的认识过程，才不断深化对事物本质的认识。

1.2 信息论的研究对象、目标和内容

1.2.1 信息论的研究对象

1.2 信息论的研究对象、目标和内容

各种通信系统如电报、电话、图像、计算机、导航、雷达等，虽然它们的形式和用途各不相同，但都具有相同的本质，都是信息的传输系统。为了便于研究信息传输和处理的一般规律，我们将各种通信系统的共同特性抽取出来，概括成一个统一的如图 1-1 所示的通信系统模型。

信息论的研究对象正是这种统一的通信系统模型。人们通过系统中消息的传输和处理来研究信息传输和处理的共同规律。

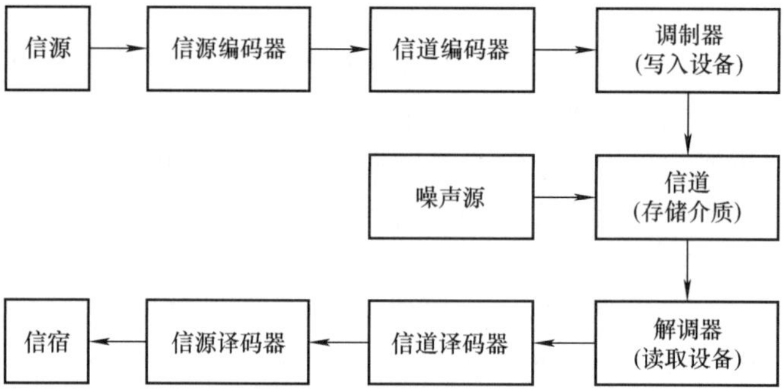

图 1-1 通信系统模型

图中信源编码器把信源发出的语言、图像或文字等消息转换成二进制（或多进制）形式的信息序列。有时为了提高传输有效性，还会去除一些与信息传输无关的冗余度来实现数据压缩。

信道编码器则为了抵抗传输过程中的各种干扰，改善误码率性能，往往会在传输的信息序列中人为增加一些冗余度，使其具有自动检错或纠错的功能。

调制器的功能是把信源编码器输出的信息序列变换成适合信道传输的电信号，然后送入信道传输。解调器则是执行与调制器相反的功能，将接收到的电信号还原为信息序列。由于信号在信道传输过程中会受到信道特性、噪声和干扰信号的不利影响，因此在解调器输出的序列中会出现误码的情况。

接下来，解调器的输出序列会送入信道译码器，其会在自身能力范围之内对接收到的序列进行检错或纠错。然后通过信源译码器恢复成消息送给信宿。

图 1-1 给出的模型是适用于收、发两端为单向通信的情况。它只有一个信源和信宿，信息的传输是单向的。在实际的通信系统中，信源和信宿有多个，即信道有多个输入和输出。另外，信息传输的方向也常常是双向的。如广播信道是单输入多输出的单向传输信道，而互联网则是多输入多输出的双向传输通信。要研究这些通信系统，只需对两端单向通信系统模型做适当改变，即可引出多用户通信系统的模型。

1.2.2 信息论的研究目标

研究如图 1-1 所示的概括性很强的通信系统，其目的是要找到信息传输的共同规律，提高信息传输的可靠性、有效性、保密性和认证性，从而使信息传输系统达到最优化。

通信系统的可靠性高，指信源发出的消息经信道传输后，尽可能准确、不失真地再现在接收端。香农信息论指出：经过适当的信道编码后，可以提高信道传输的可靠性。

有效性高，指用尽可能短的时间和尽可能少的设备来传送一定量的信息。通过信源编码可以提高系统的有效性。

保密性指隐蔽和保护通信系统中传送的信息，使它只能被授权的接收者获取，而不能被未授权者接收和理解。

认证性指接收者能够正确判断所接收消息的正确性，验证消息的完整性，而不是伪造的或被篡改的。

可靠性、有效性、保密性和认证性四者构成现代通信系统对信息传输的总体要求。

从图 1-1 可以看出，通信的目的是要把对方不知道的消息可靠地传送过去，而消息中真正有意义的部分是信息，因此通信的本质实际上是要实现信息的传输。信息论是研究信息的传输、存储和处理的科学，可以称为通信的数学理论。信息论研究的主要问题包括信源编码和信道编码问题，而由这两个理论问题又延伸出很多实用的编码和译码算法。

1948 年，香农在《通信的数学理论》一文中讨论了通信的基本问题，得出了几个重要的结论。其核心是：在通信系统中采用适当的编码后能够实现高效率和高可靠性的信息传输，并得出了信源编码定理和信道编码定理。从数学角度看，这些定理是最优编码的存在定理；但从工程角度看，这些定理不是构造性的，不能从定理结果直接得出实现最优编码的方法。然而，这些定理给出了编码的性能限，并阐明了通信系统中各个因素之间的关系，为寻找最佳通信系统提供了重要理论依据。

1.2.3　信息论的研究内容

关于信息论的具体研究内容是有过争议的。目前，对信息论的研究内容一般有以下三个层次的理解。

（1）狭义信息论（经典信息论）

它主要研究信息的测度、信道的容量及信源和信道编码等问题。这部分内容是信息论的基础理论。

（2）工程信息论

它主要研究信息的传输和处理问题。除了香农理论外，工程信息论还包括噪声和信号的滤波和预测、统计检测与估计、调制以及信息处理等理论。后一部分内容以美国科学家维纳研究的控制论等为代表。

虽然维纳和香农等都是运用概率和统计的数学方法来研究准确或近似再现消息的问题，都是为了使消息传送和接收最优化，但他们的研究又有所区别。维纳的研究重点在接收端。他主要研究消息在传输过程中受到干扰后，在接收端将其恢复、再现、从干扰中提取出来。在此基础上，他创立了最佳线性滤波理论（维纳滤波器）、统计检测与估计理论、噪声理论等。而香农的研究对象则是从信源到信宿的全过程，是收、发端联合最优化的问题，其重点是编码。香农定理指出，只要在传输前后对消息进行适当的编、译码，就能保证在有干扰的情况下，最佳地传送消息，并准确或近似地再现消息。为此，研究人员发展了信息度量理论、信道容量理论和编码理论。

（3）广义信息论

广义信息论是一门新兴的综合学科，它不仅包括上述两方面的内容，还包括与信息有关的自然科学领域，如模式识别、计算机翻译、心理学、遗传学、神经生理学、语言学、语义学等有关信息问题。它也就是新发展起来的包括如光学信息论、量子信息论和生物信息论等新学科在内的信息科学理论。

综上所述，信息论是一门应用概率论、随机过程、数理统计和近代代数的方法，来研究广义的信息传输、提取和处理系统中一般规律的学科。它的主要目的是提高信息传输的可靠性、有效性、保密性和认证性，以便达到系统最优化。它的主要内容包括香农理论、编码理论、维纳理论、检测与估计理论、信号设计和处理理论、调制理论、随机噪声理论和密码学理论等。

信息论的研究内容极为广泛，本书主要结合电子通信系统，介绍信息论的基本理论，即香农信息论。

1.3 信息论的形成和发展

1.3 信息论的形成和发展

信息论是在长期的通信工程实践和理论研究的基础上产生和发展起来的。回顾它的发展历程，我们可以更好地体会到理论是如何在实践中经过概况、抽象、提高而逐步形成和发展的，可以更清楚地看到理论对实践的指导作用。

物理学中电磁和电子学理论一旦取得某些突破，很快就会促进电信系统的创造发明或者改进。当法拉第1820—1830年期间发现电磁感应定律后不久，摩尔斯就建立起人类第一套电报系统，1876年贝尔又发明了电话系统，人类由此进入了非常方便的语音通信时代。1864年麦克斯韦预言了电磁波的存在，1888年赫兹用实验证明了这一预言，1897年意大利工程师马可尼就成功进行了横跨布里斯托尔海峡的无线电通信试验。20世纪20年代大功率超高频电子管发明以后，人们很快就建立了电视系统。电子在电磁场运动过程中能量相互交换的规律被人们认识后，就出现了微波电子管。接着，在20世纪30年代末和40年代初，微波通信、雷达系统就迅速发展起来。20世纪60年代发明的激光技术及70年代初光纤传输技术的突破，使人类进入了光纤通信时代。

随着通信工程技术的发展，有关通信系统理论问题的研究也在逐步深入。1832年摩尔斯在电报系统中就使用了高效率的编码方法，这对后来香农编码理论的产生具有很大启发。1885年凯尔文研究了一条电缆的极限传信率问题。1924年，奈奎斯特通过研究指出，如果以一个确定的速度来传输电报信号就需要一定的带宽，并证明了信号传输率与信道带宽成正比。1939年，达德利发明了声码器，并指出：通信所需要的带宽至少应与所传送消息的带宽相同。

但是直到此时，通信系统理论研究的一个主要不足是将通信看作是一个确定性的过程，还没有触及通信的本质。20世纪40年代初，维纳在研究防空火炮的控制问题时，将随机过程和数理统计的观点引入通信和控制系统中，揭示了信息传输的统计本质，这就使通信理论研究产生了质的飞跃。1948年，香农发表了著名的论文《通信的数学理论》，他用概率测度和数理统计的方法系统地探讨了通信的本质问题，得出了无失真信源编码定理和有噪环境下的信道编码定理，由此奠定了信息论的基础。1959年，香农又发表了《保真度准则下的离散信源编码定理》，以后发展成为信息率失真理论。这一理论是信源编码的核心问题，至今仍是信息论的研究课题。1961年，香农的论文《双路通信信道》开拓了多用户信息论的研究。随着卫星通信和通信网络技术的发展，多用户信息理论的研究异常活跃，成为当前信息论研究的重要课题之一。

1.4 信源编码问题

1. 无失真信源编码

对于离散信源，当已知信源符号的概率分布时可以计算信源的熵，用它可以表示每个信源符号平均承载的信息量。信源编码定理证明必然存在一种编码方法，使得代码的平均长度可以任意接近但不能低于信源的熵，而且还阐明为了达到这一目标，应该使得概率与码长匹配。

从无失真信源编码定理出发，1948 年香农在论文中提出并给出了一种简单的编码方法，即香农编码；1952 年，R. M. Fano 提出了费诺码；同年，D. A. Huffman 提出了一种编码方法并证明了它是最佳码，被称为霍夫曼码。霍夫曼码是有限长度的块码中最好的码，其代码总长度最短。但是，霍夫曼码在实际应用中存在一些块码和变长码所具有的缺点：首先，信源的概率分布必须精确地测量，如果略有变化，就需要更换码表；其次，对于二进制信源，常需要多个符号联合起来编码才能取得好的效果。

针对霍夫曼码在实用中的局限性，出现了一种被称为算术码的非块码，它是从整个序列的概率匹配角度来进行编码的。这种概念也是由香农首先提出的，后经许多学者改进逐渐进入实用阶段。1968 年前后，P. Elias 发展了香农 - 费诺码，提出了算术编码的初步思想。1976 年，J. J. Rissanen 给出和发展了算术编码，1982 年，他和 G. G. Langdon 一起将算术编码系统化，省去了乘法运算使其更为简单，从而易于实现。

如果离散信源符号的概率分布未知，或是对于不确知的信源进行有效编码时，上述方法就无能为力了，因此人们希望能有一种通用于各类概率特性信源的编码方法。通用编码就是在信源统计特性未知时可以进行编码且编码效率很高的一种码。1977 年，A. Lempel 和 J. Ziv 提出了一种语法解析码，称之为 LZ 码。1978 年，他们又提出了改进算法 LZ77 和 LZ78。1984 年，T. A. Welch 以 LZ 编码中的 LZ78 算法为基础设计了一种实用的算法，称为 LZW 算法。LZW 算法保留了 LZ78 算法的自适应性能，压缩效果大致相同，并且逻辑性更强，易于硬件实现，价格低廉，运算速度快，目前作为一种通用压缩方法广泛应用于二进制数据的压缩。

2. 限失真信源编码

前面介绍的无失真信源编码只适用于离散信源，而对于输出模拟信号的连续信源则是不适用的。因为连续信源输出信号的每个样值所载荷的信息量是无限大的，所以用有限长度的信息序列去进行编码时必然会引入失真。不过，作为信宿的人或机器都存在一定的灵敏度和分辨力，超过灵敏度和分辨力所传送的信息是毫无价值的，也是完全没有必要的，故而当失真在某一限度以下时是不影响正常通信的。例如，语音信源当量化分层超过 256 级时人耳就很难分辨，所以没有必要在量化时超过 256 级；对图像信源亦是如此，人们看电影时，可以充分利用人眼的视觉暂留效应，当放映速度达 25 帧/s 以上时，人眼就能将离散的照片在人脑内反映成连续画面，因此大大超过 25 帧/s 的放映速度是没有意义的。

限失真信源编码的研究相对于信道编码和无失真信源编码落后 10 年左右。1948 年，香农在其论文中已体现出了关于率失真函数的思想。1959 年，他发表了《保真度准则下的离散信源编码定理》，首先提出了率失真函数及率失真信源编码定理。1971 年，T. Berger 的《信息率失真理论》是一本较全面地论述有关率失真理论的专著。率失真信源编码理论是信源编码的核心问题，是频带压缩、数据压缩的理论基础，直到今天它仍是信息论研究的课题。

连续信源的信号编成代码后就不能无失真地再恢复成原来的连续值，此时只能根据率失真理论进行限失真编码，因此限失真编码实际上就是最佳量化问题。最佳标量量化常不能达到率失真函数所规定的 $R(D)$ 值，因此人们后来又提出了矢量量化的概念，将多个信源符号合成一个矢量并对它进行编码。从理论上讲，某些条件下用矢量量化来编码可以达到上述的 $R(D)$ 值，但在实现上还是非常困难的，有待进一步改进。1955 年，P. Elias 提出了预测编码方法，利用前几个符号来预测后一个符号的值，然后将预测值与实际值之差亦即预测误差作为待编码的符号，这样得到的符号间的相关性就大为减弱，从而可提高压缩比。另一种限失真信源编码方式是变换编码，该方法通过样值空间的变换，例如从时域变到频域，在某些情况下可以减弱符号间的相关性，从而取得良好的压缩比。

1.5 信道编码问题

1.5 信道编码问题

信道编码的历史仍然可以追溯到香农于 1948 年出版的那篇著名论文。香农发现，任何通信信道（或存储信道）都有自己的信道容量 C，其单位是 bit/s，其物理意义为：当一个通信（或存储）系统的信息速率 R 小于信道容量 C 时，通过使用信道编码技术，是有可能使得系统输出的错误概率任意小的。但是，香农并没有告诉我们如何找到合适的码，他的贡献主要是证明了这些码的存在并定义了它们的作用。其后在整个 20 世纪 50 年代，人们一直在努力寻找能够得到任意小错误概率且具有明确构造方法的编码方案，但是进展缓慢。20 世纪 60 年代，人们不再痴迷于这个宏伟的目标，信道编码的研究方向开始具体确定下来，并逐渐分成了两个方向。

1. 线性分组码

第一个研究方向是线性分组码，该类码具有严格的代数结构，并且主要采用分组码的形式。历史上第一种线性分组码是 1950 年 R. W. Hamming 发明的可以纠正 1 个错误的汉明码。其后不久，Muller 提出了一种可以纠正多个错误的编码方法（1954 年），紧接着 Reed 给出了该码的一种译码算法（1954 年）。无论是汉明码还是 Reed – Muller 码，其性能距离香农给出的好码的性能差距都非常大。之后，学者们进行了大量的研究工作，但是一直没有找到更好的码，直到整整 10 年之后，Bose、Ray – Chaudhuri（1960 年）和 Hocquenghem（1959 年）才提出了一类可以纠正多个错误的编码方法，即 BCH 码。接着，Reed 和 Solomon（1960 年）以及 Arimoto（1961 年）分别独立地发现了一类适用于非二进制信道的编码方法，即 RS 码。

BCH 码的发现引起了一系列关于实用方法的研究工作，人们纷纷通过设计软件或硬件来实现编码器和译码器。第一种较好的译码算法是 Peterson 于 1960 年发现的方法，随后 Berlekamp（1968 年）和 Massey（1969 年）发现了一种更为有效的译码算法，并且随着数字电子技术的进步该算法的实现已成为可能。此外，面向不同的应用和不同的编码需求，该算法也逐渐出现了很多的变种。

2. 卷积码

第二个研究方向是从概率的角度来理解编码和译码的过程，这条道路逐渐产生了序列译码（Sequential Decoding）的概念。序列译码要求引入长度不定的非分组码，这种码可以用树状图来描述，并且可以通过搜索树图的算法来实现译码。其中最为有用的一种树状码

(Tree Codes) 是高度结构化的卷积码 (Convolutional Codes)，这种码可以通过线性移位寄存器电路来生成。到20世纪50年代末，通过使用基于序列译码的算法实现了卷积码的成功译码。其后直到1967年，A. J. Viterbi才提出了一种更为简单的译码算法，即维特比算法。对于中等复杂度的卷积码，维特比算法获得了广泛的使用，但是该算法对于强度更大的卷积码是不实用的。

经过20多年的发展，到了20世纪70年代，两个研究方向在某些领域开始汇聚并相互向对方渗透。J. L. Massey和G. D. Forney开始研究卷积码的代数理论，开创了卷积码的一种新的研究视角。而在分组码领域，人们开始研究码长较大的好码的构造方案，G. D. Forney在1966年引入了级联码 (Concatenated Codes) 的思想，J. Justesen使用该思想设计了一种完全可构造且性能很好的长码。同时期的V. D. Goppa于1970年定义了一类能够确保得到好码的编码方法，尽管没有给出如何识别出好码的方法。

到20世纪80年代，信道编码器和译码器开始频繁出现在新设计的数字通信系统和存储系统中。例如，在CD中使用了可以纠正两个字节错误的RS码；RS码也常常出现在许多磁带设备、网络调制解调器和数字视频碟片中；而在基于电话线的调制解调器中，代数编码开始被诸如网格编码调制（1982年由G. Ungerboeck提出）的欧氏空间编码所取代，这类方法的成功开始引起对基于欧氏距离的非代数编码方法的研究热潮。

进入20世纪90年代之后，信道编码、信号处理和数字通信之间的界限变得越来越模糊。Turbo码的出现可以看作是这个阶段的中心事件，用于长二进制码的软判决译码出现了实用的迭代算法，并且实现了香农给出的性能限。1996年，D. MacKay和M. Neal等人对R. G. Gallager在1963年提出的LDPC码重新进行了研究，发现该码具有逼近香农限的优异性能，并且具有译码复杂度低、可并行译码以及译码错误的可检测性等特点，从而成为信道编码理论新的研究热点。

进入21世纪之后，最大的突破性成果是2008年由土耳其毕尔肯大学Erdal Arikan教授首次提出的Polar码，该码是一种可以实现对称二进制输入离散无记忆信道和二进制擦除信道容量的新型代码构造方法，一经出现便在学术界和产业界引发了广泛关注。

1.6 习题

1-1 比较信息、消息和信号这三个概念的区别和联系。

1-2 简述香农信息的定义。

1-3 消息所含的信息量与哪些因素有关系？

1-4 数字通信系统一般包括哪几个部分？各部分有什么作用？

1-5 信息论的研究内容和研究目标是什么？

1-6 了解信息论的形成和发展过程。

第 2 章　信源与信源熵

通信系统的主要任务是将信源的消息有效、可靠地传送到信宿。从本章开始，我们将对组成通信系统模型的各个模块分别进行讨论。本章将讨论信源模块，并重点探讨离散信源及其信息统计度量——信源熵。

2.1　信源的分类和描述

2.1　信源的分类和描述

信源是信息的发源地，它可以是人、生物、机器或其他事物。由于信息是十分抽象的东西，所以要通过信息的载荷，即消息来研究信源。信源的分类有多种方法，可以根据信源输出的消息在时间和取值上是离散或者连续进行分类，如表 2-1 所示。

表 2-1　信源的分类

时间（空间）	取值	信源种类	举例	数学描述
离散	离散	离散信源（数字信源）	文字、数据、离散化图像	离散随机变量序列
离散	连续	连续信源	语音信号抽样值、多人身高的测量值	连续随机变量序列
连续	连续	波形信源（模拟信源）	语音、音乐、热噪声、图像	随机过程
连续	离散	不常见		

波形信源输出的消息，比如平时说话的语音或者图像，在时间（或空间）和取值上都是连续的，这样的信源称为波形信源，用随机过程 $\{X(e,t)\}$ 来描述。对于频带受限的随机过程，根据抽样定理，通常把它转换为时间离散的随机序列来处理，这样的信源称为连续信源。抽样后的值通常还是连续的，因此还可以进一步经过量化处理，将连续随机变量转化为离散随机变量，这样连续信源就变成了离散信源。

我们将侧重分析离散信源。根据离散信源发出的符号之间的关系，可把信源分为无记忆信源和有记忆信源。离散无记忆信源前后所发出的各个符号是相互独立的，各个符号之间没有统计相关性，各个符号出现的概率是其自身的先验概率。离散有记忆信源所发出的各个符号的概率是有关联的，即符号出现的概率可能与前面一个、有限个或无限个符号有关。

此外还可以根据信源前后发出的符号的概率分布是否随时间的推移而变化将信源分为平稳信源和非平稳信源。离散信源分类如下：

- 离散信源
  - 非平稳信源
  - 平稳信源
    - 离散无记忆信源
    - 离散有记忆信源
      - 记忆长度无限长
      - 记忆长度有限长

在通信系统中，收信者在收到消息之前，对信源发出什么消息是不确定的，即随机的，所以可以用随机变量、随机向量或者随机过程来描述信源。或者说，用一个样本空间及其概率测度——概率空间来描述信源。

2.2 离散单符号无记忆信源

最简单的离散信源是发出单个符号的无记忆信源。它是最简单也是最基本的信源，是组成实际信源的基本单元。这类信源一个消息中仅包括一个符号，前后消息之间是无记忆的。可以用离散型的随机变量 X 来描述这个信源输出的消息。这个随机变量所有可能的取值记为 $\{x_1 \quad x_2 \quad \cdots \quad x_n\}$，而随机变量 X 的概率分布 $\{p(x_1) \quad p(x_2) \quad \cdots \quad p(x_n)\}$ 就是各消息出现的先验概率。因此这个信源所有可能输出的消息和消息对应的概率共同组成的二元序对 $\{X \quad P(X)\}$ 称为信源的概率空间：

2.2　离散单符号无记忆信源

$$\begin{pmatrix} X \\ P(X) \end{pmatrix} = \begin{pmatrix} x_1 & x_2 & \cdots & x_n \\ p(x_1) & p(x_2) & \cdots & p(x_n) \end{pmatrix} \tag{2-1}$$

且满足

$$\begin{cases} p(x_i) \geqslant 0 \\ \displaystyle\sum_{i=1}^{n} p(x_i) = 1 \end{cases} \tag{2-2}$$

我们就用离散型随机变量的概率空间作为离散信源的数学模型。上式表明，信源的概率空间是个完备集，信源输出的消息只可能是符号集合中的一个元素，而且每次必定选取其中一个。

例如，抛掷一枚质地均匀的硬币，把出现朝上一面的事件作为这个随机试验的结果。显然，出现正面与反面事件的概率各占 50%。如果把试验结果看作信源的输出的消息，那么这个随机试验就可看作一个信源。这是一个发出单个符号的离散信源。我们将它表示为 X，出现正面用 1 表示，出现反面用 0 表示。X 是一个离散型随机变量，其概率空间表示为

$$\begin{pmatrix} X \\ P(X) \end{pmatrix} = \begin{pmatrix} 1 & 0 \\ \frac{1}{2} & \frac{1}{2} \end{pmatrix} \tag{2-3}$$

【例 2-1】 抛掷一枚质地均匀的骰子，研究其下落后朝上一面的点数，将点数作为这个随机试验的结果。如果将这个随机试验看作一个信源，求该信源的数学模型。

解 该信源的可能输出取自离散符号集 $\{1 \quad 2 \quad 3 \quad 4 \quad 5 \quad 6\}$，每一个数字代表一个完

整的消息，且每个数字的出现是随机的。前后数字的出现是统计独立的。因此可用单符号离散无记忆信源描述这个随机试验。因此，我们用离散型随机变量 X 来描述信源的输出消息。

根据大量试验结果可知，各个消息是等概率出现的，均为1/6。因此 X 的概率分布就是信源发出各个不同数字的先验概率，即 $p(x_i)=1/6$，$i=1$，…，6。

由此可得该信源的数学模型为

$$\begin{pmatrix} X \\ P(X) \end{pmatrix} = \begin{pmatrix} x_1 & x_2 & x_3 & x_4 & x_5 & x_6 \\ \frac{1}{6} & \frac{1}{6} & \frac{1}{6} & \frac{1}{6} & \frac{1}{6} & \frac{1}{6} \end{pmatrix}$$

并满足

$$\sum_{i=1}^{6} p(x_i) = 1$$

2.3 离散多符号无记忆信源

2.3 离散多符号无记忆信源

离散单符号无记忆信源是最简单的情况，信源每次只输出一个消息符号，所以可以用一维随机变量来描述。在工程实践中，实际信源输出的消息往往是由多个符号组成的符号序列，称为离散多符号信源。这类信源输出的消息是按一定概率选取的符号序列，所以可把这种信源输出的消息看作时间或空间上离散的 N 个随机变量，即随机向量，或称为随机序列。这样信源的输出用 N 维随机向量 $\boldsymbol{X}=(X_1 \quad X_2 \quad \cdots \quad X_N)$ 来描述。

若信源输出的随机序列 $\boldsymbol{X}=(X_1 \quad X_2 \quad \cdots \quad X_N)$ 中，每个随机变量 $X_i(i=1,2,\cdots,N)$ 都是取值离散的离散型随机变量，即每个随机变量 X_i 的可能取值是有限的，而且随机向量 $\boldsymbol{X}$ 的各维概率分布都与时间起点无关，也就是在任意两个不同时刻随机向量 $\boldsymbol{X}$ 的各维概率分布都相同，这样的信源称为离散平稳信源。

一般来说，信源输出的随机序列的统计特性比较复杂，分析起来也比较困难。为了便于分析，下面假设信源输出的是平稳随机序列，也就是序列的统计性质具有时间推移不变性。

如果抛掷两枚质地均匀的硬币，并把试验结果看作信源输出的消息，那么这个随机试验就可看作一个发出符号序列的多符号离散信源。我们将它表示为 $\boldsymbol{X}$，每枚硬币出现正面仍用1表示，出现反面用0表示。$\boldsymbol{X}=(X_1 \quad X_2)$ 是一个随机向量，其概率空间可以表示为

$$\begin{pmatrix} \boldsymbol{X} \\ P(\boldsymbol{X}) \end{pmatrix} = \begin{pmatrix} (0,0) & (0,1) & (1,0) & (1,1) \\ \frac{1}{4} & \frac{1}{4} & \frac{1}{4} & \frac{1}{4} \end{pmatrix} \tag{2-4}$$

我们不研究信源的内部结构，也不研究信源为什么产生和怎样产生各种不同的、可能的消息，而是研究信源的各种可能的输出，以及输出各种可能消息的不确定性。既然概率空间能表征信源的统计特征，我们就用概率空间来描述一个信源。

2.4 离散信源的信源熵

信源的作用是发出消息，信源发出消息具有随机性。这样的消息经过信道传输后，接收

者才能获得信息。但究竟信源能够输出多少信息？每个消息携带多少信息量？信息量又如何衡量？

2.4　离散信源的信源熵

2.4.1　自信息量

信源的数学模型确定后，各消息出现的概率就是确定的，但信源下个时刻发出什么消息具有不确定性，从这个角度考虑信源的特性就是其发出消息具有不确定性。消息出现的概率不同，它的不确定性就不同。概率越大，不确定性越小；反之，概率越小，不确定性就越大。由此可见，不确定性与概率的大小存在一定关系，应该是概率的某一函数。那么，不确定性的消除量，也就是狭义的信息量，也一定是概率的某一函数。

下面从最简单、最基本的发出单个符号的离散无记忆信源出发，研究信源提供给我们的信息量的问题。对于离散单符号无记忆信源，其数学模型为

$$\begin{pmatrix} X \\ P(X) \end{pmatrix} = \begin{pmatrix} x_1 & x_2 & \cdots & x_n \\ p(x_1) & p(x_2) & \cdots & p(x_n) \end{pmatrix}$$

那么信源 X 能输出多少信息量？可能出现的消息 x_i 携带多少信息量？下面进行探讨。

消息 x_i 的发生对外提供的信息量用 $I(x_i)$ 表示，如何定义 $I(x_i)$ 呢？通过前面的分析可知，自信息量 $I(x_i)$ 是消息 x_i 发生概率 $p(x_i)$ 的函数，并且 $I(x_i)$ 应该满足如下公理性条件。

1）$I(x_i)$ 是 $p(x_i)$ 的严格单调递减函数。概率越小，消息发生的不确定性越大，消息发生以后所包含的自信息量就越大。当 $p(x_1) < p(x_2)$ 时，$I(x_1) > I(x_2)$。

2）极限情况下 $p(x_i)=1$ 时，$I(x_i)=0$；当 $p(x_i)=0$ 时，$I(x_i)\to\infty$。

3）假定两个单符号离散信源 X 和 Y 是统计独立的，那么 X 中消息 x_i 与 Y 中消息 y_j 同时出现所携带的联合信息量（记为 $I(x_iy_j)$）应是这两个消息分别发生时提供的信息量之和，即有 $I(x_iy_j) = I(x_i) + I(y_j)$。

可以证明，满足以上公理性条件的函数形式就是对数函数。

定义 2.1　消息的自信息量定义为该消息发生概率的对数的负值。设消息 x_i 发生的概率为 $p(x_i)$，则它的自信息量定义为

$$I(x_i) = -\log_a p(x_i) = \log_a \frac{1}{p(x_i)} \tag{2-5}$$

$I(x_i)$ 代表两种含义：在消息 x_i 发生以前，等于消息 x_i 发生的不确定性的大小；在消息 x_i 发生以后，表示消息 x_i 的发生所提供的信息量。在无噪信道中，消息 x_i 发生以后，能正确无误地传输到接收者，所以 $I(x_i)$ 就等于收信者接收到 x_i 后所获得的信息量。这是因为消除了 $I(x_i)$ 大小的不确定性后，才获得这样大小的信息量。

自信息量的单位与所用对数的底 a 有关。若 $a=2$，则自信息量的单位为比特（bit）；若 $a=\mathrm{e}$，则自信息量的单位为奈特（nat）；若 $a=10$，则自信息量的单位为哈特（hart）。这 3 个信息量单位之间的换算关系如下：

$$1\text{nat} = 1.433\text{bit}$$

$$1\text{hart} = 3.322\text{bit}$$

在信息论中，常用的信息量单位为 bit，为此以后我们都取 $a=2$，而且为了书写简洁，我们把底数 2 省略掉。

【例2-2】 抛掷一枚质地均匀的硬币，并把出现朝上一面的事件作为这个随机试验结果。现把试验结果看作信源输出的消息，求出现正面事件和反面事件的自信息量。

解 这是一个发出单个符号的离散信源，表示为X，出现正面事件用1表示，出现反面事件用0表示。那么X的概率空间表示为

$$\begin{pmatrix} X \\ P(X) \end{pmatrix} = \begin{pmatrix} 1 & 0 \\ \frac{1}{2} & \frac{1}{2} \end{pmatrix}$$

这样，出现正面事件和反面事件的自信息量计算为

$$I(0) = -\log p(0) = 1\text{bit}$$
$$I(1) = -\log p(1) = 1\text{bit}$$

2.4.2 联合自信息量和条件自信息量

定义2.2 若存在两个离散信源X和Y时，它们所发出的消息分别是x_i和y_j，则定义这两个信源的联合自信息量为

$$I(x_iy_j) = -\log p(x_iy_j) \tag{2-6}$$

式中，$p(x_iy_j)$为离散信源X发出消息x_i和Y发出消息y_j的联合概率。

当X和Y统计独立时，有

$$p(x_iy_j) = p(x_i)p(y_j) \tag{2-7}$$

从而

$$I(x_iy_j) = I(x_i) + I(y_j) \tag{2-8}$$

这表明，当X和Y统计独立时，联合自信息量等于X和Y的自信息量之和。

定义2.3 若存在两个离散信源X和Y时，在已知信源X发出x_i的条件下，信源Y发出消息y_j所提供的信息量定义为条件自信息量。可表示为

$$I(y_j \mid x_i) = -\log p(y_j \mid x_i) \tag{2-9}$$

反之，Y中消息y_j在X中消息x_i已出现的情况下再出现时所提供的信息量定义为

$$I(x_i \mid y_j) = -\log p(x_i \mid y_j) \tag{2-10}$$

显然，自信息量、联合自信息量和条件自信息量三者有如下关系：

$$I(x_iy_j) = I(x_i) + I(y_j \mid x_i) = I(y_j) + I(x_i \mid y_j) \tag{2-11}$$

【例2-3】 (1) 英文字母中“a”出现的概率为0.064，“c”出现的概率为0.022，分别计算它们的自信息量；

(2) 假定前后字母出现是相互独立的，计算“ac”的自信息量；

(3) 假定前后字母出现不是相互独立的，当“a”出现以后，“c”出现的概率为0.04，计算“a”出现以后，“c”出现的自信息量。

解 (1)

$$I(\text{a}) = -\log 0.064 = 3.966\text{bit}$$
$$I(\text{c}) = -\log 0.022 = 5.506\text{bit}$$

(2) 由于前后字母的出现是互相独立的，“ac”出现的概率为

$$p(\text{ac}) = p(\text{a})p(\text{c}) = 0.064 \times 0.022$$
$$I(\text{ac}) = -\log p(\text{ac}) = -\log p(\text{a}) - \log p(\text{c})$$
$$= I(\text{a}) + I(\text{c}) = 9.472\text{bit}$$

（3）“a”出现以后，“c”出现的概率为 0.04。所以 $p(\mathrm{c}|\mathrm{a}) = 0.04$，而

$$I(\mathrm{c}|\mathrm{a}) = -\log p(\mathrm{c}|\mathrm{a}) = 4.644\mathrm{bit}$$

可见，$I(\mathrm{c}) > I(\mathrm{c}|\mathrm{a})$。原因是“a”出现以后，“c”出现的概率变大，它的不确定性减小。

2.5 平均自信息量

2.5.1 平均自信息量的概念

2.5 平均自信息量

自信息量是信源发出某一具体消息所含有的信息量，发出的消息不同，它的自信息量就不同，所以自信息量本身为随机变量，不能表征整个信源的不确定度。我们用平均自信息量来表征整个信源的不确定度。

定义 2.4 对于单符号离散信源 X，其概率空间用式（2-1）描述。则其平均自信息量为

$$H(X) = E\{I(X)\} = -\sum_{i=1}^{n} p(x_i)\log p(x_i) \tag{2-12}$$

这个平均自信息量的表达式与统计物理学中热熵的表达式类似，热熵是物理系统无序性的度量。因此香农用熵来描述信源的平均不确定性。所以，平均自信息量又称为信源熵。信源熵的单位为 bit/消息，表示信源平均发送一个消息的不确定性，也表示信源平均发送一个消息所携带的信息量。信源熵是信源总体不确定度的度量，表示信源的平均不确定性。

【例 2-4】 经统计 26 个英文字母和空格出现的概率如表 2-2 所示。若不考虑英文字母（空格）间的统计关系，试计算发出单个字母或者空格信源的信源熵。

解 依据式（2-12），可计算信源熵为

表 2-2 英文字母的概率分布

字母	概率	字母	概率
空格	0.1859	N	0.0574
A	0.0642	O	0.0632
B	0.0127	P	0.0152
C	0.0218	Q	0.0008
D	0.0317	R	0.0484
E	0.1031	S	0.0514
F	0.0208	T	0.0796
G	0.0152	U	0.0228
H	0.0467	V	0.0083
I	0.0575	W	0.0175
J	0.0008	X	0.0013
K	0.0049	Y	0.0164
L	0.0321	Z	0.0005
M	0.0198		

$$H(X) = E\{I(x_i)\} = -\sum_{i=1}^{27} p(x_i)\log p(x_i) = 4.03\text{bit/消息}$$

下面通过一个例子具体说明信源熵的意义。现有两个信源，其概率空间分别为

$$\begin{pmatrix} X \\ P(X) \end{pmatrix} = \begin{pmatrix} x_1 & x_2 \\ 0.5 & 0.5 \end{pmatrix}, \begin{pmatrix} Y \\ P(Y) \end{pmatrix} = \begin{pmatrix} y_1 & y_2 \\ 0.99 & 0.01 \end{pmatrix}$$

则其信源熵分别为

$$H(X) = (-0.5\log 0.5 - 0.5\log 0.5)\text{bit/消息} = 1\text{bit/消息}$$

$$H(Y) = (-0.99\log 0.99 - 0.01\log 0.01)\text{bit/消息} = 0.08\text{bit/消息}$$

可见

$$H(X) > H(Y)$$

信源 X 比信源 Y 的平均不确定性要大。在信源发出消息之前，猜测下一个时刻信源要发出哪个消息，显然信源 X 的猜测难度要大些，而信源 Y 就很容易猜测正确。也就是说，信源 X 的不确定性要大于信源 Y 的不确定性，这是因为信源 X 的两个消息等概率出现，猜测下个时刻发送 x_1 或者 x_2，仅有 50% 的成功率。而猜测信源 Y 下个时刻发送 y_1，则有 99% 的成功率。

2.5.2 联合熵与条件熵

信源熵是信息论中最基本、最重要的概念。自信息量可以推广到联合自信息量和条件自信息量。类似地，信源熵也可以推广到联合熵和条件熵。

若单符号离散信源 X 可以发出 m 种消息（$x_1, x_2, \cdots, x_m$），单符号离散信源 Y 可以发出 n 种消息（$y_1, y_2, \cdots, y_n$），联合自信息量 $I(x_i y_j)$ 表示两个信源同时发出 x_i 、y_j 这两个特定消息时所提供的信息量，或者说是两个信源同时发出 x_i 、y_j 这两个特定消息的不确定性。

定义 2.5 对于单符号离散信源 X 和 Y，其联合熵定义为

$$H(XY) = E\{I(x_i y_j)\} = -\sum_{i=1}^{m}\sum_{j=1}^{n} p(x_i y_j)\log p(x_i y_j) \tag{2-13}$$

由此可见，联合熵 $H(XY)$ 是联合自信息量的统计平均。

定义 2.6 在已知单符号离散信源 X 发送 x_i 的条件下，单符号离散信源 Y 的不确定性，定义为

$$H(Y|x_i) = -\sum_{j=1}^{n} p(y_j|x_i)\log p(y_j|x_i) \tag{2-14}$$

对于不同的 x_i，$H(Y|x_i)$ 是变化的。对 $H(Y|x_i)$ 的所有可能值进行统计平均，就得出给定 X 时，Y 的条件熵 $H(Y|X)$。

定义 2.7 在已知单符号离散信源 X 的条件下，单符号信源 Y 的不确定性定义为条件熵，即

$$\begin{aligned} H(Y|X) &= \sum_{i=1}^{m} p(x_i)H(Y|x_i) \\ &= -\sum_{i=1}^{m}\sum_{j=1}^{n} p(x_i)p(y_j|x_i)\log p(y_j|x_i) \\ &= -\sum_{i=1}^{m}\sum_{j=1}^{n} p(x_i y_j)\log p(y_j|x_i) \end{aligned} \tag{2-15}$$

同理

$$H(X|Y) = -\sum_{i=1}^{m}\sum_{j=1}^{n} p(x_i y_j)\log p(x_i|y_j) \tag{2-16}$$

信源熵、联合熵及条件熵的关系如下。

$$H(XY) = H(X) + H(Y|X) \tag{2-17}$$

$$H(XY) = H(Y) + H(X|Y) \tag{2-18}$$

先证明式（2-17）。

$$\begin{aligned} H(XY) &= E\{I(x_iy_j)\} \\ &= E\left\{\log\frac{1}{p(x_iy_j)}\right\} \\ &= E\left\{\log\frac{1}{p(x_i)p(y_j|x_i)}\right\} \\ &= E\left\{\log\frac{1}{p(x_i)}\right\} + E\left\{\log\frac{1}{p(y_j|x_i)}\right\} \\ &= E\{I(x_i)\} + E\{I(y_j|x_i)\} \\ &= H(X) + H(Y|X) \end{aligned}$$

同理，可证明 $H(XY) = H(Y) + H(X|Y)$。上述关系可以推广到 N 个信源的情况，即

$$H(X_1X_2\cdots X_N) = H(X_1) + H(X_2|X_1) + \cdots + H(X_N|X_1X_2\cdots X_{N-1}) \tag{2-19}$$

当离散信源 X 和 Y 统计独立时，其联合熵等于各自信源熵之和。即

$$H(XY) = H(X) + H(Y) \tag{2-20}$$

证明：因为离散信源 X 和 Y 统计独立，所以

$$p(x_iy_j) = p(x_i)p(y_j) \quad i = 1,\cdots,m; j = 1,\cdots,n$$

$$\begin{aligned} H(XY) &= E\{I(x_iy_j)\} \\ &= E\left\{\log\frac{1}{p(x_iy_j)}\right\} \\ &= E\left\{\log\frac{1}{p(x_i)p(y_j)}\right\} \\ &= E\left\{\log\frac{1}{p(x_i)}\right\} + E\left\{\log\frac{1}{p(y_j)}\right\} \\ &= E\{I(x_i)\} + E\{I(y_j)\} \\ &= H(X) + H(Y) \end{aligned}$$

证毕。

如果 N 个信源 $X_1X_2\cdots X_N$ 相互独立，则有

$$H(X_1X_2\cdots X_N) = H(X_1) + H(X_2) + \cdots + H(X_N) = \sum_{i=1}^{N} H(X_i) \tag{2-21}$$

【例 2-5】 离散信源 X 和 Y 的联合概率分布如表 2-3 所示，求联合熵 $H(XY)$ 和条件熵 $H(Y|X)$。

表 2-3　X 和 Y 的联合概率分布

X \ Y	0	1
0	$\frac{1}{4}$	$\frac{1}{4}$
1	$\frac{1}{2}$	0

解

$$\begin{aligned} H(XY) &= \left(-\frac{1}{4}\log\frac{1}{4}-\frac{1}{4}\log\frac{1}{4}-\frac{1}{2}\log\frac{1}{2}\right)\text{bit/消息} \\ &= \left(\frac{2}{4}\log 4+\frac{1}{2}\log 2\right)\text{bit/消息} \\ &= \frac{3}{2}\text{bit/消息} \end{aligned}$$

由联合概率分布得到 X 的边缘概率分布为 $p(X=0)=\frac{1}{2}$，$p(X=1)=\frac{1}{2}$。由此可得

$$H(X) = \left(-\frac{1}{2}\log\frac{1}{2}-\frac{1}{2}\log\frac{1}{2}\right)\text{bit/消息} = 1\text{bit/消息}$$

进而

$$H(Y|X) = H(XY)-H(X) = \left(\frac{3}{2}-1\right)\text{bit/消息} = \frac{1}{2}\text{bit/消息}$$

2.5.3 熵函数的性质

离散信源 X 的概率空间如式（2-1）所示，信源熵 $H(X)$ 是概率分布的函数，所以又称为熵函数。如果把概率分布 $p(x_i)$，$i=1,2,\cdots,n$，记为 $p_1,p_2,\cdots,p_n$，则熵函数又可写成概率向量 $\boldsymbol{p}=(p_1,p_2,\cdots,p_n)$ 的函数形式，记为 $H(\boldsymbol{p})$。

$$H(X) = -\sum_{i=1}^{n} p_i\log p_i = H(p_1,p_2,\cdots,p_n) = H(\boldsymbol{p}) \tag{2-22}$$

因为概率空间的完备性，即 $\sum_{i=1}^{n} p_i = 1$，所以 $H(\boldsymbol{p})$ 是 $(n-1)$ 元函数。当 $n=2$ 时，因为 $p_1+p_2=1$，若其中一个概率为 p，则另一个概率为（$1-p$），则熵函数可以记为 $H(p)$。

下面介绍熵函数的性质。

（1）对称性

当概率向量 $\boldsymbol{p}=(p_1,p_2,\cdots,p_n)$ 中 $p_1,p_2,\cdots,p_n$ 的顺序任意互换时，熵函数 $H(\boldsymbol{p})$ 的值不变，即

$$H(p_1,p_2,\cdots,p_n) = H(p_2,p_1,\cdots,p_n) = \cdots = H(p_n,p_1,p_2,\cdots,p_{n-1}) \tag{2-23}$$

对称性表明熵函数仅与信源总体统计特性有关。

（2）非负性

$$H(p_1,p_2,\cdots,p_n) \geqslant 0 \tag{2-24}$$

因为 $0 \leqslant p_i \leqslant 1$，熵函数的非负性是显然的。非负性表明离散信源对外不可能提供负信息。

（3）确定性

$$H(1,0,\cdots,0) = 0 \tag{2-25}$$

因为在概率矢量 $\boldsymbol{p}=(p_1,p_2,\cdots,p_n)$ 中，当某分量 $p_i=1$ 时，$p_i\log p_i=0$；而对于其余分量 $p_j=0(j\neq i)$，$\sum_{p_j\to 0} p_j\log p_j = 0$，所以式（2-25）成立。

该性质表明，在离散信源消息集合中，如有一个消息为必然事件，则其他消息均为不可

能事件，该信源的熵值为 0。

（4）扩展性

$$\lim_{\xi \to 0} H_{n+1}(p_1, p_2, \cdots, p_n - \xi, \xi) = H_n(p_1, p_2, \cdots, p_n) \tag{2-26}$$

这是因为 $\lim\limits_{\xi \to 0} \xi \log \xi = 0$。该性质表明，若信源增加一个概率相当小的消息，虽然发出这个消息时，能提供相当大的信息量，但终因其出现的概率非常低，导致在熵值的计算中只占很小的比重，这样信源熵保持不变。这也是熵总体平均性的表现。

（5）连续性

$$\lim_{\xi \to 0} H(p_1, p_2, \cdots, p_{n-1} - \xi, p_n + \xi) = H(p_1, p_2, \cdots, p_n) \tag{2-27}$$

即信源概率空间中概率分量的微小波动，不会引起熵的变化。

（6）递推性

$$H(p_1, p_2, \cdots, p_{n-1}, q_1, q_2, \cdots, q_m) = H(p_1, p_2, \cdots, p_n) + p_n H\left(\frac{q_1}{p_n}, \frac{q_2}{p_n}, \cdots, \frac{q_m}{p_n}\right) \tag{2-28}$$

这个性质表明，假如有一信源的 n 个消息的概率分布为 $(p_1, p_2, \cdots, p_n)$，其中某个消息 x_n 又被划分成 m 个元素。这 m 个元素的概率之和等于元素 x_n 的概率，这样得到一个信源的熵增加了一项，增加的一项是由于划分产生的不确定性。

（7）上凸性

熵函数 $H(\boldsymbol{p})$ 是概率向量 $\boldsymbol{p} = (p_1, p_2, \cdots, p_n)$ 的严格上凸函数。即对于任意概率向量 $\boldsymbol{p}_1 = (p_1, p_2, \cdots, p_n)$ 和 $\boldsymbol{p}_2 = (p'_1, p'_2, \cdots, p'_n)$，以及任意常数 $0 < \theta < 1$，根据上凸函数的定义，有

$$H[\theta \boldsymbol{p}_1 + (1-\theta)\boldsymbol{p}_2] > \theta H(\boldsymbol{p}_1) + (1-\theta) H(\boldsymbol{p}_2) \tag{2-29}$$

因为熵函数具有上凸性，所以熵函数具有最大值。

（8）极值性

离散信源 X 的信源熵 $H(X)$ 是消息概率分布 $\boldsymbol{p} = (p_1, p_2, \cdots, p_n)$ 的函数，那么信源消息在什么概率分布下取得最大值呢？

$$H(p_1, p_2, \cdots, p_n) \leqslant H\left(\frac{1}{n}, \frac{1}{n}, \cdots, \frac{1}{n}\right) = \log n \tag{2-30}$$

极值性表明离散信源中各消息等概率出现时熵值最大，这就是非常重要的最大离散熵定理。

证明：以 2 为底的对数函数是上凸函数，根据 Jensen 不等式，有

$$H(p_1, p_2, \cdots, p_n) = \sum_{i=1}^{n} p_i \log \frac{1}{p_i} \leqslant \log\left(\sum_{i=1}^{n} p_i \cdot \frac{1}{p_i}\right) = \log n \tag{2-31}$$

只有当 $p_i = \dfrac{1}{n}, i = 1, 2, \cdots, n$ 时，有

$$H(X) = H\left(\frac{1}{n}, \frac{1}{n}, \cdots, \frac{1}{n}\right) = \sum_{i=1}^{n}\left(\frac{1}{n}\log n\right) = \log n\left(\sum_{i=1}^{n} \frac{1}{n}\right) = \log n$$

所以得

$$H(p_1, p_2, \cdots, p_n) \leqslant H\left(\frac{1}{n}, \frac{1}{n}, \cdots, \frac{1}{n}\right) = \log n$$

证毕。

最大离散熵定理表明，具有 n 个消息的离散信源，只有在 n 个消息等可能出现的情况下，也即每个消息出现的概率均为 $\frac{1}{n}$ 时，信源熵才能达到最大值，而且最大值是 $\log n$ 。

下面对二进制离散信源的熵值进行分析。该信源可以输出0和1两种消息，消息出现的概率分别为 q 和 $1-q$ ，该信源的概率空间为

$$\begin{pmatrix} X \\ P(X) \end{pmatrix} = \begin{pmatrix} 0 & 1 \\ q & 1-q \end{pmatrix} \tag{2-32}$$

计算得到离散信源的熵为

$$H(X) = -q\log q - (1-q)\log(1-q) \tag{2-33}$$

这时信源熵 $H(X)$ 是 q 的函数，可以记为 $H(q)$ ，q 取值于 $[0,1]$ 区间。我们可以画出熵函数的曲线，如图2-1所示。

从图中可以得出熵函数的一些性质。如果二进制信源的输出是确定的（ $q=0$ 或者 $q=1$ ），则该信源不提供任何信息；反之，当0和1等概率发出时，信源熵达到最大值，等于1。

由此可见，二元数字是二进制信源的输出。等概率二元信源输出的二元数字序列中，每个二元数字将平均提供1bit的信息量。如果符号不是等概率发出，则每个二元数字所提供的平均信息量总是小于1bit。这也进一步说明了“二元数字”（计算机术语中的“比特”）与信息量单位“比特”的关系。

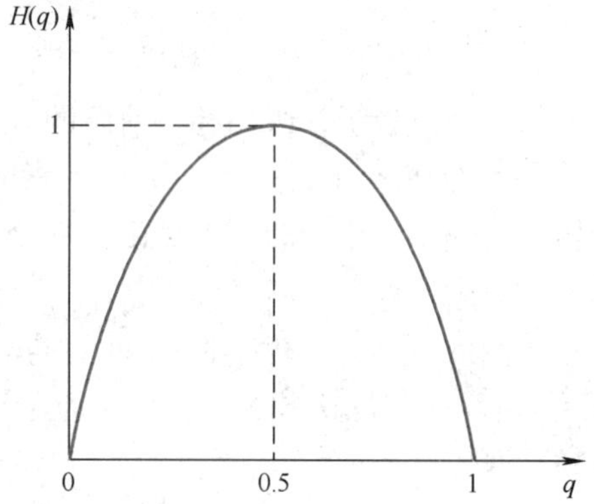

图2-1 二元熵函数曲线

（9）信源熵不小于条件熵

$$H(X) \geqslant H(X|Y) \tag{2-34}$$

证明：
$$\begin{aligned} H(X|Y) - H(X) &= -\sum_{i,j} p(x_i y_j)\log p(x_i|y_j) + \sum_i p(x_i)\log p(x_i) \\ &= -\sum_{i,j} p(x_i y_j)\log p(x_i|y_j) + \sum_{i,j} p(x_i y_j)\log p(x_i) \\ &= -\sum_{i,j} p(x_i y_j)\log \frac{p(x_i|y_j)p(y_j)}{p(x_i)p(y_j)} \\ &= -\sum_{i,j} p(x_i y_j)\log \frac{p(x_i y_j)}{p(x_i)p(y_j)} \\ &= \sum_{i,j} p(x_i y_j)\log \frac{p(x_i)p(y_j)}{p(x_i y_j)} \\ &\leqslant \log \sum_{i,j} p(x_i y_j)\frac{p(x_i)p(y_j)}{p(x_i y_j)} = 0 \end{aligned}$$

证毕。

同理，可以证明

$$H(Y) \geqslant H(Y|X) \tag{2-35}$$

另外，还可以推导出

$$H(XY) \leqslant H(X) + H(Y) \tag{2-36}$$

2.6 离散多符号信源的信源熵

前面讨论了单符号离散无记忆信源的信源熵，然而实际信源的输出一个消息中往往包含多个符号，也就是多符号信源。本节讨论离散多符号信源的熵，包括离散多符号无记忆信源和离散多符号有记忆信源。

2.6 离散多符号信源的信源熵

2.6.1 离散多符号无记忆信源的信源熵

单符号离散无记忆信源 X 的概率空间为

$$\begin{pmatrix} X \\ P(X) \end{pmatrix} = \begin{pmatrix} x_1 & x_2 & \cdots & x_n \\ p(x_1) & p(x_2) & \cdots & p(x_n) \end{pmatrix} \tag{2-37}$$

在该信源中，信源发出一个符号就代表了一个消息，该信源的熵记为 $H(X)$。转换角度，假设信源连续发出的 M 个符号表示一个消息，即 $\boldsymbol{X} = X_1X_2\cdots X_M$，序列中的每个分量 $X_i(i=1,2,\cdots,M)$都是随机变量，它们都取自于同一信源 X，并且各分量之间统计独立。则由这个随机向量 $\boldsymbol{X}$ 组成的新信源称为离散无记忆信源 X 的 M 次扩展信源。该信源可以发出 n^M 种消息。其概率空间可以描述为

$$\begin{pmatrix} \boldsymbol{X} \\ P(\boldsymbol{X}) \end{pmatrix} = \begin{pmatrix} \boldsymbol{\alpha}_1 & \boldsymbol{\alpha}_2 & \cdots & \boldsymbol{\alpha}_{n^M} \\ p(\boldsymbol{\alpha}_1) & p(\boldsymbol{\alpha}_2) & \cdots & p(\boldsymbol{\alpha}_{n^M}) \end{pmatrix} \tag{2-38}$$

其中，$\boldsymbol{\alpha}_i = x_{i_1}x_{i_2}\cdots x_{i_M}$，$p(\boldsymbol{\alpha}_i)$为消息 $\boldsymbol{\alpha}_i$ 出现的概率。

M 次扩展信源的熵为

$$H(\boldsymbol{X}) = H(X_iX_2\cdots X_M) = -\sum_{i=1}^{n^M} p(\boldsymbol{\alpha}_i)\log p(\boldsymbol{\alpha}_i) \tag{2-39}$$

考虑到该信源为无记忆信源，根据联合熵的可加性，得到

$$H(\boldsymbol{X}) = H(X_iX_2\cdots X_M) = \sum_{i=1}^{M} H(X_i) \tag{2-40}$$

如果该信源为平稳信源，则

$$H(\boldsymbol{X}) = \sum_{i=1}^{M} H(X_i) = MH(X) \tag{2-41}$$

【例 2-6】 设有一单符号离散平稳无记忆信源 X，其概率空间为

$$\begin{pmatrix} X \\ P(X) \end{pmatrix} = \begin{pmatrix} x_1 & x_2 & x_3 \\ \dfrac{1}{2} & \dfrac{1}{4} & \dfrac{1}{4} \end{pmatrix}$$

求其二次扩展信源的信源模型并求出其信源熵。

解 二次扩展信源 $\boldsymbol{X}$ 可以发出9种消息，其概率空间如下：

$$\begin{pmatrix} \boldsymbol{X} \\ P(\boldsymbol{X}) \end{pmatrix} = \begin{pmatrix} x_1x_1 & x_1x_2 & x_1x_3 & x_2x_1 & x_2x_2 & x_2x_3 & x_3x_1 & x_3x_2 & x_3x_3 \\ \dfrac{1}{4} & \dfrac{1}{8} & \dfrac{1}{8} & \dfrac{1}{8} & \dfrac{1}{16} & \dfrac{1}{16} & \dfrac{1}{8} & \dfrac{1}{16} & \dfrac{1}{16} \end{pmatrix}$$

于是有

$$H(\boldsymbol{X}) = -\sum_{i,j} p(x_i x_j)\log p(x_i x_j) = 3\text{bit/消息}$$

容易计算信源 X 的信源熵为

$$H(X) = -\sum_{i=1}^{3} p(x_i)\log p(x_i) = 1.5\text{bit/消息}$$

因此，二次扩展信源的熵为

$$H(\boldsymbol{X}) = 2H(X)$$

2.6.2 离散多符号有记忆信源的信源熵

前面讲述了离散平稳信源中最简单的离散平稳无记忆信源，而实际信源往往是有记忆的。对于离散平稳有记忆信源，假设信源的一个消息为 M 长符号序列，则它的数学模型是 M 维随机变量序列（随机向量）：$\boldsymbol{X} = X_1 X_2 \cdots X_M$，其中每个随机变量之间存在统计依赖关系。

对于相互之间有依赖关系的 M 维随机变量的联合熵，可以由联合熵的链式法则计算得到

$$\begin{aligned} H(\boldsymbol{X}) = H(X_1 X_2 \cdots X_M) = H(X_1) + H(X_2 | X_1) + \\ H(X_3 | X_1 X_2) + \cdots + H(X_N | X_1 X_2 \cdots X_{M-1}) \end{aligned} \tag{2-42}$$

即 M 维随机变量的联合熵等于起始时刻随机变量 X_1 的熵与各阶条件熵之和。

因为信源是有记忆信源的，所以我们不能用 $H(\boldsymbol{X})$ 来表示信源的平均不确定性，而 $\frac{1}{M}H(X_1 X_2 \cdots X_M)$ 也不能表示平均每个符号所携带的信息量。那么如何表示离散多符号信源的平均不确定性呢？

定义 2.8 离散多符号信源，对前 M 个随机变量的联合熵求平均：

$$H_M(\boldsymbol{X}) = \frac{1}{M}H(X_1 X_2 \cdots X_M) \tag{2-43}$$

称为平均符号熵。如果当 $M \to \infty$ 时，式（2-42）极限存在，则称

$$H_\infty = \lim_{M\to\infty} H_M(\boldsymbol{X}) = \lim_{M\to\infty} \frac{1}{M}H(X_1 X_2 \cdots X_M) \tag{2-44}$$

为熵率，又称为极限熵。

离散多符号信源的平均每个符号的不确定性，或者说信源输出一个符号所携带的信息量用极限熵来表示。

对于离散平稳无记忆信源

$$H_\infty = \lim_{M\to\infty} H_M(\boldsymbol{X}) = \lim_{M\to\infty} \frac{1}{M}H(X_1 X_2 \cdots X_M) = H(X) \tag{2-45}$$

2.6.3 离散平稳有记忆信源的极限熵

下面的定理给出了求解离散平稳有记忆信源极限熵的方法。

定理 2.1 对于离散平稳有记忆信源，有以下几个结论：

1）条件熵 $H(X_M | X_1 X_2 \cdots X_{M-1})$ 随 M 的增加是递减的；

2）M 给定时平均符号熵大于或等于条件熵，即

$$H_M(\boldsymbol{X}) \geqslant H(X_M \mid X_1 X_2 \cdots X_{M-1}) \tag{2-46}$$

3）平均符号熵 $H_M(\boldsymbol{X})$ 随 M 的增加是递减的；

4）如果 $H(X_1) < \infty$，则 $H_\infty = \lim\limits_{M\to\infty} H_M(\boldsymbol{X})$ 存在，并且

$$H_\infty = \lim_{M\to\infty} H_M(\boldsymbol{X}) = \lim_{M\to\infty} H(X_M \mid X_1 X_2 \cdots X_{M-1})$$

证明：

1）$H(X_M \mid X_1 X_2 \cdots X_{M-1}) \leqslant H(X_M \mid X_2 \cdots X_{M-1})$（条件熵小于或等于无条件熵）

$= H(X_{M-1} \mid X_1 X_2 \cdots X_{M-2})$（序列的平稳性）

所以，条件熵 $H(X_M \mid X_1 X_2 \cdots X_{M-1})$ 随 M 的增加是递减的。

这表明记忆长度越长，条件熵越小，也就是序列的统计约束关系增加时，不确定性减少。

2）　$N\,H_M(\boldsymbol{X})$

$= H(X_1 X_2 \cdots X_M)$

$= H(X_1) + H(X_2 \mid X_1) + H(X_3 \mid X_1 X_2) + \cdots + H(X_M \mid X_1 X_2 \cdots X_{M-1})$（序列的平稳性）

$\geqslant N\,H(X_M \mid X_1 X_2 \cdots X_{M-1})$（条件熵小于或等于无条件熵）

所以，$H_M(\boldsymbol{X}) \geqslant H(X_M \mid X_1 X_2 \cdots X_{M-1})$，即 M 给定时平均符号熵大于或等于条件熵。

3）　$N\,H_M(\boldsymbol{X}) = H(X_1 X_2 \cdots X_M)$

$= H(X_M \mid X_1 X_2 \cdots X_{M-1}) + H(X_1 X_2 \cdots X_{M-1})$

$\leqslant H_M(\boldsymbol{X}) + (M-1) H_{M-1}(\boldsymbol{X})$（利用式（2-46）的结果）

所以，$H_M(\boldsymbol{X}) \leqslant H_{M-1}(\boldsymbol{X})$，即序列的统计约束关系增加时，由于符号间的相关性，平均每个符号所携带的信息量减少。

4）只要 X_1 的样本空间是有限的或无限可数的，则必然 $H(X_1) < \infty$。因此，

$$0 \leqslant H(X_M \mid X_1 X_2 \cdots X_{M-1}) \leqslant H(X_{M-1} \mid X_1 X_2 \cdots X_{M-2}) \leqslant \cdots \leqslant H(X_1) < \infty$$

所以，$H(X_M \mid X_1 X_2 \cdots X_{M-1})$，$M = 1, 2, \cdots$ 是单调有界数列，极限 $\lim\limits_{M\to\infty} H(X_M \mid X_1 X_2 \cdots X_{M-1})$ 必然存在，且极限为 0 和 H（X_1）之间的某一值。

对于收敛的实数列，有以下结论成立：

如果 a_1，a_2，$a_3 \cdots$ 是一个收敛的实数列，那么

$$\lim_{M\to\infty} \frac{1}{M}(a_1 + a_2 + \cdots a_M) = \lim_{M\to\infty} a_M \tag{2-47}$$

利用式（2-47）可以推出：

$$\lim_{M\to\infty} H_M(\boldsymbol{X}) = \lim_{M\to\infty} \frac{1}{M}[H(X_1) + H(X_2 \mid X_1) + H(X_3 \mid X_1 X_2) + \cdots + H(X_M \mid X_1 X_2 \cdots X_{M-1})]$$

$$= \lim_{M\to\infty} H(X_M \mid X_1 X_2 \cdots X_{M-1})$$

证毕。

该定理表明，由于信源输出序列前后符号之间的统计依赖关系，随着序列长度 M 的增加，也就是随着统计约束条件不断增加，平均符号熵 $H_M(\boldsymbol{X})$ 及条件熵 $H(X_M \mid X_1 X_2 \cdots X_{M-1})$ 均随之减小。当 $M \to \infty$ 时，$H_M(\boldsymbol{X}) = H(X_M \mid X_1 X_2 \cdots X_{M-1})$，即为熵率，它表示信源输出的符号序列中，平均每个符号所携带的信息量。所以在求熵率时可以有两种途径：可以求它的极限平均符号熵，也可以求它的极限条件熵，即

$$H_\infty = \lim_{M\to\infty}\frac{1}{M}H(X_1X_2\cdots X_{M-1}) = \lim_{M\to\infty}H(X_M|X_1X_2\cdots X_{M-1})$$

而有一类信源，它在某时刻发出的符号仅与在此之前发出的有限个符号有关，而与更早些时候发出的符号无关，这称为马尔可夫性，这类信源称为马尔可夫信源。马尔可夫信源可以在 M 不很大时得到 H_∞。如果信源在某时刻发出的符号仅与在此之前发出的 m 个符号有关，则称为 m 阶马尔可夫信源，它的熵率为

$$\begin{aligned}H_\infty &= \lim_{M\to\infty}H(X_M|X_1X_2\cdots X_{M-1})\\ &= \lim_{M\to\infty}H(X_M|X_{M-m}X_{M-m+1}\cdots X_{M-1})\text{（马尔可夫性）}\\ &= H(X_{m+1}|X_1X_2\cdots X_m)\text{（平稳性）}\end{aligned} \tag{2-48}$$

$H(X_{m+1}|X_1X_2\cdots X_m)$通常记作 H_∞。

【例 2-7】 信源 X 的信源模型为

$$\begin{pmatrix}X\\P(X)\end{pmatrix}=\begin{pmatrix}x_1 & x_2 & x_3\\ \frac{1}{4} & \frac{4}{9} & \frac{11}{36}\end{pmatrix}$$

输出符号序列中，只有前后两个符号有记忆，条件概率 $P(X_2|X_1)$列于表 2-4 中。

表 2-4 条件概率 $P(X_2|X_1)$

X_1 \ X_2	x_1	x_2	x_3
x_1	$\frac{7}{9}$	$\frac{2}{9}$	0
x_2	$\frac{1}{8}$	$\frac{3}{4}$	$\frac{1}{8}$
x_3	0	$\frac{2}{11}$	$\frac{9}{11}$

求熵率，并比较 $H(X_2|X_1)$、$\frac{1}{2}H(X_1X_2)$和 $H(X)$的大小。

解 熵率：$H_\infty = H_2 = H(X_2|X_1) = 0.870\text{bit/符号}$

如果不考虑符号间的相关性，则信源熵为

$$H(X) = \left(\frac{1}{4}\log 4 + \frac{4}{9}\log\frac{9}{4} + \frac{11}{36}\log\frac{36}{11}\right)\text{bit/符号} = 1.542\text{bit/符号}$$

可见，$H(X_2|X_1) < H(X) = H(X_2)$，这是由于 X_1 和 X_2 之间存在统计依赖关系，在 X_1 已知的情况下，X_2 的不确定度减少，也即条件熵小于无条件熵。因此，在考虑序列符号的相关性后，序列的熵减小。

$H(X_1X_2) = H(X_1) + H(X_2|X_1) = (1.542 + 0.870)\text{bit/两个符号} = 2.412\text{bit/两个符号}$

可见，$H(X_2|X_1) < \frac{1}{2}H(X_1X_2) < H(X)$。

2.7 信源的相关性和剩余度

前面几节讨论了各类离散信源及其信源熵，尤其重点讨论了平稳信源及其极限熵 H_∞。然而，实际的离散信源可能是非平稳的，对于非平稳信源来说，其极限熵 H_∞ 不一定存在，

但可以假定它是平稳的，用平稳信源的 H_∞ 来近似。即便如此，对于一般平稳的离散信源，其 H_∞ 值也是极其困难得到的。那么，可以进一步假定它是记忆长度有限的 m 阶马尔可夫信源，用 m 阶马尔可夫信源的条件熵 H_{m+1} 来近似。实际上，对于大多数平稳信源确实可以用马尔可夫信源来近似。当 $m=1$ 时，信源的条件熵就可简化为 $H_{m+1}=H_2=H(X_2|X_1)$。若要进一步简化，则可假设信源为无记忆信源，而信源符号要符合一定的概率分布。这时，信源熵可用平均自信息量 $H_1=H(X)$ 来近似。最后，若可以假定是等概率分布的离散无记忆信源，则可用最大熵 $H_0=\log n$ 来近似。因此，对于一般的离散信源都可以近似地用不同记忆长度的马尔可夫信源来逼近。由前面的讨论可知：

2.7　信源的相关性和剩余度

$$H_0 \geqslant H_1 \geqslant H_2 \geqslant \cdots \geqslant H_{m+1} \geqslant \cdots \geqslant H_\infty$$

由此可见，信源符号间的依赖关系使信源的熵减小。如果它们的前后依赖关系越强，则信源的熵越小。当信源前后符号彼此统计独立，且等概率分布时，信源熵达到最大值。也就是说，信源符号之间依赖关系越强，每个符号提供的平均信息量越小。每个符号提供的信息量随着符号间依赖关系强度的增加而减少。

例如，信源符号集有 4 个符号，最大熵为 2bit/符号，输出一个由 10 个符号构成的符号序列，最多可以包含 $10\times2=20$bit 的信息量。假如由于符号间的相关性或不等概率分布，信源的极限熵减小到 1.2bit/符号，输出的符号序列平均所含有的信息量为 $10\times1.2=12$bit，而如果信源输出符号间没有相关性而且符号等概率分布，则输出 12bit 的信息量只需要输出 6 个符号就可以了，说明信源存在剩余。因此引入信源剩余度的概念。

定义 2.9　一个信源的极限熵与具有相同符号集的最大熵的比值称为熵的相对率。其表达式为

$$\eta=\frac{H_\infty}{H_0}$$

信源剩余度为

$$\gamma=1-\eta=1-\frac{H_\infty}{H_0}=\frac{H_0-H_\infty}{H_0}$$

H_0-H_∞ 越大，信源的剩余度越大。信源的剩余度又称为冗余度。

信源的剩余度来自两个方面：一方面是信源符号间的相关性，相关程度越高，符号间的依赖关系越长，信源的极限熵 H_∞ 越小；另一方面是信源输出消息的不等概率分布使信源的 H_∞ 减小。当信源输出符号间不存在相关性并且输出消息为等概率分布时信源的 H_∞ 最大，等于 H_0。对于一般平稳信源来说，其极限熵 H_∞ 远小于 H_0。传送一个信源的信息实际只需要传送的信息量为 H_∞，如果用二元符号来表示，只需要传送 H_∞ 个二元符号。为了最有效地传递信源的信息，需要掌握信源全部的概率统计特性，即任意维的概率分布，这显然是不现实的。实际上，往往只能掌握有限 N 维的概率分布，这时需要传送 H_N 个二元符号，与理论值相比，相当于多传送了 H_N-H_∞ 个二元符号。

可见，信源剩余度的大小能很好地反映了离散信源输出的符号序列中符号之间的依赖关系的强弱。剩余度 γ 越大，表示信源的实际熵 H_∞ 越小。这表明信源符号之间的依赖关系越强，即符号之间的记忆关系越长；反之，剩余度越小，这表明信源符号之间依赖关系越弱，

即符号之间的记忆长度越短。当剩余度等于零时，信源的信息熵就等于极大值 H_0，这表明信源符号之间不但统计独立无记忆，而且各符号还是等概率分布。所以，剩余度 γ 可用来衡量信源输出的符号序列中各符号之间的依赖程度。

日常的人类自然语言如汉语、英语、德语等都是由一组符号的集合构成的信源。汉语采用的符号是汉字，英语、德语等是采用一些字母表（还可以加上标点符号和空格）的符号集。自然语言就是由这些符号构成的符号序列。在自然语言的符号序列中符号之间是有关联的，它们都可以用马尔可夫信源来逼近。

下面以英文信源为例来说明，信源模型的近似程度不同，计算得到的信源熵不同。

1）英文字母共26个，加上空格27个符号，则其最大熵为

$$H_0 = \log 27\text{bit/符号} = 4.76\text{bit/符号}$$

2）对在英文语境中各字母出现的概率加以统计，可以得到各个字母出现的概率分布，如前文表2-2所示。

因此，如果认为英语字母之间是离散无记忆的，根据表2-2中的概率可求得

$$H_1 = -\sum_{i=1}^{27} p(x_i)\log p(x_i) = 4.03\text{bit/符号}$$

3）若考虑前后两个、三个、若干个字母之间存在的关联性，则可根据字母出现的条件概率求得

$$H_2 = 3.32\text{bit/符号}$$
$$H_3 = 3.1\text{bit/符号}$$
$$\vdots$$
$$H_5 = 1.65\text{bit/符号}$$
$$H_\infty = 1.4\text{bit/符号}$$

由此，可计算得到英文信源熵的相对率和剩余度：

$$\eta = \frac{H_\infty}{H_0} = \frac{1.4}{4.76} = 0.29,\ \gamma = 1 - \eta = 0.71$$

这说明，用英文字母写成文章时，有71%是由语言结构、实际意义等确定的，而剩下只有29%是作者可以自由选择的。这也意味着在传递或者存储英语信息时，只需传送或者存储那些必要的字母，而那些有关联的字母则可以进行大幅压缩。例如，100页的英文书，大约只需存储29页就可以了，其他71页可以压缩掉，而这压缩掉的文字完全可根据英文的统计特性来恢复。由此可大大提高传输或者存储英文信息的效率。信源的剩余度正表示这种信源可压缩的程度。

表2-5是5种语言文字在不同近似模型下的熵及剩余度。

表2-5 5种文字在不同近似模型下的熵及剩余度

文字	H_0	H_1	H_2	H_3	…	H_∞	η	γ
英文	4.7	4.03	3.32	3.1		1.4	0.29	0.71
法文	4.7					3	0.63	0.37
德文	4.7					1.08	0.23	0.77
西班牙文	4.7					1.97	0.42	0.58
中文（按8000汉字计算）	13	9.41	8.1	7.7		4.1	0.315	0.685

【例 2-8】 计算汉字的剩余度。假设常用汉字约为 10000 个，其中 140 个汉字出现的概率占 50%，625 个汉字（含 140 个汉字）出现的概率占 85%，2400 个汉字（含 625 个汉字）出现的概率占 99.7%，其余 7600 个汉字出现的概率占 0.3%，不考虑符号间的相关性，只考虑它的概率分布，在这一级近似下计算汉字的剩余度。

解 为了计算方便,假设每类中汉字出现是等概率的，则汉字出现的近似概率如表 2-6所示。

不考虑符号间的相关性，只考虑它的概率分布，因此信源的实际熵近似为

$$H(X)=9.773\text{bit/汉字}$$

$$H_0=\log 10000\text{bit/汉字}=13.288\text{bit/汉字}$$

由此，可得到在该级近似下，信源的剩余度为

$$\gamma=1-\frac{H(X)}{H_0}=0.264$$

表 2-6　汉字的近似概率分布

类别	汉字个数	所占概率	每个汉字的概率
1	140	0.5	0.5/140
2	625 − 140 = 485	0.85 − 0.5 = 0.35	0.35/485
3	2400 − 625 = 1775	0.997 − 0.85 = 0.147	0.147/1775
4	7600	0.003	0.003/7600

在实际汉语信源中，每个汉字出现的概率不但不相等，而且有一些常用的词组。单字之间有依赖关系，词组之间也有依赖关系。将这些关联关系考虑进去，计算是相当复杂的。由前面分析可知，汉语信源的实际信息熵约为 4.1bit/汉字，其剩余度大约为 0.685。在实际通信系统中，为了提高传输效率，往往需要把信源的大量冗余进行压缩，即所谓的信源编码。这是我们第 4 章要讨论的内容。

2.8 信源的 MATLAB 建模与仿真

【例 2-9】 单符号离散无记忆二元信源，两符号出现的概率为 $p(0)=0.2$，$p(1)=0.8$，试用 MATLAB 建模此信源。

解 设信源输出消息符号个数用 N 表示，则建模此信源的代码如下：

2.8　信源的 MATLAB 建模与仿真

```
clear all;
clc;
p0 =0.2;
p1 =0.8;
N =10;
x =randsrc(1,N,[0 1;p0 p1])          %% 二元离散信源
N0 =length(find(x = =0));
P0x =N0/N           %% 输出的数据流中 0 符号的概率;
P1x =1 - P0x        %% 输出的数据流中 1 符号的概率;
```

程序一次运行后输出为

```
x = 0    0    1    1    1    0    1    1    0    1
P0x = 0.4000
P1x = 0.6000
```

若 $N=20000$，则输出结果为

```
P0x = 0.2007
P1x = 0.7994
```

【例 2-10】 单符号离散无记忆信源，消息符号有三种取值，出现的概率为 $p(0)=0.5$，$p(1)=0.3$，$p(2)=0.2$，试用 MATLAB 建模此信源。

```
clear all;
clc;
p0 =0.5;
p1 =0.3;
p2 =0.2;
N =50000;
x =randsrc(1,N,[0 1 2;p0 p1 p2]);  %%符号数为3的单符号离散信源
N0 =length(find(x = =0));
P0x =N0/N          %%输出的数据流中0符号的概率;
N1 =length(find(x = =1));
P1x =N1/N          %%输出的数据流中1符号的概率;
N2 =length(find(x = =2));
P2x =N2/N          %%输出的数据流中2符号的概率;
```

解 设信源输出消息符号个数用 N 表示，设 $N=50000$。则建模此信源的代码如上所示。

运行程序，输出结果为

```
P0x = 0.4980
P1x = 0.2996
P2x = 0.2024
```

以上两个例子说明，随着信源输出消息符号的长度的增加，每个符号出现的概率逐渐接近其统计意义上的先验概率。

2.9 习题

2-1 假设有一副扑克牌完全打乱顺序（52张），请问：

(1) 任意一种特定排列所带来的信息量是多少?

(2) 假如从中抽出13张牌，所给出的点数都不同，这种情况下能够获得多少信息量?

2-2 设有一个4行8列的棋型方格，有一棋子A分别以等概率落在任一方格内，求A落入任一小格的自信息量。

2-3 设有一非均匀骰子，若其任一面出现的概率与该面上的点数成正比，则

(1) 分别求各点出现时所给出的信息量;

(2) 求掷一次骰子平均所获得的信息量。

2-4 掷一对无偏的骰子，若告诉你得到的总点数为（a）7;（b）12。试问各得到了多少信息量?

2-5 请问四进制、八进制脉冲所含信息量是二进制脉冲的多少倍?

2-6　设离散无记忆信源

$$\begin{pmatrix} X \\ P(X) \end{pmatrix} = \begin{pmatrix} x_1 = 1 & x_2 = 2 & x_3 = 3 & x_4 = 4 \\ 3/8 & 1/4 & 1/4 & 1/8 \end{pmatrix}$$

其发出的消息为（202120130213001203210100210320112232 10），求：

（1）此消息的自信息量是多少？

（2）在此信息中平均每个符号携带的信息量是多少？

2-7　某一无记忆信源的符号集为 $\{0,1\}$，已知 $P(0) = \frac{1}{4}$，$P(1) = \frac{3}{4}$。求：

（1）符号的平均熵是多少？

（2）在此信息中平均每个符号携带的信息量是多少？

2-8　每帧电视图像可以认为是由 3×10^5 个像素组成的，所有像素均是独立变化，且每一像素又取 128 个不同的亮度电平，并设亮度电平等概率出现。问每帧图像含有多少信息量？若现有一广播员在约 10000 个汉字的字汇中选 1000 个字来口述此电视图像，试问广播员描述此图像所广播的信息量是多少（假设汉字字汇是等概率分布，并彼此无依赖）？若要恰当描述此图像，广播员在口述中至少需用多少汉字？

2-9　设离散无记忆信源发出两个消息 x_1 和 x_2，它们的概率分别为 $p(x_1) = \frac{3}{4}$，$p(x_2) = \frac{1}{4}$。求该信源的最大熵以及与最大熵有关的剩余度。

2-10　令 X 为抛掷硬币直至其正面第一次向上所需的次数，求 $H(X)$。

2-11　一离散单符号无记忆信源的概率空间为

$$\begin{pmatrix} X \\ P(X) \end{pmatrix} = \begin{pmatrix} 0 & 1 & 2 & 3 \\ \frac{3}{8} & \frac{1}{4} & \frac{1}{4} & \frac{1}{8} \end{pmatrix}$$

该信源产生一个由 100 个符号组成的消息序列，求该消息序列的平均自信息量。

2-12　单符号离散无记忆信源，消息符号有四种取值，出现的概率为 $p(0) = 0.375$，$p(1) = 0.25$，$p(2) = 0.25$，$p(3) = 0.125$，试用 MATLAB 建模此信源。

第 3 章　信道与信道容量

信道是信息系统的重要组成部分，即信息传输的通道，其主要任务是以信号的方式传输和存储信息，研究信道就是研究信道中能够传送或者存储的最大信息量，也就是信道容量。信源发出的消息必须首先转换为能在信道传输的信号，然后经过信道的传输后才能被信宿接收。信宿从接收到的信号中得到消息并获取信息。如果信道是无噪信道时，信宿能够完整无误地收到信源发出的消息，获取信源发出的全部信息量。一般来说，信源与信宿之间总会有噪声干扰，也就是说信道是有噪信道，信号通过信道传输后会产生错误和失真。因此讨论信源与信宿之间的信息传输问题，势必要讨论信道的问题。信道的输入和输出信号之间一般不是确定的函数关系，而是统计依赖的关系。只要掌握信道的输入、输出信号，以及它们之间的统计依赖关系，就可以确定信道的全部特性。

本章重点学习信道的分类、数学模型、信道容量的相关概念以及几种典型信道容量的计算方法。通过本章相关概念的学习，有助于理解信道的基本理论，本章内容也是后续章节学习所必备的知识基础。

3.1　信道的分类

3.1　信道的分类

通信系统中，物理信道种类较多，例如微波信道、磁信道、光信道等，这里只从信息论的角度来看，即不研究信号在信道传输的物理过程和规律，只考虑信息的传输和存储问题。

一般信道的数学模型如图 3-1 所示。图中 X 表示信道的输入消息集合，也叫作信道的输入空间，Y 表示新的输出消息集合，又叫作信道的输出空间。集合 $\{P(Y|X)\}$ 是描述信道特征的传输概率集合。这个数学模型也可以用数学符号表示为 $\{X \quad P(Y|X) \quad Y\}$。

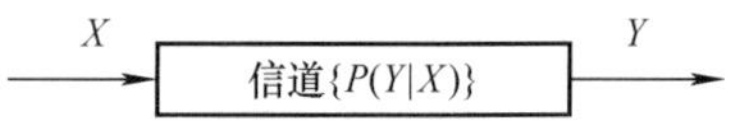

图 3-1　一般信道的数学模型

假定信道的传输特性为已知，将信道用其输入和输出的统计关系模型来描述，并按其输入输出信号以及它们之间关系的数学特点进行分类。信道的分类方法有以下几种。

（1）信道输入输出信号的统计特性，可分为

1）离散信道。输入和输出的随机序列的取值都是离散的信道。

2）连续信道。输入和输出的随机序列的取值都是连续的信道。

3）半离散或半连续信道。输入序列取值是离散型但输出序列取值是连续的信道。

4）波形信道。信道的输入和输出都是一些时间上连续的随机信号。即信道输入、输出的随机变量取值都是连续的并随时间连续变化。

（2）信道按其输入输出之间关系的记忆性来划分，可分为

1）无记忆信道。如果信道的输出只与信道该时刻的输入有关而与其他时刻的输入无关，则称此信道是无记忆的。

2）有记忆信道。如果信道的输出不仅与信道现在时刻的输入有关，还与以前时刻的输入有关，则称此信道为有记忆的，实际信道一般都是有记忆的。信道中的记忆现象来源于物理信道中的惯性元件，如电缆信道中的电感电容、无线信道中电波传输的衰落现象等。

（3）信道按其输入输出信号之间的关系是否为确定关系来划分，可分为

1）有噪声信道。一般来讲，信道输入与输出之间的关系是一种统计依存关系，而不是确定关系。这是因为信道中总存在某种程度的噪声。

2）无噪声信道。在某些情况下，若信道中的噪声与有用信号相比很小，可以忽略不计，则这时的信道可以理想化为具有确定关系的无噪声信道。

（4）根据信道用户的多少，可以分为

1）两端（单用户）信道。只有一个输入端和一个输出端的单向通信信道。

2）多端（多用户）信道。在输入端和输出端至少有一端具有两个以上的用户，并可以双向通信的信道。

3.2 离散信道的数学模型

接下来以最简单的离散单符号信道为例来介绍离散信道的数学模型。

所谓**离散单符号信道**，就是信道的输入、输出都取值于离散符号集，并且都用一个随机变量来表示的信道。

设离散单符号信道的输入随机变量为 X，取值为 x_i，$i=1,2,\cdots,r$，输出随机变量为 Y，取值为 y_j，$j=1,2,\cdots,s$。由于信道中有干扰，输入在传输中有可能产生错误，以传递概率$p(y_j|x_i)$来描述这种干扰：

$$p(y_j|x_i)=P(Y=y_j|X=x_i)\qquad(i=1,2,\cdots,r;j=1,2,\cdots,s)\tag{3-1}$$

3.2 离散信道的数学模型

信道矩阵为信道传递概率矩阵，如下式所示：

$$\boldsymbol{P}=\begin{pmatrix}p(y_1|x_1) & p(y_2|x_1) & \cdots & p(y_s|x_1)\\ p(y_1|x_2) & p(y_2|x_2) & \cdots & p(y_s|x_2)\\ \vdots & \vdots & & \vdots\\ p(y_1|x_r) & p(y_2|x_r) & \cdots & p(y_s|x_r)\end{pmatrix}\tag{3-2}$$

简写为

$$\boldsymbol{P}=\begin{pmatrix}p_{11} & p_{12} & \cdots & p_{1s}\\ p_{21} & p_{22} & \cdots & p_{2s}\\ \vdots & \vdots & & \vdots\\ p_{r1} & p_{r2} & \cdots & p_{rs}\end{pmatrix}\tag{3-3}$$

传递概率满足 $p_{ij}\geqslant 0$，$\sum_{j=1}^{s}p_{ij}=1$，$i=1,2,\cdots,r$，也就是每个元素都为非负值，每行元素和为1。

最常见的信道就是当 $r=s=2$ 时，此时为**二元对称信道**，$X=\{0,1\}$，$Y=\{0,1\}$。信道传递概率为

$$p(y_1|x_1)=p(0|0)=1-p=\bar{p} \tag{3-4}$$

$$p(y_2|x_1)=p(1|0)=p \tag{3-5}$$

$$p(y_2|x_2)=p(1|1)=1-p=\bar{p} \tag{3-6}$$

$$p(y_1|x_2)=p(0|1)=p \tag{3-7}$$

其中，p 为单个符号传输发生错误的概率，$\bar{p}$为单个符号无错误传输的概率。因此二元对称信道的信道矩阵为

$$\boldsymbol{P}=\begin{pmatrix}\bar{p} & p\\ p & \bar{p}\end{pmatrix} \tag{3-8}$$

其满足行元素和为1。其示意图如图3-2所示。

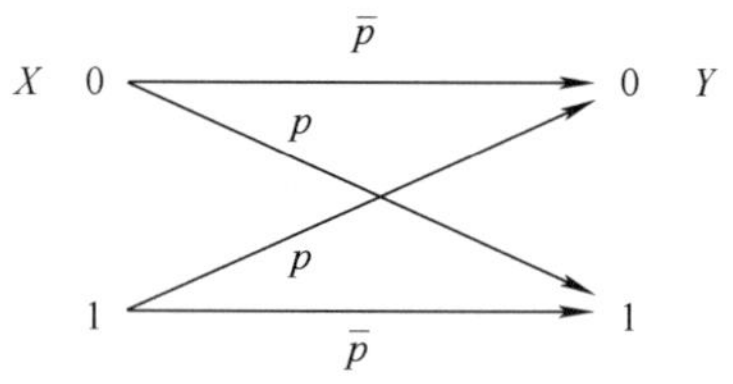

图3-2 二元对称信道

3.3 互信息量与平均互信息量

3.3 互信息量与平均互信息量

任何信源产生的消息输出都是随机的，可以用随机变量、随机矢量或者随机过程来描述，也可以用概率空间来描述信源。

3.3.1 互信息量及性质

先看其概念：**互信息量**。

对两个离散随机事件集合 X 和 Y，事件 y_j 的出现给出关于事件 x_i 的信息量，定义为事件 x_i 和 y_j 的互信息量 $I(x_i;y_j)$，其表达式又分为两种情况。

1）信道没有干扰，信宿能够完全获取信源发出的信息量，那么有

$$I(x_i;y_j)=I(x_i) \tag{3-9}$$

2）信道有干扰，信宿所收到的信息中有干扰信息，那么此时按照之前条件自信息量分析可知

$$\begin{aligned}I(x_i;y_j)&=I(x_i)-I(x_i|y_j)\\&=\log\frac{P(x_i|y_j)}{P(x_i)}\end{aligned} \tag{3-10}$$

互信息量的性质有如下三条。

1. 对称性

由式（3-10）也能分析事件 x_i 的出现给出关于事件 y_j 的信息量，可以得到

$$\begin{aligned}I(y_j;x_i)&=I(y_j)-I(y_j|x_i)\\&=\log\frac{P(y_j|x_i)}{P(y_j)}\\&=\log\frac{P(y_j|x_i)P(x_i)}{P(x_i)P(y_j)}\end{aligned}$$

$$= \log \frac{P(x_i y_j)/P(y_j)}{P(x_i)}$$

$$= \log \frac{P(x_i | y_j)}{P(x_i)}$$

$$= I(x_i ; y_j) \tag{3-11}$$

即 $I(x_i;y_j) = I(y_j;x_i)$，称为互信息量的对称性。

从式（3-10）还可以得到，$P(x_i)$ 和 $P(y_j)$ 是事件发生的先验概率，而 $P(x_i|y_j)$ 和 $P(y_j|x_i)$ 是后验概率，那么

$$\text{互信息量} = \frac{\text{后验概率}}{\text{先验概率}} \tag{3-12}$$

这说明互信息量描述了两个随机事件之间的统计约束程度，如果先验概率确定了，后验概率就决定了信息的流通。

2. 值域为实数

互信息量的值可以为正数、零或者负数，按照其定义公式，可以分为几种情况进行讨论：

(1) $P(x_i|y_j) = 1$，那么 $I(x_i;y_j) = I(x_i)$。

后验概率为 1，说明信宿获得了信源全部信息量，即信道没有干扰。

(2) $P(x_i) < P(x_i|y_j) < 1$，那么 $I(x_i) > I(x_i|y_j)$，$I(x_i|y_j) > 0$。

后验概率大于先验概率，说明收到事件 y_j 能够消除一些关于信源是否发生事件 x_i 的不确定度，就是说 y_j 获得了关于 x_i 的信息量。这也说明，虽然信道有干扰，信宿仍然可以从信源中获取信息量。

(3) $P(x_i|y_j) = P(x_i)$，那么 $I(x_i;y_j) = I(x_i)$，$I(x_i|y_j) = 0$。

后验概率等于先验概率，说明收到事件 y_j 对于信源是否发生事件 x_i 没有影响，就是说从 y_j 那里无法获得关于 x_i 的信息量，即 y_j 与 x_i 无关。

(4) $0 < P(x_i|y_j) < P(x_i)$，那么 $I(x_i) < I(x_i|y_j)$，$I(x_i|y_j) > 0$。

后验概率小于先验概率，说明收到事件 y_j 后对于信源是否发生事件 x_i 有负影响，即虽然给出了信息量，但不是关于 x_i 的信息量。

3. 不大于其中任一事件的自信息量

由于 $P(x_i|y_j) \leqslant 1$，那么

$$I(x_i;y_j) \leqslant \log \frac{1}{P(x_i)} = I(x_i) \tag{3-13}$$

同理 $P(y_j|x_i) \leqslant 1$，那么

$$I(y_j;x_i) \leqslant \log \frac{1}{P(y_j)} = I(y_j) \tag{3-14}$$

这说明互信息量是描述信息流通的物理量，流通量的数值不能大于被流通量的数值。同时也说明某事件的自信息量是其他事件所能提供该事件的最大信息量。

3.3.2　平均互信息量及性质

下面先介绍**平均互信息量**的概念。

互信息量只能定量的描述信源中发出某个消息 x_i，信宿中出现某一消息 y_j 时，流经信

道的信息量，不能作为信道上信息流通的整体测度。如果要从整体的角度并且在平均意义上来度量信宿每接收到一个符号而从信源获取的信息量，那么就要引入平均互信息量这个概念。

两个离散随机事件集合 X 和 Y，若任意两事件间的互信息量为 $I(x_i;y_j)$，则其联合概率加权的统计平均值，称为两集合的平均互信息量，用 $I(X;Y)$ 表示。

当信宿收到某一符号 y_j 后，从中获得关于输入符号的平均信息量，应该是在条件概率空间中的统计平均，用 $I(X;y_j)$ 表示

$$I(X;y_j) = \sum_{i=1}^{N} P(x_i|y_j)I(x_i;y_j) = \sum_{X} P(x|y_j)I(x;y_j) \tag{3-15}$$

再对其在集合 Y 中取统计平均，得到

$$\begin{aligned} I(X;Y) &= \sum_{j=1}^{s} P(y_j)I(X;y_j) \\ &= \sum_{i=1}^{r}\sum_{j=1}^{s} P(y_j)P(x_i|y_j)\log\frac{P(x_i|y_j)}{P(x_i)} \\ &= \sum_{XY} P(xy)\log\frac{P(x|y)}{P(x)} \\ &= \sum_{XY} P(xy)I(x;y) \end{aligned} \tag{3-16}$$

式（3-16）即是平均互信息量的数学表达式。

接下来给出**平均互信息的性质**。

1. 非负性

离散信道输入符号为 X，输出符号为 Y，那么 $I(X;Y)\geqslant 0$，当且仅当 X 和 Y 统计独立时，等式成立。

证明：
$$I(X;Y) = \sum_{i=1}^{r}\sum_{j=1}^{s} P(x_iy_j)\log\frac{P(x_iy_j)}{P(x_i)P(y_j)}$$

那么

$$-I(X;Y) = \sum_{i=1}^{r}\sum_{j=1}^{s} P(x_iy_j)\log\frac{P(x_i)P(y_j)}{P(x_iy_j)}$$

底大于1的对数是严格上凸函数，由 Jensen 不等式得

$$\begin{aligned} -I(X;Y) &\leqslant \log\left\{\sum_{i=1}^{r}\sum_{j=1}^{s} P(x_iy_j)\frac{P(x_i)P(y_j)}{P(x_iy_j)}\right\} \\ &= \log\left\{\sum_{i=1}^{r}\sum_{j=1}^{s} P(x_i)P(y_j)\right\} \\ &= \log\left\{\sum_{i=1}^{r} P(x_i)\sum_{j=1}^{s} P(y_j)\right\} \\ &= \log\{1\times 1\} = 0 \end{aligned}$$

所以

$$I(X;Y) \geqslant 0 \tag{3-17}$$

当且仅当对一切 i，j 都有

$$P(x_iy_j)=P(x_i)P(y_j) \qquad (i=1,2,\cdots,r;j=1,2,\cdots,s)$$

即当信源 X 和信宿 Y 统计独立时，式（3-17）中等式成立，即 $I(X;Y)=0$。

证毕。

该性质说明，通过一个信道获得的平均信息量不会是负值，通常总是能够获得一些信息量。即观察一个信道的输出，从平均的角度来看总可以消除一些不确定性，接收到一定的信息。只有在信道输入和输出是统计独立时，才无法接到任何消息。

2. 极值性

平均互信息具有极值性，即

$$I(X;Y) \leqslant H(X) \tag{3-18}$$

证明：由于 $\log \dfrac{1}{P(x_i \mid y_j)} \geqslant 0$，而信道疑义度 $H(X \mid Y)$ 是对 $\log \dfrac{1}{P(x_i \mid y_j)}$ 求统计平均，即

$$H(X \mid Y) = \sum_{i=1}^{r}\sum_{j=1}^{s} P(x_iy_j)\log \frac{1}{P(x_i \mid y_j)}$$

因此

$$H(X \mid Y) \geqslant 0$$

所以

$$I(X;Y)=H(X)-H(X \mid Y) \leqslant H(X)$$

证毕。

该性质说明，接收者通过信道获得的信息量不可能超过信源本身所含有的信息量。最佳的情况是当 $H(X \mid Y)=0$，即信道中传输信息无损失时，接收到 Y 后获得关于 X 的信息量等于符号集 X 中平均每个符号所含有的信息量，最坏的情况是当 X 和 Y 相互独立时，无法获得任何信息，即 $I(X;Y)=0$，相当于通信中断。因此，通常情况下，平均互信息必在 0 ~ $H(X)$ 值之间。

3. 对称性（交互性）

平均互信息具有对称性，即

$$I(X;Y)=I(Y;X) \tag{3-19}$$

证明：由 $P(x_iy_j)=P(y_jx_i)$，可得

$$\begin{aligned} I(X;Y) &= \sum_{i=1}^{r}\sum_{j=1}^{s} P(x_iy_j)\log \frac{P(x_iy_j)}{P(x_i)P(y_j)} \\ &= \sum_{i=1}^{r}\sum_{j=1}^{s} P(y_jx_i)\log \frac{P(y_jx_i)}{P(y_j)P(x_i)} \\ &= I(Y;X) \end{aligned}$$

$I(X;Y)$ 表示从 Y 中提取的关于 X 的信息量，而 $I(Y;X)$ 表示从 X 中提取的关于 Y 的信息量，二者相等。因此，当 X 和 Y 彼此统计独立时，不可能从一个随机变量获得关于另一个随机变量的信息，故 $I(X;Y)=I(Y;X)=0$。当两个随机变量 X 和 Y 一一对应时，从一个变量处可以充分获得关于另一个变量的信息，如下式所示：

$$I(X;Y)=I(Y;X)=H(X)=H(Y)$$

证毕。

4. 凸函数性

由平均互信息与条件概率分布公式，可得

$$I(X;Y)=\sum_{i=1}^{r}\sum_{j=1}^{s}P(x_iy_j)\log\frac{P(y_j\mid x_i)}{P(y_j)}=\sum_{i=1}^{r}\sum_{j=1}^{s}P(x_i)P(y_j\mid x_i)\log\frac{P(y_j\mid x_i)}{P(y_j)}$$

和

$$P(y_j)=\sum_{i=1}^{r}P(x_i)P(y_j\mid x_i)\quad（对 j=1,2,\cdots,s 都成立）$$

因此，平均互信息 $I(X;Y)$ 是信道转移概率 $P(y_j\mid x_i)(i=1,2,\cdots,r;j=1,2,\cdots,s)$ 与输入信源 X 的概率分布 $P(x):\{P(x_i)(i=1,2,\cdots,r)\}$ 的函数，即

$$I(X;Y)=\sum_{i=1}^{r}\sum_{j=1}^{s}I[P(x_i),P(y_j\mid x_i)]=\sum_{X}\sum_{Y}I[P(x),P(y\mid x)]\tag{3-20}$$

其中，$P(x)$ 为随机变量 X 取任意一个值的概率，$P(y\mid x)$ 为信道转移概率。

定理 3.1 在信道转移概率 $P(y\mid x)$ 给定的条件下，平均互信息 $I(X;Y)$ 是输入信源概率分布 $P(x)$ 的上凸函数。

证明：由上凸函数定义来进行证明。

对于固定信道来说，其信道转移概率 $P(y\mid x)$ 为固定值。因此，平均互信息 $I(X;Y)$ 只是 $P(x)$ 的函数，简写为 $I[P(x)]$。

先选择输入信源 X 的两种已知概率分布 $P_1(x)$ 和 $P_2(x)$，其分别对应的联合概率分布为 $P_1(xy)=P_1(x)P(y\mid x)$ 和 $P_2(xy)=P_2(x)P(y\mid x)$，信道输出端的平均互信息分别为 $I[P_1(x)]$ 和 $I[P_2(x)]$。再选择输入变量 X 的另一种概率分布 $P(x)$，令 $0<\theta<1$，以及 $\theta+\bar{\theta}=1$，由 $P(x)=\theta P_1(x)+\bar{\theta}P_2(x)$，因此得出其对应的平均互信息为 $I[P(x)]$。

由平均互信息定义，得出

$$\begin{aligned}
&\theta I[P_1(x)]+\bar{\theta}I[P_2(x)]-I[P(x)]\\
&=\sum_{X,Y}\theta P_1(xy)\log\frac{P(y\mid x)}{P_1(y)}+\sum_{X,Y}\bar{\theta}P_2(xy)\log\frac{P(y\mid x)}{P_2(y)}-\sum_{X,Y}P(xy)\log\frac{P(y\mid x)}{P(y)}\\
&=\sum_{X,Y}\theta P_1(xy)\log\frac{P(y\mid x)}{P_1(y)}+\sum_{X,Y}\bar{\theta}P_2(xy)\log\frac{P(y\mid x)}{P_2(y)}-\sum_{X,Y}P(xy)\log\frac{P(y\mid x)}{P(y)}\\
&=\sum_{X,Y}\theta P_1(xy)\log\frac{P(y\mid x)}{P_1(y)}+\sum_{X,Y}\bar{\theta}P_2(xy)\log\frac{P(y\mid x)}{P_2(y)}-\sum_{X,Y}[\theta P_1(xy)+\bar{\theta}P_2(xy)]\log\frac{P(y\mid x)}{P(y)}
\end{aligned}$$

上式中利用了概率关系

$$P(xy)=P(x)P(y\mid x)=\theta P_1(x)P(y\mid x)+\bar{\theta}P_2(x)P(y\mid x)=\theta P_1(xy)+\bar{\theta}P_2(xy)$$

因此可得到

$$\begin{aligned}
&\theta I[P_1(x)]+\bar{\theta}I[P_2(x)]-I[P(x)]\\
&=\theta\sum_{X,Y}P_1(xy)\log\frac{P(y)}{P_1(y)}+\bar{\theta}\sum_{X,Y}P_2(xy)\log\frac{P(y)}{P_2(y)}
\end{aligned}\tag{3-21}$$

因为 $f=\log x$ 是上凸函数，所以对式（3-21）中第一项，由 Jensen 不等式可得

$$\begin{aligned}\sum_{X,Y} P_1(xy)\log\frac{P(y)}{P_1(y)} &\leqslant \log\sum_{X,Y} P_1(xy)\frac{P(y)}{P_1(y)} \\ &= \log\sum_{Y}\frac{P(y)}{P_1(y)}\sum_{X}P_1(xy) \\ &= \log\sum_{Y}\frac{P(y)}{P_1(y)}P_1(y) \\ &= \log\sum_{Y}P(y) \\ &= 0\end{aligned}$$

同理，有

$$\sum_{X,Y} P_2(xy)\log\frac{P(y)}{P_2(y)} \leqslant 0$$

又由于 θ 和 $\bar{\theta}$ 均为小于 1、大于 0 的正数，因此式（3-21）小于或等于零。即

$$\theta I[P_1(x)]+\bar{\theta}I[P_2(x)]-I[P(x)]\leqslant 0$$

故可得

$$I[\theta P_1(x)+\bar{\theta}P_2(x)]\geqslant\theta I[P_1(x)]+\bar{\theta}I[P_2(x)] \tag{3-22}$$

由凸函数定义可知，$I(X;Y)$ 是输入信源概率分布 $P(x)$ 的上凸函数。

证毕。

定理 3.1 说明，当固定某信道时，选择不同信源（其概率分布不同）与信道连接，信道输出端接收到每个信号后所获得的信息量是不同的。并且对于每一个固定信道，一定存在一种信源（某一种概率分布 $P(x)$），使输出端获得的平均信息量最大。

定理 3.2　对于固定的输入信源概率分布 $P(x)$，平均互信息 $I(X;Y)$ 是信道转移概率 $P(y|x)$ 的下凸函数。

证明：假设固定信源即固定输入变量 X 的概率分布 $P(x)$。此时平均互信息 $I(X;Y)$ 将只是信道转移概率 $P(y|x)$ 的函数，简写为 $I[P(y|x)]$。$P_1(y|x)$ 和 $P_2(y|x)$ 为信道的两种不同转移概率，相对应的两个平均互信息分别为 $I[P_1(y|x)]$ 和 $I[P_2(y|x)]$。再选择第 3 种信道使其转移概率满足 $P(y|x)=\theta P_1(y|x)+\bar{\theta}P_2(y|x)$。

设相应输出端的平均互信息为 $I[P(y|x)]$，其中 $0<\theta<1$，$\theta+\bar{\theta}=1$。可得到下式：

$$\begin{aligned}&I[P(y|x)]-\theta I[P_1(y|x)]-\bar{\theta}I[P_2(y|x)] \\ &=\sum_{X,Y}[\theta P_1(xy)+\bar{\theta}P_2(xy)]\log\frac{P(x|y)}{P(x)}-\sum_{X,Y}\theta P_1(xy)\log\frac{P_1(x|y)}{P_1(x)}-\sum_{X,Y}\bar{\theta}P_2(xy)\log\frac{P_2(x|y)}{P_2(y)} \\ &=\theta\sum_{X,Y}P_1(xy)\log\frac{P(x|y)}{P_1(x|y)}+\sum_{X,Y}\bar{\theta}P_2(xy)\log\frac{P(x|y)}{P_2(x|y)}\end{aligned} \tag{3-23}$$

运用 Jensen 不等式，可得到式（3-23）中第一项为

$$\theta\sum_{X,Y}P_1(xy)\log\frac{P(x\mid y)}{P_1(x\mid y)}\leqslant\theta\log\left[\sum_{X,Y}P_1(xy)\frac{P(x\mid y)}{P_1(x\mid y)}\right]$$

$$=\theta\log\left[\sum_{X,Y}P_1(y)P(x\mid y)\right.=\theta\log\left[\sum_{Y}P_1(y)\sum_{X}P(x\mid y)\right]$$

$$=\theta\log\sum_{Y}P_1(y)=\theta\log 1=0$$

同理，可得到式（3-23）中第二项

$$\bar{\theta}\sum_{X,Y}P_2(xy)\log\frac{P(x\mid y)}{P_2(x\mid y)}\leqslant 0$$

故可得

$$I[P(y\mid x)]-\theta I[P_1(y\mid x)]-\bar{\theta}I[P_2(y\mid x)]\leqslant 0$$

$$I[P(y\mid x)]\leqslant\theta I[P_1(y\mid x)]-\bar{\theta}I[P_2(y\mid x)]$$

即

$$I[\theta P_1(y\mid x)+\bar{\theta}P_2(y\mid x)]\leqslant\theta I[P_1(y\mid x)]+\bar{\theta}I[P_2(y\mid x)] \tag{3-24}$$

由凸函数定义可证：$I(X;Y)$是信道转移概率 $P(y\mid x)$的下凸函数。

证毕。

定理3.2 说明，在信源固定前提下，不同信道传输同一信源符号时，信道输出端获得关于信源的信息量是不同的。信道输出端获得关于信源的信息量是信道转移概率的下凸函数。即每一种信源都存在一种最差的信道，该信道噪声（干扰）最大，使得输出端获得信息量最小。

3.4 信道容量

3.4 信道容量

3.4.1 信道容量的定义

如果信源熵为 $H(X)$，理想情况下，在信道的输出端收到的信息量就是 $H(X)$。由于有信道干扰，在输出端只能收到 $I(X;Y)$，它代表平均意义上每传送一个符号流经信道的平均信息量。研究信道的主要目的就是信道中平均每个符号所能传送的信息量，也就是**信息传送率**（信息率），如下式所示：

$$\begin{aligned}R&=I(X;Y)\\&=H(X)-H(X\mid Y)\qquad(\text{bit/符号})\end{aligned} \tag{3-25}$$

如果用单位时间内（t 秒钟）信道的平均传输信息量来统计，可以得出下式，称之为**信息传输速率**。

$$R_t=\frac{1}{t}I(X;Y)\qquad(\text{bit/s}) \tag{3-26}$$

$I(X;Y)$是输入随机变量 X 的概率分布 $P(x)$的上凸型（∩）函数。对于一个固定信道，总能找到一个概率分布（某一种信源），使信道所能传送的信息传送率（信息率）最大。那么定义这个最大的信息传送率（信息率）为信道容量 C，如下式所示：

$$C=\max_{P(x)}\{I(X;Y)\}\qquad(\text{bit/s}) \tag{3-27}$$

同样，如果用单位时间内（t 秒钟）信道的最大传输信息量来统计，可以用下式来表示：

$$C_t = \frac{1}{t}\max_{P(x)}\{I(X;Y)\} \quad (\text{bit/s}) \tag{3-28}$$

信道容量与输入信源的概率分布无关，它只是信道传输概率的函数，只与信道的统计特性有关，因此，信道容量是描述信道特性的参量，是信道能够传送的最大信息量。

在研究可靠通信传输速率的过程中，香农透过纷繁的表面现象和影响因素，抓住了问题的主要矛盾与核心要素，进而取得了巨大的突破。他在 1948 年的经典论文《通信的数学原理》中，正式给出了信道容量的概念和数学分析模型，并将其定义为信道输入与输出互信息量的最大值。

【例 3-1】　输入概率分布$\begin{pmatrix} X \\ P(X) \end{pmatrix} = \begin{pmatrix} 0 & 1 \\ \omega & \bar{\omega} \end{pmatrix}$，信道矩阵为$\boldsymbol{P} = \begin{pmatrix} \bar{p} & p \\ p & \bar{p} \end{pmatrix}$，$p$ 为信道错误传递概率，求二元对称信道的信道容量。

解　二元对称信道的平均互信息为

$$\begin{aligned} I(X;Y) &= H(Y) - H(Y|X) \\ &= H(\omega\bar{p} + \bar{\omega}p) - H(p) \end{aligned}$$

固定信道时，p 为固定常数，$I(X;Y)$ 为输入概率分布的上凸函数，因此存在一个关于 ω 的极大值，当 $\omega = \bar{\omega} = 1/2$ 时，$H(\omega\bar{p} + \bar{\omega}p) = H(1/2) = 1$，因此二元对称信道的信道容量为 $C = 1 - H(p)$ bit/符号。

可以看出，信道容量仅为信道传递概率的函数，与输入随机变量的概率无关。不同的二元对称信道，传递概率不同，信道容量也不相同。

3.4.2　几种特殊信道的信道容量

接下来介绍几种典型的信道容量。

1. 无噪无损信道（无噪一一对应信道）

离散无噪无损信道的输入和输出有一一对应关系，信道传递概率为

$$p(y|x) = \begin{cases} 1 & y = f(x) \\ 0 & y \neq f(x) \end{cases} \tag{3-29}$$

如图 3-3 所示，输入 X 和输出 Y 一一对应。

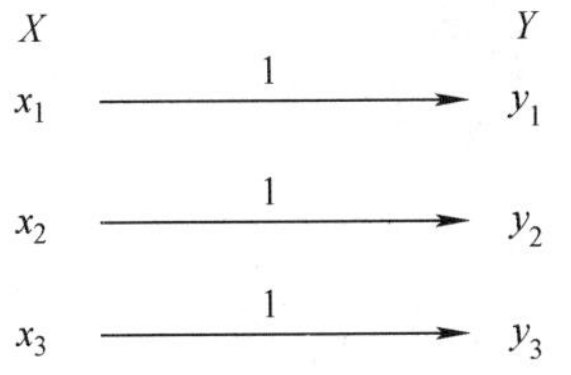

图 3-3　无噪无损信道

在这种信道中，信道的损失熵和噪声熵都等于零，因此其平均互信息为

$$I(X;Y) = H(X) = H(Y) \tag{3-30}$$

这表示接收到符号 Y 之后，平均获得的信息量就是信源发出信息的平均信息量，没有信息损失，因此这种输入输出一一对应的信道称为无噪无损信道。其信道容量为

$$\begin{aligned} C &= \max_{P(x)}\{I(X;Y)\} \\ &= \max_{P(x)}\{H(X)\} \\ &= \log r \quad (\text{bit/符号}) \end{aligned} \tag{3-31}$$

其中，信道输入 X 的符号共有 r 个。

2. 有噪无损信道

该信道表示一个输入 X 对应多个输出 Y，并且每个 X 值所对应的 Y 值不重合，如图 3-4 所示。

图 3-4 中，y_1 和 y_2 组成 Y_1 集合，y_3、y_4 和 y_5 组成 Y_2 集合，x_1 和 Y_1 一一对应，x_2 和 Y_2 一一对应，其对应概率同样为 1。所以该信道的损失熵仍然为零，但是噪声熵不为零。

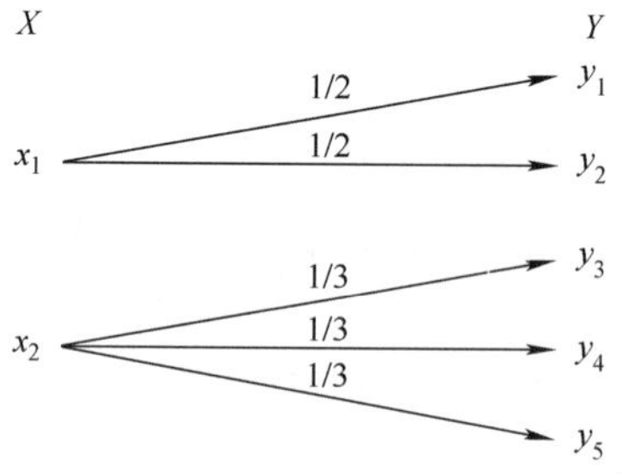

图 3-4 有噪无损信道

这类信道的平均互信息为

$$I(X;Y)=H(X)<H(Y) \tag{3-32}$$

由于其为无损信道，信息传输率 R 就是信源 X 输出的信源熵 $H(X)$，因此信道容量为

$$C=\max_{P(x)}\{H(X)\}=\log r \quad (\text{bit/符号}) \tag{3-33}$$

其中，信道输入 X 的符号共有 r 个，等概率分布时信源熵最大。

3. 无噪有损信道

这种信道输出 Y 是输入 X 的确定函数，X 到 Y 属于多对一关系。如图 3-5 所示。

这类信道噪声熵为零，但是信道损失熵不等于零。也就是说，接收端收到信息后不能完全消除输入的不确定性，信息有损失，输出端的平均不确定性因噪声熵等于零而没有增加，因此无噪有损信道又称为确定信道。其平均互信息为

$$I(X;Y)=H(Y)<H(X) \tag{3-34}$$

信道容量为

$$\begin{aligned} C&=\max_{P(x)}\{H(Y)\} \\ &=\log s \quad (\text{bit/符号}) \end{aligned} \tag{3-35}$$

其中，信道输出 Y 的符号集共有 s 个，等概率分布时 $H(Y)$ 最大。

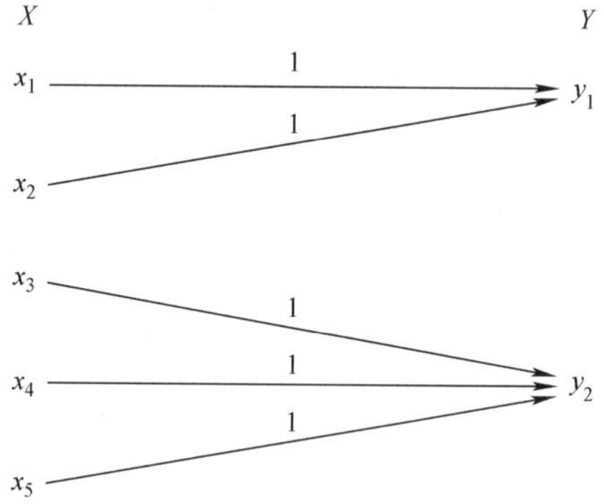

图 3-5 无噪有损信道

3.5 离散对称信道的信道容量

3.5 离散对称信道的信道容量

在离散信道中有一类特殊的信道，这种信道具有行对称性，利用该特性可以简化信道容量的计算。

1) 如果信道矩阵中每行元素都是第一行元素的不同排列组合，那么这类信道称为**行对称信道**。

示例如下：

$$\boldsymbol{P}=\begin{pmatrix} \frac{1}{3} & \frac{1}{3} & \frac{1}{6} & \frac{1}{6} \\ \frac{1}{6} & \frac{1}{3} & \frac{1}{6} & \frac{1}{3} \end{pmatrix} \tag{3-36}$$

$$P=\begin{pmatrix}\frac{1}{3} & \frac{1}{3} & \frac{1}{6} & \frac{1}{6}\\ \frac{1}{6} & \frac{1}{6} & \frac{1}{3} & \frac{1}{3}\end{pmatrix} \tag{3-37}$$

2）如果信道矩阵中每行元素都是第一行元素的不同排列组合，并且每一列都是第一列元素的不同排列组合，那么这类信道称为**对称信道**。

示例如下：

$$P=\begin{pmatrix}\frac{1}{2} & \frac{1}{3} & \frac{1}{6}\\ \frac{1}{6} & \frac{1}{2} & \frac{1}{3}\\ \frac{1}{3} & \frac{1}{6} & \frac{1}{2}\end{pmatrix} \tag{3-38}$$

3）如果信道矩阵中每行元素都是第一行元素的不同排列组合，每列并不都是第一列元素的不同排列组合，但可以按照信道矩阵的列将信道矩阵划分为若干对称的子矩阵，那么这类信道称为**准对称信道**。示例如下：

信道矩阵为

$$P=\begin{pmatrix}0.6 & 0.2 & 0.2\\ 0.2 & 0.2 & 0.6\end{pmatrix} \tag{3-39}$$

可以划分为两个对称的子矩阵

$$P_1=\begin{pmatrix}0.6 & 0.2\\ 0.2 & 0.6\end{pmatrix},\ P_2=\begin{pmatrix}0.2\\ 0.2\end{pmatrix} \tag{3-40}$$

因此它是准对称信道。

4）如果对称信道中输入符号和输出符号个数相同，并且信道中总的错误概率为p，平均分配给$r-1$个输出符号，r为输入输出符号的个数，那么信道矩阵为

$$P=\begin{pmatrix}\bar{p} & \frac{p}{r-1} & \frac{p}{r-1} & \cdots & \frac{p}{r-1}\\ \frac{p}{r-1} & \bar{p} & \frac{p}{r-1} & \cdots & \frac{p}{r-1}\\ \vdots & \vdots & \vdots & & \vdots\\ \frac{p}{r-1} & \frac{p}{r-1} & \frac{p}{r-1} & \cdots & \bar{p}\end{pmatrix} \tag{3-41}$$

称该信道为**强对称信道**或**均匀信道**。

二元对称信道就是$r=2$的均匀信道。一般信道的信道矩阵中各行之和为1，但是各列之和不一定等于1，而均匀信道中各列之和等于1。

可以得出如下**定理**（证明略）：

（1）对称信道中，当输入为等概率分布时，输出分布必能达到等概率分布。

（2）若一个离散对称信道具有r个输入符号，s个输出符号，那么当输入为等概率分布时达到信道容量，并且

$$C=\log s-H(p_1',p_2',\cdots,p_s') \tag{3-42}$$

其中$p_1',p_2',\cdots,p_s'$为信道矩阵中的任意一行元素。

还可以得出如下**推论**：

均匀信道的信道容量为

$$C=\log r-\bar{p}\log(r-1)-H(p) \tag{3-43}$$

简单证明如下：

均匀信道中输入、输出符号数均相等，即 $r=s$，因此

$$\begin{aligned} C &= \log r-H(p_1',p_2',\cdots,p_s') \\ &= \log r-H\left(\bar{p},\frac{p}{r-1},\cdots,\frac{p}{r-1}\right) \\ &= \log r+\bar{p}\log\bar{p}+p\log\frac{p}{r-1} \\ &= \log r-p\log(r-1)+\bar{p}\log\bar{p}+p\log p \\ &= \log r-p\log(r-1)-H(p) \end{aligned} \tag{3-44}$$

其中，p 是总的错误传递概率，$\bar{p}$是正确传递概率。

可以得到，输入为等概率分布时，输出也是等概率分布，信道达到信道容量。

若 $r=2$，该均匀信道为**二元对称信道**。其信道容量为

$$C=1-H(p) \tag{3-45}$$

【例 3-2】 设某离散对称信道的信道矩阵为

$$\boldsymbol{P}=\begin{pmatrix} \frac{1}{2} & \frac{1}{3} & \frac{1}{6} \\ \frac{1}{6} & \frac{1}{2} & \frac{1}{3} \\ \frac{1}{3} & \frac{1}{6} & \frac{1}{2} \end{pmatrix}$$

求其信道容量。

解　由于该信道为对称信道,故

$$\begin{aligned} C &= \log s-H(p_1',p_2',\cdots,p_s') \\ &= \log 3-H\left(\frac{1}{2},\frac{1}{3},\frac{1}{6}\right) \\ &= \left(\log 3+\frac{1}{2}\log\frac{1}{2}+\frac{1}{3}\log\frac{1}{3}+\frac{1}{6}\log\frac{1}{6}\right)\text{bit/符号} \\ &= 0.126\ \text{bit/符号} \end{aligned}$$

3.6 一般离散信道的信道容量

3.6　一般离散信道的信道容量

信道容量表示转移概率固定为 $P(y|x)$ 的给定信道所能传递的平均互信息的极大值。在信道转移概率给定的条件下，平均互信息 $I(X;Y)$ 是输入信源概率分布 $P(x)$ 的上凸函数，所以极大值是一定存在的。从数学上来看，信道容量就是平均互信息 $I(X;Y)$ 对 $P(x)$ 取极大值。在信道固定的条件下，平均互信息 $I(X;Y)$ 是 r 个变量 $P(x_i)$ $(r=1,2,\cdots,r)$ 的多元函数，并满足约束条件 $\sum_{i=1}^{r}p(x_i)=1$，故可用拉格朗日乘子法来求这个条件

极值。

设辅助函数

$$F = I(X;Y) - \lambda \sum_i p(x_i) \tag{3-46}$$

当$\frac{\partial F}{\partial p(x_i)}=0$时，求得的$I(X;Y)$的值即为信道容量。

计算求导过程从略，归纳出一般离散信道容量的计算步骤如下：

1）由 $\sum_j p(y_j|x_i)\log p(y_j|x_i) = \sum_j p(y_j|x_i)\beta_j$，求出$\beta_j$。

2）由 $C = \log \sum_j 2^{\beta_j}$，求出 C。

3）由 $p(y_j) = 2^{\beta_j - C}$，求出 $p(y_j)$。

4）由 $p(y_j) = \sum_i p(x_i)p(y_j|x_i)$，求出 $p(x_i)$。

需要说明的是，按照该方法求出的并不一定满足概率的条件，必须对解进行检查。如果所有的 $p(x_i) \geqslant 0$，则求出的信道容量是正确的。如果 $p(x_i) < 0$，则此解无效，它说明所求极限值出现的区域不满足概率条件，此时最大值必在边界处，即某输入符号概率 $p(x_i)=0$。故此时必须设某输入符号的概率 $p(x_i)=0$，重新计算。

【例 3-3】　设离散无记忆信道输入 X 的符号集为$\{x_1,x_2,x_3,x_4\}$，输出 Y 的符号集为$\{y_1,y_2,y_3,y_4\}$，信道传递矩阵如下，求信道容量。

$$\boldsymbol{P} = \begin{pmatrix} \frac{1}{2} & \frac{1}{4} & 0 & \frac{1}{4} \\ 0 & 1 & 0 & 0 \\ 0 & 0 & 1 & 0 \\ \frac{1}{4} & 0 & \frac{1}{4} & \frac{1}{2} \end{pmatrix}$$

解　按照计算步骤求解如下。

1）求解

$$\begin{cases} \frac{1}{2}\beta_1 + \frac{1}{4}\beta_2 + \frac{1}{4}\beta_4 = \frac{1}{2}\log\frac{1}{2} + \frac{1}{4}\log\frac{1}{2} + \frac{1}{4}\log\frac{1}{4} \\ \beta_2 = 0 \\ \beta_3 = 0 \\ \frac{1}{4}\beta_1 + \frac{1}{4}\beta_3 + \frac{1}{2}\beta_4 = \frac{1}{4}\log\frac{1}{4} + \frac{1}{4}\log\frac{1}{4} + \frac{1}{2}\log\frac{1}{2} \end{cases}$$

得到

$$\beta_1 = \beta_4 = -2$$
$$\beta_2 = \beta_3 = 0$$

2）信道容量为

$$\begin{aligned} C &= \log(2^{-2} + 2^0 + 2^0 + 2^{-2})\ \text{bit/符号} \\ &= (\log 5 - 1)\ \text{bit/符号} \end{aligned}$$

3）可求得

$$p(y_1)=p(y_4)=2^{-2-\log 5+1}=\frac{1}{10}$$

$$p(y_2)=p(y_3)=\frac{4}{10}$$

4）可求得

$$p(x_1)=p(x_4)=\frac{4}{30}$$

$$p(x_2)=p(x_3)=\frac{11}{30}$$

显然 $p(x_i)(i=1,2,3,4)$ 都大于零，故所得信道容量正确。

【例 3-4】 设某离散无记忆信道的输入 X 的符号集为 $[0,1,2]$，输出 Y 的符号集为 $[0,1,2]$，如图 3-6 所示，其信道转移矩阵 $\boldsymbol{P}=\begin{pmatrix}1 & 0 & 0\\ 0 & 1-\varepsilon & \varepsilon\\ 0 & \varepsilon & 1-\varepsilon\end{pmatrix}$，求其信道容量及最佳的输入概率分布。并求当 $\varepsilon=0$ 和 $\varepsilon=1/2$ 时的信道容量 C。

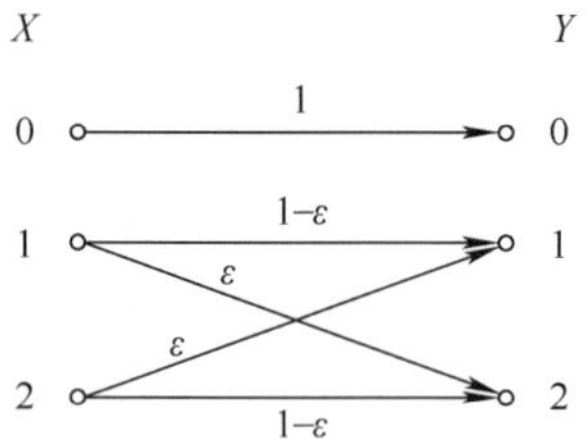

图 3-6 离散信道

解 该信道既不是对称信道，也不是准对称信道，应采用一般信道的解法计算其信道容量。其信道转移矩阵是非奇异矩阵，且 $r=s$，故可利用以下方程组来求解（这里用 a 和 b 代表 X 和 Y 中的符号）：

$$\sum_{j=1}^{3}P(b_j|a_i)\beta_j=\sum_{j=1}^{3}P(b_j|a_i)\log P(b_j|a_i)$$

上式展开为

$$\begin{cases}\beta_1=0\\(1-\varepsilon)\beta_2+\varepsilon\beta_3=(1-\varepsilon)\log(1-\varepsilon)+\varepsilon\log\varepsilon\\\varepsilon\beta_2+(1-\varepsilon)\beta_3=(1-\varepsilon)\log(1-\varepsilon)+\varepsilon\log\varepsilon\end{cases}$$

解得

$$\begin{cases}\beta_1=0\\\beta_2=\beta_3=(1-\varepsilon)\log(1-\varepsilon)+\varepsilon\log\varepsilon=-H(\varepsilon)\end{cases}$$

于是该信道的信道容量为

$$C=\log\sum_{j=1}^{3}2^{\beta_j}=\log\left[2^0+2\times2^{-H(\varepsilon)}\right]$$

$$=\log\left[1+\frac{2}{2^{H(\varepsilon)}}\right]=\log\left[2+2^{H(\varepsilon)}\right]-H(\varepsilon)$$

求得其输出概率为

$$P(b_1)=2^{\beta_1-C}=2^{-\log\left[2+2^{H(\varepsilon)}\right]+H(\varepsilon)}=\frac{2^{H(\varepsilon)}}{2+2^{H(\varepsilon)}}$$

$$P(b_2)=P(b_3)=2^{\beta_1-C}=2^{\beta_2-C}=\frac{1}{2+2^{H(\varepsilon)}}$$

而

$$P(b_j) = \sum_{i=1}^{3} P(a_i)P(b_j|a_i) \qquad (j = 1,2,3)$$

于是有

$$\begin{cases} P(b_1) = P(a_1) \\ P(b_2) = P(a_2)(1-\varepsilon) + P(a_3)\varepsilon \\ P(b_3) = P(a_2)\varepsilon + P(a_3)(1-\varepsilon) \end{cases}$$

解得

$$\begin{cases} P(a_1) = \dfrac{2^{H(\varepsilon)}}{2+2^{H(\varepsilon)}} \\ P(a_2) = P(a_3) = \dfrac{1}{2+2^{H(\varepsilon)}} \end{cases}$$

当 $\varepsilon=0$ 时，此信道为一一对应信道，则 $C=[\log(2+1)-0]$ bit/符号 = log3 bit/符号 = 1.585bit/符号，这时

$$P(a_1) = P(a_2) = P(a_3) = \frac{1}{3}$$

当 $\varepsilon=1/2$ 时，$C=[\log(2+2^1)-1]$ bit/符号 = 1bit/符号，对应的输入概率为

$$P(a_1) = \frac{1}{2}, P(a_2) = P(a_3) = \frac{1}{4}$$

上述求得的 $P(a_i)(i=1,2,3)$ 都大于零，故求得的结果是正确的。

3.7 信道容量定理

定理 3.3　设有一般离散信道，其有 r 个输入符号，s 个输出符号。当且仅当存在常数 C，使输入分布 $p(x_i)$ 满足如下条件时：

(1) $I(x_i;Y)=C$，$p(x_i)\neq 0$。

(2) $I(x_i;Y)\leqslant C$，$p(x_i)=0$。

$I(X;Y)$ 达到最大值。其中

3.7　信道容量定理

$$I(x_i;Y) = \sum_j p(y_j|x_i)\log\frac{p(y_j|x_i)}{p(y_j)} \tag{3-47}$$

为信道输入 x_i 时所给出关于输出 Y 的信息量。C 为所求的信道容量。

平均互信息量对输入概率分布求偏导可得下式：

$$\frac{\partial I(X;Y)}{\partial p(x_i)} = \sum_j p(y_j|x_i)\log\frac{p(y_j|x_i)}{p(y_j)} - \log e = I(x_i;Y) - \log e \tag{3-48}$$

再结合平均互信息极大值公式，可将上述充要条件改为

(1) $\dfrac{\partial I(X;Y)}{\partial p(x_i)} = \lambda$，$p(x_i)\neq 0$。

(2) $\dfrac{\partial I(X;Y)}{\partial p(x_i)} \leqslant \lambda$，$p(x_i)=0$。

其中，信道容量参数 λ 见 3.6 节。

通过上式，可以得到如下结论，平均互信息 $I(X;Y)$ 取到极大值也就是信道容量时，对

于任意 x_i，只要它出现的概率大于0，$I(x_i;Y)$都相等。

定理3.4 当输入为等概率分布时，离散准对称信道达到信道容量。

证明：根据信道容量定理，需要证明输入为等概率分布 $p(x_i)=1/r$ 时，$I(x_i;Y)$为一个与 x_i 无关的常数。

$$I(x_i;Y) = \sum_{j=1}^{s} p(y_j|x_i)\log\frac{p(y_j|x_i)}{p(y_j)} = \sum_{j=1}^{s} p(y_j|x_i)\log\frac{p(y_j|x_i)}{\sum_{k=1}^{r} p(x_k)p(y_j|x_k)}$$

$$= \sum_{j=1}^{s} p(y_j|x_i)\log\frac{p(y_j|x_i)}{\frac{1}{r}\sum_{k=1}^{r} p(y_j|x_k)} \tag{3-49}$$

准对称信道的信道矩阵可以按列分为一些对称的子阵 $\boldsymbol{P}_1,\boldsymbol{P}_2,\cdots,\boldsymbol{P}_l,\cdots,\boldsymbol{P}_n$，在同一子阵中，每一列都是第一列的同一组元素的排列，所以在同一子阵 $\boldsymbol{P}_l$ 中，$p(y_j)=\frac{1}{r}\sum_{k=1}^{r}p(y_j|x_k), y_j\in Y_l$ 都相等。而同一子阵中每一行又都是其他行的同一组元素的排列，所以同一子阵 $\boldsymbol{P}_l$ 中，对于任意 x_i，$\sum_{y_j\in Y_l}p(y_j|x_i)\log\frac{p(y_j|x_i)}{\frac{1}{r}\sum_{k=1}^{r}p(y_j|x_k)}$ 也都相等。于是对于任意 x_i，$I(x_i;Y)=\sum_{l}\sum_{y_j\in Y_l}p(y_j|x_i)\log\frac{p(y_j|x_i)}{\frac{1}{r}\sum_{k=1}^{r}p(y_j|x_k)}$ 必然成立。所以对于任意 x_i，$I(x_i;Y)$ 是一个与 x_i 无关的常数，根据信道容量定理，这时信道达到信道容量，即当输入为等概率分布时，离散准对称信道达到信道容量。

3.8 离散多符号信道及信道容量

3.8 离散多符号信道及信道容量

实际离散信道的输入和输出往往是随机变量序列，用随机矢量表示，称为离散多符号信道。下面以无记忆的离散多符号信道为例进行研究。

离散无记忆信道的定义：若信道在任意时刻的输出只和此时信道的输入有关，与其他时刻的输入和输出无关，称为**离散无记忆信道**，简称**DMC**（Discrete Memoryless Channel），否则称为有记忆信道。

输入、输出随机序列长度为 N 的离散无记忆平稳信道，称为离散无记忆信道的 N 次扩展信道。假设输入随机序列 $\boldsymbol{X}=X_1X_2\cdots X_N$，每个随机变量 $X_i(i=1,2,\cdots,N)$ 都取值于同一个符号集 X，其共有 r 个符号，故随机矢量 $\boldsymbol{X}$ 的可能取值共有 r^N 个。输出随机序列 $\boldsymbol{Y}=Y_1Y_2\cdots Y_N$，每个随机变量 $Y_i(i=1,2,\cdots,N)$ 都取值于同一个符号集 Y，其共有 s 个符号，故随机矢量 Y 的可能取值共有 s^N 个，故 N 次扩展信道的信道矩阵为一个 $r^N\times s^N$ 的矩阵。

离散无记忆信道的数学模型为 $\{X,P(Y|X),Y\}$，输入、输出均为随机矢量。其转移概率为

$$
\begin{aligned}
P(Y|X) &= P(Y_1Y_2\cdots Y_N|X_1X_2\cdots X_N)\\
&= P(Y_1|X_1)P(Y_2|X_2)\cdots P(Y_N|X_N) = \prod_{k=1}^{N}P(Y_k|X_k)
\end{aligned}
\tag{3-50}
$$

离散无记忆信道的平均互信息有如下**定理**。

若信道的输入输出分别是 N 长序列 $\boldsymbol{X}$ 和 $\boldsymbol{Y}$，且信道是无记忆的，那么

$$
I(\boldsymbol{X};\boldsymbol{Y}) \leqslant \sum_{k=1}^{N}I(X_k;Y_k) \tag{3-51}
$$

其中，X_k、Y_k 代表序列 $\boldsymbol{X}$ 和 $\boldsymbol{Y}$ 中第 k 位随机变量。

证明如下：

$$
I(\boldsymbol{X};\boldsymbol{Y}) = H(\boldsymbol{Y}) - H(\boldsymbol{Y}|\boldsymbol{X}) \tag{3-52}
$$

由熵函数的链规则和条件熵与无条件熵的关系，得到

$$
\begin{aligned}
H(\boldsymbol{Y}) &= H(Y_1Y_2\cdots Y_N)\\
&= H(Y_1) + H(Y_2|Y_1) + \cdots + H(Y_N|Y_1Y_2\cdots Y_{N-1}) \qquad (3\text{-}53)\\
&\leqslant \sum_{k=1}^{N}H(Y_k)
\end{aligned}
$$

由熵函数的链规则和离散无记忆信道的定义，得到

$$
\begin{aligned}
H(\boldsymbol{Y}|\boldsymbol{X}) &= H(Y_1Y_2\cdots Y_N|X_1X_2\cdots X_N)\\
&= H(Y_1|X_1X_2\cdots X_N) + H(Y_2|X_1X_2\cdots X_NY_1) + \cdots + H(Y_N|X_1X_2\cdots X_NY_1Y_2\cdots Y_{N-1})\\
&= \sum_{k=1}^{N}H(Y_k|X_k)
\end{aligned}
\tag{3-54}
$$

因此

$$
I(\boldsymbol{X};\boldsymbol{Y}) \leqslant \sum_{k=1}^{N}H(Y_k) - \sum_{k=1}^{N}H(Y_k|X_k) = \sum_{k=1}^{N}I(X_k;Y_k) \tag{3-55}
$$

即对于离散无记忆信道，其平均互信息 $I(\boldsymbol{X};\boldsymbol{Y})$ 小于或等于序列 $\boldsymbol{X}$ 和 $\boldsymbol{Y}$ 中所有对应时刻的随机变量 X_k 和 Y_k 的平均互信息 $I(X_k;Y_k)$ 之和。当且仅当信源是无记忆信源时等号成立。

当信源是无记忆信源时，有

$$
\begin{aligned}
P(\boldsymbol{X}) &= \prod_{k=1}^{N}P(X_k)\\
P(\boldsymbol{XY}) &= P(\boldsymbol{X})P(\boldsymbol{Y}|\boldsymbol{X})\\
&= \prod_{k=1}^{N}P(X_k)\prod_{k=1}^{N}P(Y_k|X_k) \qquad (3\text{-}56)\\
&= \prod_{k=1}^{N}P(X_k)P(Y_k|X_k)\\
&= \prod_{k=1}^{N}P(X_kY_k)
\end{aligned}
$$

因此

$$
\begin{aligned}
P(y_j) &= \sum_{i=1}^{r^N} p(x_i y_j) \\
&= \sum_{i_1=1}^{r} p(x_{i_1} y_{j_1}) \sum_{i_2=1}^{r} p(x_{i_2} y_{j_2}) \cdots \sum_{i_N=1}^{r} p(x_{i_N} y_{j_N}) \\
&= \prod_{k=1}^{N} p(y_{j_k})
\end{aligned}
\tag{3-57}
$$

可以得到

$$
P(\boldsymbol{Y}) = \prod_{k=1}^{N} P(Y_k) \tag{3-58}
$$

$$
H(\boldsymbol{Y}) = \prod_{k=1}^{N} H(Y_k) \tag{3-59}
$$

$$
I(\boldsymbol{X};\boldsymbol{Y}) = \sum_{k=1}^{N} I(X_k;Y_k) \tag{3-60}
$$

当信源和信道均为无记忆时，序列的平均互信息等于序列中所有对应时刻随机变量的平均互信息之和。

对于离散无记忆 N 次扩展信道，当信道输入序列中的随机变量均取值于同一信源符号集并概率分布相同，通过相同信道传递，那么输出序列的每一个随机变量也取自于同一个符号集并概率分布相同。可以因此得出

$$
X_1 = \cdots = X_N = \boldsymbol{X};\ Y_1 = \cdots = Y_N = \boldsymbol{Y};\ I(X_1;Y_1) = \cdots = I(X_N;Y_N) = I(\boldsymbol{X};\boldsymbol{Y}) \tag{3-61}
$$

$$
I(\boldsymbol{X};\boldsymbol{Y}) = \sum_{k=1}^{N} I(X_k;Y_k) = NI(X;Y) \tag{3-62}
$$

式（3-62）表明，当信源是平稳无记忆信源时，离散无记忆 N 次扩展信道的平均互信息 $I(\boldsymbol{X};\boldsymbol{Y})$ 为单符号信道平均互信息的 N 倍。

那么，离散无记忆信道的 N 次扩展信道的信道容量为

$$
C^N = \max_{P(\boldsymbol{X})} I(\boldsymbol{X};\boldsymbol{Y}) = \max_{P(\boldsymbol{X})} \sum_{k=1}^{N} I(X_k;Y_k) = \sum_{k=1}^{N} \max_{P(X_k)} I(X_k;Y_k) = \sum_{k=1}^{N} C_k \tag{3-63}
$$

其中，C_k 是时刻 k 通过离散无记忆信道传输的最大信息量。又由于输入随机序列在同一信道传输，故 $C_k = C$，因此可得到

$$
C^N = NC \tag{3-64}
$$

式（3-64）说明离散无记忆信道的 N 次扩展信道，其信道容量为原单符号离散信道容量的 N 倍，当信源为无记忆信源并每一个输入变量的分布都达到最佳输入分布时，才达到信道容量 NC。一般情况下，消息序列在离散无记忆 N 次扩展信道中传输时，平均互信息量小于或等于 NC。

3.9 组合信道及信道容量

除了单符号离散信道和离散无记忆信道，还有两个或多个信道组合使用的情况，比如两个或多个信道并行发送时，称为并联信道；消息依次通过几个信道串联发送时，称为级联信道，例如无线电中继信道就是这种情况。为了简化问题，通常将复杂信道分解为几个简单信

道的组合来进行研究。

3.9　组合信道及信道容量

3.9.1　独立并联信道

独立并联信道又称为并用信道，如图 3-7 所示。

图中共有 N 个信道并联，输入、输出分别为 X_i 和 Y_i，信道的传递概率为 $P(Y_i|X_i)$，$i=1,2,\cdots,N$。每个独立信道中，输出只与本信道的输入有关，与其他信道无关，那么所有信道的联合传递概率为

$$P(Y_1Y_2\cdots Y_N|X_1X_2\cdots X_N)=P(Y_1|X_1)P(Y_2|X_2)\cdots P(Y_N|X_N) \tag{3-65}$$

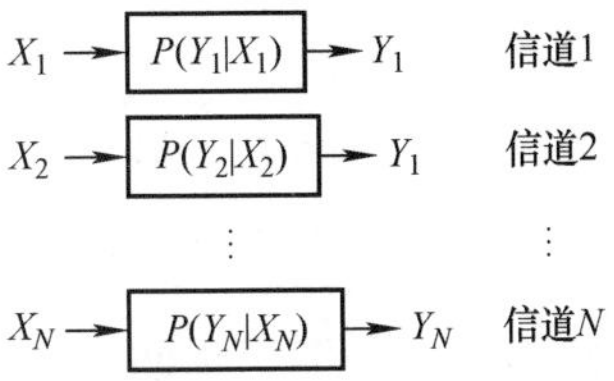

图 3-7　独立并联信道

对于 N 个独立并联信道，可得出

$$I(X_1X_2\cdots X_N;Y_1Y_2\cdots Y_N)\leqslant\sum_{k=1}^{N}I(X_k;Y_k) \tag{3-66}$$

即联合平均互信息不大于各信道的平均互信息之和。独立并联信道容量为

$$C_{1,2,\cdots,N}=\max_{P(X_1\cdots X_N)}I(X_1X_2\cdots X_N;Y_1Y_2\cdots Y_N)=\sum_{k=1}^{N}\max_{P(X_k)}I(X_k;Y_k)=\sum_{k=1}^{N}C_k \tag{3-67}$$

式中，C_k 为各个独立信道的信道容量。

3.9.2　级联信道

级联信道是信道中基本的组合形式，又称为串接信道，由信道首尾相接组成，如图 3-8 所示。

图 3-8　级联信道

由图 3-8 可知，信道 1 的输出 X_1 与输入 X 统计相关，信道 2 的输出 X_2 与输入 X_1 统计相关，当 X_1 确定后，X_2 的取值不再与 X 有关，只取决于信道 2 的前向转移概率 $P(X_2|X_1)$，即从 X 到 X_n 组成一个马尔可夫链。根据马尔可夫链的性质，可得出级联信道的总信道矩阵等于串联信道的信道矩阵乘积，级联信道的信道容量可以用求离散单符号信道的信道容量方法来计算。

【例 3-5】　设有两个离散二元对称信道，其组成串联信道如图 3-9 所示，求级联信道的信道容量。

解　两个二元对称信道的信道矩阵均为

$$\boldsymbol{P}_1=\boldsymbol{P}_2=\begin{pmatrix}1-p & p\\ p & 1-p\end{pmatrix}$$

由于 X、Y、Z 组成马尔可夫链，则串联信道的总信道矩阵为

$$\boldsymbol{P}=\boldsymbol{P}_1\boldsymbol{P}_2=\begin{pmatrix}1-p & p\\ p & 1-p\end{pmatrix}\begin{pmatrix}1-p & p\\ p & 1-p\end{pmatrix}$$

$$=\begin{pmatrix}(1-p)^2+p^2 & 2p(1-p)\\ 2p(1-p) & (1-p)^2+p^2\end{pmatrix}$$

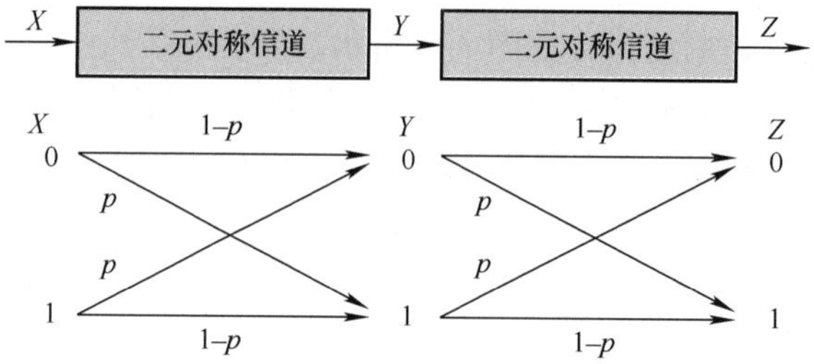

图3-9 二元对称信道的串联信道

因此，此串联信道仍然是一个二元对称信道，且有

$$C_{串}=1-H[2p(1-p)]$$

3.10 信道及信道容量的 MATLAB 分析

3.10 信道及信道容量的 MATLAB 分析

本节选取两个有代表性的例题进行 MATLAB 分析。

【例3-6】 四元信道输入为等概率分布，即 $p_i=0.25$，$i=1,2,3,4$。信道转移矩阵为

$$\boldsymbol{P}=\begin{pmatrix}0.5 & 0.5 & 0 & 0\\ 0 & 0.5 & 0.5 & 0\\ 0 & 0 & 0.5 & 0.5\\ 0.5 & 0 & 0 & 0.5\end{pmatrix}$$

求其信道容量。

解 (1) 用于计算互信息量的函数文件 hmessaga. m，其源代码如下：

```
function r = hmessage(x,f, a,b)
% x 为输入概率分布,f 为转移概率矩阵,a 为信源符号的可选个数,即 x 的元素个数
% a 同时也是矩阵 f 的行数,b 是矩阵 f 的列数,即信道输出概率空间中的元素个数
sum = 0;
for i = 1 : a
    for j = 1 : b
        t =f(i,j)* x(i);
        % 求平均互信息量
        if t >0
            sum = sum -t* log (f(i,j))/log (2);
        end
    end
end
r = sum;
```

(2) 用于计算离散信源平均信息量的函数为 xmessage. m 文件，其源代码如下：

```
function r = xmessage(x, m)
sum = 0;
for i = 1:m
   sum = sum - x(i)* log (x(i))/log(2);
end
r = sum;
```

（3）计算信道容量。利用函数 xmessage 求信源的熵，利用函数 hmessage 求平均互信息量，并最终得到信道容量。其实现的 MATLAB 程序代码如下：

```
clc;clear all;
x = [0.25,0.25,0.25,0.25]; % 信道输入符号的概率
f = [0.5,0.5,0,0;
      0,0.5,0.5,0;
      0,0,0.5,0.5;
      0.5,0,0,0.5];% 信道转移概率矩阵
Hf = hmessage(x,f,4, 4);
hx = xmessage(x, 4);
c = hx - Hf;
disp('信道容量为:');
disp(c);
disp('信道的平均互信息量为:');
disp(Hf);
disp('信源的平均信息量为:')
disp(hx);
```

程序运行结果如下：

```
信道容量为:
   1
信道的平均互信息量为:
   1
信源的平均信息量为:
   2
```

由运行结果可以看出，给定任意四元信源符号分布概率（0.25　0.25　0.25　0.25）和信道转移矩阵 $\boldsymbol{P}=\begin{pmatrix}0.5 & 0.5 & 0 & 0\\ 0 & 0.5 & 0.5 & 0\\ 0 & 0 & 0.5 & 0.5\\ 0.5 & 0 & 0 & 0.5\end{pmatrix}$，代入 MATLAB 程序运行，利用函数 hmessage 求平均互信息量，得出该信道的平均互信息量为 $Hf=1$，利用函数 xmessage 求离散信源的平均信息量为 $hx=2$，最终得出该信道的信道容量为 $c=1$。

【例 3-7】　两个二进制对称信道组成的串联信道如图 3-10 所示。求两信道串联后的信道容量。

解　取 $\bar{p}=1-p$，串联信道的信道转移概率矩阵如下：

$$\boldsymbol{P}_{XZ}=\boldsymbol{P}_{YZ}\boldsymbol{P}_{XY}=\begin{pmatrix}\bar{p} & p\\ p & \bar{p}\end{pmatrix}\begin{pmatrix}\bar{p} & p\\ p & \bar{p}\end{pmatrix}=\begin{pmatrix}\bar{p}^2+p^2 & 2\bar{p}p\\ 2\bar{p}p & \bar{p}^2+p^2\end{pmatrix}$$

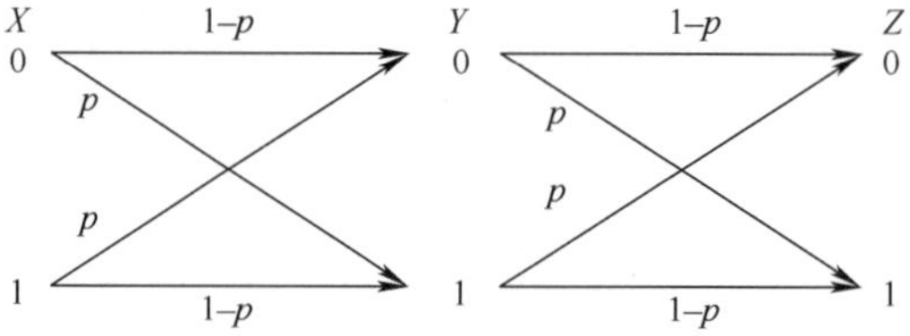

图 3-10　两个二进制对称信道组成的串联信道

可得出串联信道为对称信道。当信源输入符号等概率分布时达到信道容量，为

$$C_{串}(\mathrm{I},\Pi) = \log 2 - H(\bar{p}^2 + p^2, 2\bar{p}p) \tag{3-68}$$

同理，可得三级二元对称信道串联后的信道容量为

$$C_{串}(\mathrm{I},\Pi,\mathrm{III}) = \log 2 - H(\bar{p}^3 + 3\bar{p}p^2, p^3 + 3\bar{p}^2 p) \tag{3-69}$$

串联信道的信道容量与串联级数的关系可由下列程序得到。根据运行结果可以发现，随着串联级数的增加，信道容量将有所减小。对应的 MATLAB 程序代码如下：

```
clear all;clc;close all;
p = 0 : 0.0001 : 1;
C1 = -p.* log2(p) - (1 -p).* log2(1 -p);
C2 = -((1 -p).^2 +p.^2).* log2((1 -p).^2 + p.^2)…
    - (2 * (1 -p).^2.* p).* log2(2* (1 -p).^2.* p);
C3 = -((1 -p).^3 +3* (1 -p).* p.^2).* log2((1 -p).^3 +3* (1 -p).* p.^2)…
    - (p.^3 +3* (1 -p).^2.* p).* log 2(p.^3 +3* (1 -p).^2.* p);
c1 = 1 -C1;
c2 = 1 -C2;
c3 = 1 -C3;
figure(1);
plot(p,c1,'- -',p,c2,'-',p,c3);
xlabel('p');
ylabel('串联信道容量 C')
legend('n =1','n =2','n =3');
axis([0 1,0 1]);
```

3.11 习题

3-1　同时扔一对正常骰子，每个面朝上的概率都是 1/6，求：

（1）“3 和 6 同时出现”这件事的自信息量。

（2）“两个 5 同时出现”这件事的自信息量。

（3）两个点数的各种组合的熵或平均信息量。

（4）两个点数之和（即 2、3 一直到 12 构成的子集）的熵。

（5）两个点数中至少有一个是 1 的自信息量。

3-2　已知信源空间 $[X\quad P]$：$\begin{bmatrix} x_1 & x_2 \\ 0.5 & 0.5 \end{bmatrix}$，信道特性如图 3-11 所示，求在该信道上传输的平均互信息量。

3-3　已知信源发出 a_1 和 a_2 两种消息，且 $p(a_1) = p(a_2) = \frac{1}{2}$。此消息在二进制对称信道上传输，信

道传输特性为 $p(b_1|a_1)=p(b_2|a_2)=1-\varepsilon$，$p(b_1|a_2)=p(b_2|a_1)=\varepsilon$。求互信息量 $I(a_1;b_1)$ 和 $I(a_1;b_2)$。

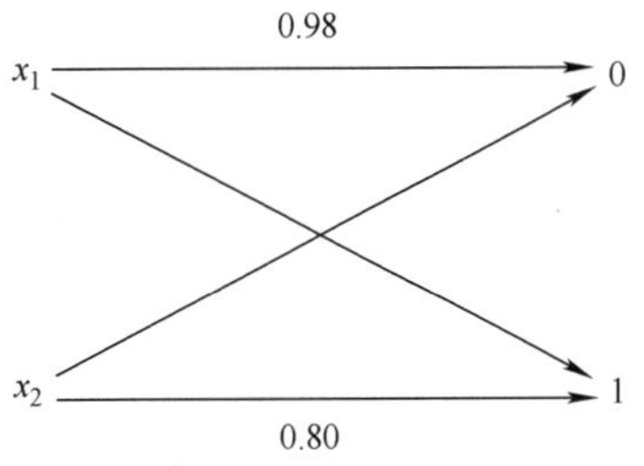

图 3-11　习题 3-2 图

3-4　判断题：

（1）$H(X)>0$。（　）

（2）若 X 与 Y 独立，则 $H(X)=H(X|Y)$。（　）

（3）若 X 与 Y 独立，则 $H(Y|X)=H(X|Y)$。（　）

（4）如果 $H(X|YZ)=0$，则要么 $H(X|Y)=0$，要么 $H(X|Z)=0$。（　）

（5）$I(X;Y)\geqslant I(X;Y|Z)$。（　）

（6）$H(X|X)=0$。（　）

（7）$I(X;Y)\leqslant H(Y)$。（　）

（8）$H(X|Y)\geqslant H(X|YZ)$。（　）

3-5　给定 X，Y 的联合概率密度分布如表 3-1 所示。

表 3-1　习题 3-5 表

X \ Y	0	1
0	1/3	1/3
1	0	1/3

求：

（1）$H(X)$，$H(Y)$。

（2）$H(X|Y)$，$H(Y|X)$。

（3）$H(XY)$。

（4）$H(Y)-H(Y|X)$。

（5）$I(X;Y)$。

3-6　计算下述信道的信道容量。

（1）$$\boldsymbol{P}_1=\begin{pmatrix}\frac{1}{4}&\frac{1}{4}&\frac{1}{4}&\frac{1}{4}\\0&1&0&0\\0&0&1&0\\\frac{1}{2}&0&\frac{1}{2}&0\end{pmatrix}$$

（2）$$\boldsymbol{P}_2=\begin{pmatrix}1&0&0\\1&0&0\\0&1&0\\0&1&0\\0&0&1\\0&0&1\end{pmatrix}$$

（3）$$\boldsymbol{P}_3=\begin{pmatrix}0&0&1&0\\1&0&0&0\\0&0&0&1\\0&1&0&0\end{pmatrix}$$

3-7　二元删除信道有两个输入：0、1，三个输出：0、1、E，E 表示可检出但无法纠正的错误。信道

前向转移概率为

$$p(0|0)=1-\alpha \qquad p(0|1)=0$$
$$p(1|0)=0 \qquad p(1|1)=1-\alpha$$
$$p(E|0)=\alpha \qquad p(E|1)=\alpha$$

求信道容量 C。

3-8 在有扰离散信道上传输符号 1 和 0，在传输过程中，每 100 个符号中发生一个错误的符号，已知 $P(0)=P(1)=\frac{1}{2}$，信道每秒钟内允许传输 1000 个符号，求此信道的信道容量。

3-9 设有一离散无记忆信道，其信道矩阵为

$$\boldsymbol{P}=\begin{pmatrix}1/2 & 1/3 & 1/6\\ 1/6 & 1/2 & 1/3\\ 1/3 & 1/6 & 1/2\end{pmatrix}$$

如果 $P(x_1)=\frac{1}{2}$，$P(x_2)=P(x_3)=\frac{1}{4}$，求最佳译码时的平均错误概率。

3-10 一个饭店只提供馒头和包子，当顾客点菜时只需说“M”或者“B”就表示所需要的是馒头或者包子。厨师有 8% 的概率会听错。顾客点馒头的概率为 90%，点包子的概率为 10%。请问：

（1）这个信道的信道容量是多少？

（2）每次顾客点菜时提供多少信息？

（3）这个信道可否正确传递顾客点餐信息？

3-11 考虑某二进制通信系统。已知信源 X 是离散无记忆的，且只含有两个符号 x_0 和 x_1。设这两个符号出现概率分别为 $P(x_0)=1/4$ 和 $P(x_1)=3/4$。信宿 Y 的符号集为 $\{y_0, y_1\}$。已知信道转移概率为 $P(y_0|x_0)=\frac{9}{10}$，$P(y_1|x_0)=\frac{1}{10}$，$P(y_0|x_1)=\frac{1}{5}$和 $P(y_1|x_1)=\frac{4}{5}$。求：

（1）$H(Y)$。

（2）$I(X;Y)$。

（3）$H(Y|X)$。

3-12 设一个有扰离散信道的传输情况分别如图 3-12 所示，试求出这种信道的信道容量。

3-13 若有一离散信道，其信道转移概率如图 3-13 所示，试求其信道容量。

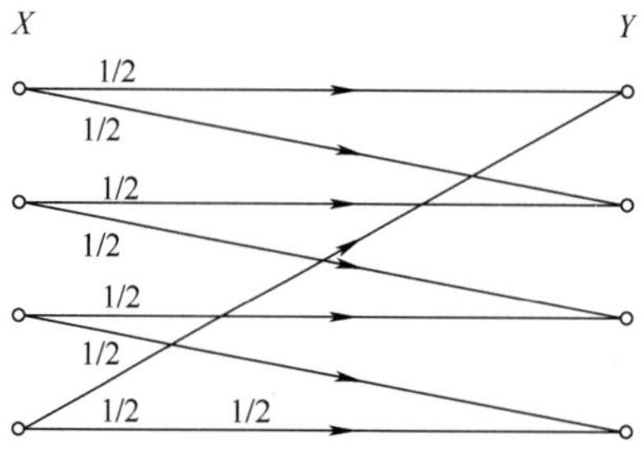

图 3-12 习题 3-12 图

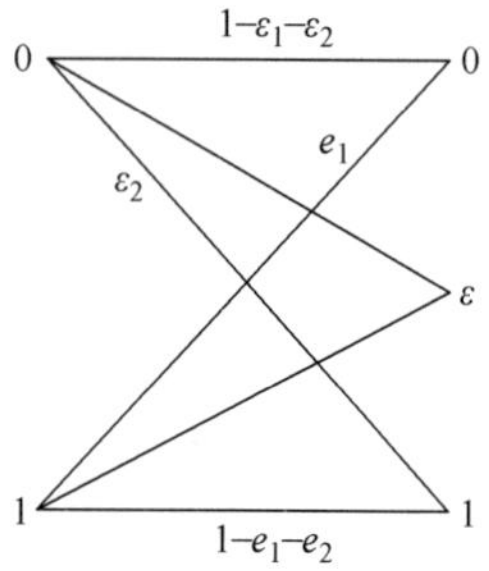

图 3-13 习题 3-13 图

3-14 一个离散信道，其信道转移概率矩阵为

$$\boldsymbol{P}=\begin{bmatrix}1-p-\varepsilon & p-\varepsilon & 2\varepsilon\\ p-\varepsilon & 1-p-\varepsilon & 2\varepsilon\end{bmatrix}$$

试求信道容量值 C。

3-15 一个离散信道，其信道转移概率分布如图 3-14 所示。试求：

（1）达到信道容量 C 时输入概率分布 $\{P(x)\}$。

（2）信道容量值 C。

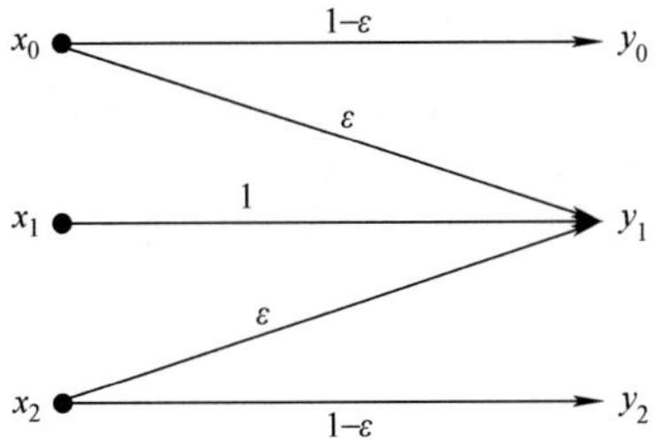

图 3-14　习题 3-15 图

第4章　信源编码

由于信源符号的相关性以及其分布的不均匀性，使得信源存在冗余度。信源编码的主要目的就是减少其冗余度，从而提高编码效率。具体来说，就是针对信源输出符号序列的统计特性，寻找一定的方法把信源输出符号序列变换为最短的码字序列。信源编码的基本原则有两个，一是使序列中的各个符号尽可能互相独立，即解除相关性；二是使编码中各个符号出现的概率尽可能相等，即概率均匀化。信源编码的基础是信息论中的两个编码定理：无失真编码定理和限失真编码定理。无失真编码定理是可逆编码的基础。可逆是指当信源符号转换成代码后，可从代码无失真地恢复原信源符号。当已知信源符号的概率特性时，可计算其符号熵 H，H 表示每个信源符号所载有的信息量。编码定理证明了必然存在一种编码方法，使代码的平均长度可无限接近但不能低于符号熵，同时还阐明了达到此目标的途径，就是使概率与码长匹配。无失真编码或可逆编码只适用于离散信源。对于连续信源，编成代码后便不能无失真地恢复原来的连续值，因为后者的取值可以有无限多个。此时只能根据限失真编码定理进行限失真编码。信源编码定理出现后，编码方法就趋于合理化。本章将分别讨论信源无失真编码与信源限失真编码。

4.1　无失真信源编码定理

4.1　无失真信源编码定理

信源编码分为无失真编码和限失真编码，无失真信源编码定理是离散信源编码的基础，而限失真信源编码定理是连续信源编码的基础。本节讨论无失真信源编码的相关概念及编码定理。

通信的目的是信息通过信道进行传递，传递的过程有两个重要问题需要注意。一个是在不失真或者允许一定失真条件下，如何用尽可能少的符号来传递信息，提高信息的传输率；另一个是如何在信道受干扰的情况下增强信号抗干扰能力，提高传输可靠性并使信息传输率最大。

人们都希望将所有信息没有任何损失地传递到接收端，实现无失真通信，那么首先要对信源进行无差错编码。这里重点讨论离散信源的无失真编码定理。

对信源进行编码，就是设计一个编码器，将信源的原始符号按照一定的数学规则进行变换，生成适合信道传输的符号，通常称为码元（码序列）。

将离散信源输出信息定义为离散符号集，如下所示：

$$X = (X_1, \cdots, X_l, \cdots, X_L)$$
$$X_l \in \{x_1, \cdots, x_i, \cdots, x_n\} \tag{4-1}$$

即，序列中每个符号 x_i 属于符号序列 X_l，多个 X_l 构成信源消息组。

那么信源编码就是将上面的输出转换成如下结果：

$$Y = (Y_1, \cdots, Y_k, \cdots, Y_L)$$
$$Y_k \in \{y_1, \cdots, y_i, \cdots, y_m\} \tag{4-2}$$

这种码元序列，通常称为码字，所有码字集合称为码。编码就是从信源符号到码元的映射，要想实现无失真信源编码，这种映射必须一一对应，就是每个信源消息可以编成一个码字，反之，每个码字只能翻译成一个固定消息。这种码称为唯一可译码。

在给消息分配码字的时候分配多少可以做到无失真译码？码字越多，所需要的信息率就越大，很明显，我们希望信息率越小越好，但是信息率小到多少能保证无失真呢？首先要给出关于码的定义。

（1）二元码

如果码符号集为 $X=\{0, 1\}$，所得到的码字都是二元序列，称为**二元码**。

如果将信源通过二元信道进行传输，那么就需要将信源符号转换为由 0 和 1 组成的二元码序列，这也是数字图像处理最为常用的一种方法。

（2）等长码（定长码）

如果一组码中所有码字的长度都相等，称之为**等长码**。

（3）变长码

如果一组码中所有码字的长度都不相同，称之为**变长码**。

（4）非奇异码

如果一组码中所有码字都不相同，即所有信源符号映射到不同的码元序列，它们之间是一一对应的，那么称之为**非奇异码**。

（5）奇异码

如果一组码中有相同的码字，即所有信源符号映射到相同的码元序列，那么称之为**奇异码**。

（6）同价码

如果码符号集中每个码符号所占用的传输时间都相同，则所得到的码为同价码。一般来讲，二元码都是**同价码**。

（7）码的 N 次扩展码

假设某码 C，它把信源 S 中的符号 s_i 转化成码 C 中的码字 W_i，则码 C 的 N 次扩展码是所有 N 个码字组成的码字序列的集合。

（8）唯一可译码

如果码的任意一串有限长的码符号序列只能被唯一地译成所对应的信源符号序列，那么此码称为**唯一可译码**；否则就称为非唯一可译码。

可以看出，信源编码分为定长和变长两种方法。定长的码字长度 K 是固定的，对应的编码定理叫作定长编码定理，这是寻找最小 K 值的编码方法。后者的 K 是变值，对应的编码定理叫作变长编码定理。

1. 定长编码定理

一个熵为$H(S)$的离散无记忆信源，若对信源长为N的符号序列进行等长编码，假设码字为从r个字母的码符号集中选取l个码元组成，对于任意ε大于0，只要满足

$$\frac{l}{N} \geqslant \frac{H(S)+\varepsilon}{\log_2 r} \tag{4-3}$$

当N无穷大时，则可以实现几乎无失真编码；反之，若

$$\frac{l}{N} \leqslant \frac{H(S)-2\varepsilon}{\log_2 r} \tag{4-4}$$

则不可能实现无失真编码，当N趋向无穷大时，译码错误率接近1。该公式的证明过程略，读者感兴趣可以参考相关书籍。

式（4-3）可以变换为

$$l\log_2 r > NH(S) \tag{4-5}$$

公式左边表示长为l的码符号所能载荷的最大信息量，而右边代表长为N的序列平均携带的信息量。因此，只要码字传输的信息量大于信源序列携带的信息量，就可以实现无失真编码。

式（4-3）还可以变换为

$$\frac{l}{N}\log_2 r \geqslant H(S)+\varepsilon \tag{4-6}$$

假设$R'=\frac{l}{N}\log_2 r$，表示平均每个符号的信息量，称之为**编码信息率**。可见，只有编码信息率大于信源的熵，才能实现无失真编码。也就是说，信源熵其实就是一个临界值，当编码器输出信息率超过该临界值时，就能无失真编码，否则就无法不失真。

为了衡量编码效果，定义

$$\eta=\frac{H(S)}{R'}=\frac{H(S)}{\frac{l}{N}\log_2 r} \tag{4-7}$$

称之为**编码效率**。

那么最佳编码效率为

$$\eta=\frac{H(S)}{R'}=\frac{H(S)}{H(S)+\varepsilon} \quad (\varepsilon>0) \tag{4-8}$$

$$\varepsilon=\frac{1-\eta}{\eta}H(S) \tag{4-9}$$

该定理也说明，编码信息率大于单符号熵时，可以做到几乎无失真，前提是N必须足够大。可以证明，当方差$D[I(x)]$和ε均为定值时，只要信源序列长度N满足

$$N \geqslant \frac{D[I(x)]}{\varepsilon^2\delta} \tag{4-10}$$

即

$$N \geqslant \frac{D[I(x)]\eta^2}{H^2(S)(1-\eta)^2\delta} \tag{4-11}$$

译码差错率就一定小于任意正数δ。

接下来看一个示例。考虑一个如下的离散无记忆信源：

$$\begin{pmatrix} S \\ P(s) \end{pmatrix} = \begin{pmatrix} s_1 & s_2 \\ \dfrac{3}{4} & \dfrac{1}{4} \end{pmatrix}$$

$$H(S) = \frac{1}{4}\log_2 4 + \frac{3}{4}\log_2 \frac{4}{3} = 0.811$$

$$\begin{aligned} D[I(s_i)] &= \sum_{i=1}^{2} p_i (\log_2 p_i)^2 - [H(S)]^2 \\ &= \frac{1}{4}(\log_2 4)^2 + \frac{3}{4}\left(\log_2 \frac{4}{3}\right)^2 - 0.811^2 \\ &= 0.4715 \end{aligned}$$

如果采用等长二元编码，要求编码效率 $\eta = 0.96$，允许错误率 $\delta \leqslant 10^{-5}$，那么 $N \geqslant 4.13 \times 10^7$，也就是说，长度要达到4130万以上，这在技术上实现非常困难，而且编码效率也不高。为了解决这个问题，就出现了变长编码。

变长编码允许把等长消息变成不等长的码序列，一般情况下把经常出现的消息编成短码，不经常出现的消息编成长码，从而使得平均码长最短，提高通信效率，但是这种方式会增加编译码设备的复杂度。

2. 变长编码定理

设离散无记忆信源为

$$\begin{pmatrix} S \\ P(s) \end{pmatrix} = \begin{pmatrix} s_1 & \cdots & s_q \\ p(s_1) & \cdots & p(s_q) \end{pmatrix} \tag{4-12}$$

编码后码字

$$W_1, \cdots, W_q$$

码长为

$$l_1, \cdots, l_q$$

对唯一可译码来讲，信源符号与码字一一对应，因此

$$p(W_i) = p(s_i) \quad (i = 1, \cdots, q) \tag{4-13}$$

码的平均长度为

$$\bar{L} = \sum_{i=1}^{q} p(s_i) l_i \text{（码符号/信源符号）} \tag{4-14}$$

当信源给定时，信源的熵就是确定的，编码后平均每个码元携带的信息量也就是编码后的**信息传输率**为

$$R = H(X) = \frac{H(S)}{\bar{L}} \text{（bit/码符号）} \tag{4-15}$$

如果传输一个码符号平均需要 t s（秒），那么编码后每秒信息量为

$$R_t = \frac{H(S)}{t\bar{L}} \text{(bit/s)} \tag{4-16}$$

可以看出，$\bar{L}$ 值越小，信息传输效率越高，如果有一个唯一可译码，它的平均码长小于其他唯一可译码的长度，则称此码为**紧致码**（最佳码），无失真信源编码的基本问题就是寻找紧致码。从而就得到如下定理，即无失真变长信源编码定理（香农第一定理）：

离散无记忆信源 S 的 N 次扩展信源 S^N，其熵为 $H(S^N)$，并且编码器的码元符号集为 A: $\{\alpha_1, \cdots, \alpha_q\}$，对信源 S^N 进行编码，总可以找到一种无失真编码方法，构成唯一可译码，使信源 S 中每个符号 s_i 所需要的平均码长满足

$$\frac{H(S)}{\log_2 r} \leqslant \frac{\overline{L}_N}{N} < \frac{H(S)}{\log_2 r} + \frac{1}{N} \tag{4-17}$$

当 $N\to\infty$ 时，得到

$$\lim_{N\to\infty} \frac{\overline{L}_N}{N} = \lim_{N\to\infty} \overline{L} = H_r(S) \tag{4-18}$$

其中

$$\overline{L}_N = \sum_{i=1}^{q^N} p(\alpha_i)\lambda_i \tag{4-19}$$

式中，λ_i 是 α_i 对应的码字长度，$\overline{L}_N$ 是无记忆扩展信源 S^N 中每个符号 α_i 的平均码长，那么 $\overline{L}_N/N$ 仍然是信源 S 中每一单个信源符号所需的平均码长。$\overline{L}_N/N$ 和 $\overline{L}$ 两者都是每个信源符号所需的码符号的平均数，$\overline{L}_N/N$ 表示为了得到这个平均值，不是对单个信源符号进行编码，而是对 N 个信源符号的序列进行编码。

这个定理是香农信息论中非常重要的一个定理，它指出，要做到无失真的信源编码，信源每个符号所需要的平均码元数就是信源的熵值，如果小于这个值，则唯一可译码不存在，在译码或反变换时必然带来失真或差错，可见，信源的信息熵是无失真信源编码的极限值。定理还指出，通过对扩展信源进行编码，当 N 趋向于无穷时，平均码长可以趋近该极限值。

由

$$\frac{H(S)}{\log_2 r} \leqslant \frac{\overline{L}_N}{N} < \frac{H(S)}{\log_2 r} + \frac{1}{N} \tag{4-20}$$

可以得到

$$H(S) + \varepsilon > \frac{\overline{L}_N}{N}\log_2 r \geqslant H(S) \tag{4-21}$$

$\frac{\overline{L}_N}{N}\log_2 r$ 就是编码后每个信源符号所携带的平均信息量。定义

$$R' = \frac{\overline{L}_N}{N}\log_2 r \tag{4-22}$$

那么香农第一定理就可以表述如下：

- 如果 $R' > H(S)$，则存在唯一可译变长码。
- 如果 $R' < H(S)$，则不存在唯一可译变长码。

若从信道角度讲，信道的信息传输率为

$$R = \frac{H(S)}{\overline{L}} \tag{4-23}$$

由于

$$\overline{L} = \frac{\overline{L}_N}{N} \geqslant \frac{H(S)}{\log_2 r} \tag{4-24}$$

所以

$$R \leqslant \log_2 r \tag{4-25}$$

当平均码长达到极限值时，编码后信道的信息传输率为

$$R = \log_2 r \ (\text{bit/码符号}) \tag{4-26}$$

此时，信道的信息传输率等于无噪无损信道的信道容量 C，编码效率最高，即信息传输率最高。因此无失真信源编码的实质就是对离散信源进行适当的变换，使变换后新的符号序列信源尽可能为等概率分布，以使新信源的每个码符号平均所含的信息量达到最大，从而使信息传输率 R 达到信道容量 C，实现信源和信道理想的统计匹配。这是香农第一定理的另一层含义，因此无失真信源编码实质上就是无噪信道编码问题。

因此，无失真信源编码定理又称为**无噪信道编码定理**：若信道的信息传输率 R 不大于信道容量 C，总能对信源的输出进行适当的编码，使得在无噪无损信道上能无差错地以最大信息传输率 C 传输信息，若信息传输率 R 大于信道容量 C，那么无差错信息传输是不可能的。

4.2 无失真信源编码

无失真的信源编码定理既是存在性定理也是构造性定理，它给出了构造信源编码的原理性方法，使构造出的码的平均码长与信源统计特性匹配。为此，香农、费诺、霍夫曼都按上述思路设计出具体的编码方法，分别称为香农编码、费诺编码和霍夫曼编码，其中霍夫曼编码最好。除此之外，常用的编码方法还有游程编码、算术编码、Lempel - Ziv 算法等。

4.2 无失真信源编码

4.2.1 香农编码

香农第一定理指出了平均码长与信源信息熵之间的关系，同时也指出了可以通过编码使平均码长达到极限值，这是一个很重要的极限定理。

香农第一定理指出，选择每个码字的长度 K_i 如果满足下式（K_i 应为整数）：

$$K_i = \lceil -\log_2 p(u_i) \rceil \tag{4-27}$$

或

$$-\log_2 p(u_i) \leqslant K_i < 1 - \log_2 p(u_i) \tag{4-28}$$

就可以得到一种码，这种编码方法称为香农编码。香农编码严格意义上来说不是最佳码，它是采用信源符号的累积概率分布函数来分配码字。因此，香农编码方法冗余度稍大，实用性不强，但有重要的理论意义。

二进制香农码的编码步骤具体如下：

1）将信源符号按概率从大到小的顺序排列。

$$p(u_1) \geqslant p(u_2) \geqslant \cdots \geqslant p(u_n)$$

2）确定满足下列不等式的整数 K_i。

$$-\log_2 p(u_i) \leqslant K_i < 1 - \log_2 p(u_i)$$

3）令 $p(u_1)=0$，用 P_i 表示第 i 个码字的累积概率。

$$P_i = \sum_{k=1}^{i-1} p(u_k)$$

4）将 P_i 用二进制表示，并取小数点后 K_i 位作为符号 u_i 的编码。

【例 4-1】 有一单符号离散无记忆信源

$$\begin{pmatrix} U \\ P(U) \end{pmatrix} = \begin{pmatrix} u_1 & u_2 & u_3 & u_4 & u_5 \\ 0.4 & 0.3 & 0.2 & 0.05 & 0.05 \end{pmatrix}$$

对该信源进行二进制香农编码。

解 计算第 i 个信源符号的码字。

设 $i=3$，首先求第 3 个信源符号的二元码字长 K_3，应用式（4-28），

$$-\log_2 p(u_3) \leqslant K_3 < 1 - \log_2 p(u_3)$$

$$-\log_2 0.2 \leqslant K_3 < 1 - \log_2 0.2$$

$$K_3 = 3$$

累积概率 P_3 为

$$P_3 = \sum_{i=1}^{2} p(u_i) = 0.4 + 0.3 = 0.7$$

将累积概率 P_3 变换成二进制数，得

$$P_3 = 0.7 \to 0.10110\cdots$$

根据码长 $K_3 = 3$，取小数点后三位 101，作为第 3 个信源符号的码字。其他信源符号的二元码字可用同样方法求得，其编码过程如表 4-1 所示。

表 4-1 例 4-1 香农编码

信源符号 u_i	符号概率 $p(u_i)$	累积概率 P_i	$-\log_2 p(u_i)$	码长	码字
u_1	0.4	0	1.32	2	00
u_2	0.3	0.4	1.73	2	01
u_3	0.2	0.7	2.32	3	101
u_4	0.05	0.9	4.3	5	11100
u_5	0.05	0.95	4.3	5	11101

由上面的编码过程和例题分析可知，按照香农编码步骤求表 4-1 中信源符号的码字比较烦琐，能否改进编码过程呢？

香农编码方法的核心思想是，每个码字的码长 K_i 满足 $-\log_2 p(u_i) \leqslant K_i < 1 - \log_2 p(u_i)$ 并取整。在此基础上，可以不采用累加概率转换为二进制数的编码方法，而是在求出每个码字码长后，利用树图法找到一组码长满足要求的树码。这样，改进的香农编码方法的具体内容如下：

1）根据每个信源符号的概率大小，按式（4-27）计算其码字的码长 K_i。

2）利用二元树图法，根据所求码字码长的大小，构造出即时码。

下面以表 4-1 中的信源符号集为例进行阐述。从表 4-1 可知，码字长度分别为 2、2、3、5、5。于是，可画出如图 4-1 所示的二元树图。

根据二元树图，可以得到满足要求的即时码。

但是，这些码字没有占满所有树叶，所以是非最佳码。

平均码长为

$$\overline{K} = \sum_{i=1}^{5} p(u_i) K_i = 2.5\text{bit}$$

信源熵为

$$H(U) = -\sum_{i=1}^{5} p(u_i) \log_2 p(u_i) = 1.95\text{bit}$$

编码效率为

$$\eta = \frac{H(U)}{\overline{K}} = 78\%$$

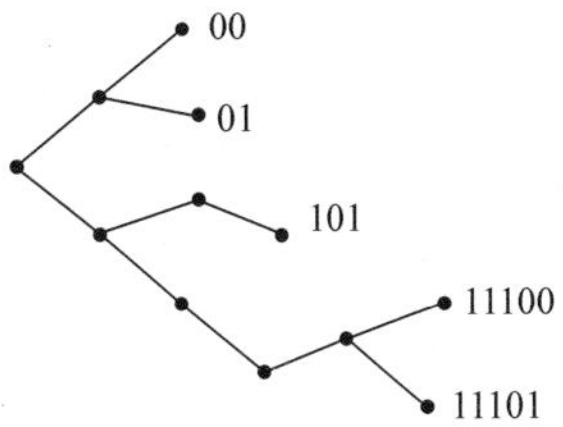

图4-1 例4-1二元树图

为提高编码效率，首先应达到满树；比如把 $u_4 u_5$ 换成前面的节点，可减小平均码长，如图4-2所示。不应先规定码长，而是由码树来规定码字，可得更好的结果。

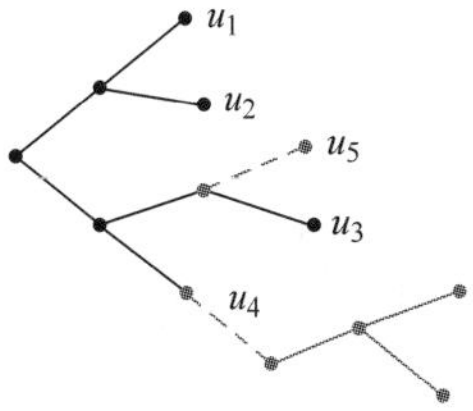

图4-2 高效率二元树图

【例4-2】 有一单符号离散无记忆信源，共7个符号消息：

$$\begin{pmatrix} U \\ P(U) \end{pmatrix} = \begin{pmatrix} u_1 & u_2 & u_3 & u_4 & u_5 & u_6 & u_7 \\ 0.2 & 0.19 & 0.18 & 0.17 & 0.15 & 0.10 & 0.01 \end{pmatrix}$$

对该信源进行二进制香农编码。

解 计算第 i 个信源符号的码字。

以 $i=4$ 为例，首先求第4个信源符号的二元码字长 K_4：

$$\log_2 0.17 \leqslant K_4 < 1 - \log_2 0.17$$

$$2.56 \leqslant K_4 < 3.56$$

$$K_4 = 3$$

累积概率 P_4 为

$$P_4 = \sum_{i=1}^{3} p(u_i) = 0.2 + 0.19 + 0.18 = 0.57$$

将累积概率 P_4 变换成二进制数，得

$$P_4 = 0.57 \to 0.1001\cdots$$

累积概率 $P_4=0.57$，变换成二进制为0.1001…，由于 $K_4=3$，所以第4个消息的编码码字为100。其他消息的码字可用同样方法求得，如表4-2所示。该信源共有5个三位的码字，各码字之间至少有一位数字不相同，故是唯一可译码。同时可以看出，这7个码字都不是延长码，它们都属于即时码。信源符号的平均码长为

$$\overline{K} = \sum_{i=1}^{7} p(u_i) K_i = 3.14\text{bit}$$

信源熵为

$$H(U) = -\sum_{i=1}^{7} p(u_i) \log_2 p(u_i) = 2.61\text{bit}$$

编码效率为

$$\eta = \frac{H(U)}{\overline{K}} = 83\%$$

表 4-2 例 4-2 香农编码

信源符号 u_i	符号概率 $p(u_i)$	累积概率 P_i	$-\log_2 p(u_i)$	码长	码字
u_1	0.20	0	2.34	3	000
u_2	0.19	0.2	2.41	3	001
u_3	0.18	0.39	2.48	3	011
u_4	0.17	0.57	2.56	3	100
u_5	0.15	0.74	2.74	3	101
u_6	0.10	0.89	3.34	4	1110
u_7	0.01	0.99	6.66	7	1111110

上面所讨论的是二元香农编码，利用改进的香农编码方法可以把它推广到 m 元香农编码中，即

1）根据每个信源符号的概率大小，按式（4-27）计算其码字的码长 K_i。

2）利用 m 元树图法，根据所求码字码长的大小，构造出即时码。

4.2.2 霍夫曼码

1952 年，霍夫曼提出了一种构造最佳码的方法，它是每个信源符号与其码字一一对应的一种编码方法。由它所得的码字是异前置码的变长码，其平均码长最短，是最佳变长码，又称霍夫曼码。

通常情况下，将编码符号集中符号数等于 2 的称为二元码，等于 3 的称为三元码……等于 m 的称为 m 元码。其中，二元码是数字通信和计算机系统中最常用的。下面分别讨论二元霍夫曼码和 m 元霍夫曼码。

1. 二元霍夫曼码

根据信源符号的概率，自底向上地构造码树。二元霍夫曼码编码步骤如下：

1）将 n 元信源 U 的各个符号 u_i 按概率分布 $p(u_i)$ 以递减次序排列起来。

$$p(u_1) \geqslant p(u_2) \geqslant \cdots \geqslant p(u_n)$$

2）将两个概率最小的信源符号合并成一个新符号，新符号的概率值为两个信源符号概率值的和，从而得到只包含 $n-1$ 个符号的新信源，称为 U 信源的缩减信源 U_1。

3）把缩减信源 U_1 的符号仍按概率大小以递减次序排列，然后将其中两个概率最小的符号合并成一个符号，这样又形成了 $n-2$ 个符号的缩减信源 U_2。

4）依此类推，直至信源最后只剩下 1 个信源符号。

5）将每次合并的两个信源符号分别用 0 和 1 码符号表示。

6）从最后一级缩减信源开始，向前返回，就得出各信源符号所对应的码符号序列，进而得到各信源符号对应的码字。

【例 4-3】 设单符号离散无记忆信源如下，要求对信源进行二元霍夫曼编码。

$$\begin{pmatrix} U \\ P(U) \end{pmatrix} = \begin{pmatrix} u_1 & u_2 & u_3 & u_4 & u_5 & u_6 & u_7 \\ 0.20 & 0.19 & 0.18 & 0.17 & 0.15 & 0.10 & 0.01 \end{pmatrix}$$

解 按照前文中二元霍夫曼编码的步骤，先把信源符号 u_1，u_2，u_3，u_4，u_5，u_6，u_7 按概率大小，以递减次序，自上而下排成一列，如图 4-3 所示。对处于最下方的概率最小的

两个信源符号 u_6 和 u_7，分别赋予 0 和 1 码，再把两者的概率相加得到概率为 0.11 的新信源符号，并和没有变化的 u_1，u_2，u_3，u_4，u_5 构成含有 6 个信源符号的新信源。在新信源中，再把 6 个信源符号按概率大小，以递减次序，自上而下排列，对处于最下方的概率最小的两个信源符号，分别赋予 0 和 1 码，将两者概率相加，再得到新信源。按照此方法，依次类推，便可得到信源 U 的霍夫曼编码，如图 4-3 所示。

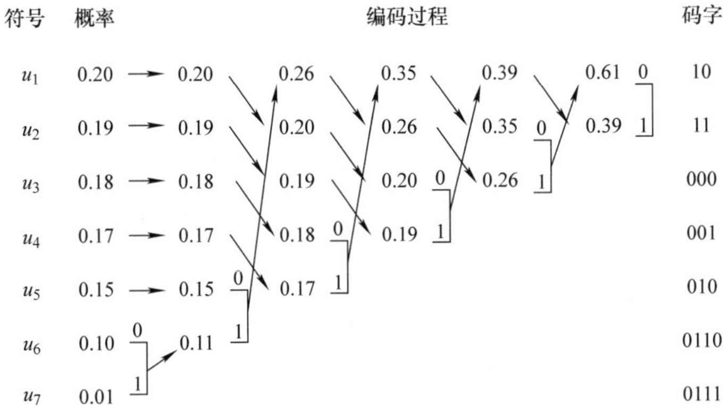

图 4-3　例 4-3 霍夫曼编码

信源熵为

$$H(U) = -\sum_{i=1}^{7} p(u_i)\log_2 p(u_i) = 2.61\text{bit}$$

平均码长为

$$\overline{K} = \sum_{i=1}^{7} p(u_i)K_i = 2.72\text{bit}$$

编码效率为

$$\eta = \frac{H(U)}{\overline{K}} = 96\%$$

【例 4-4】　离散无记忆信源

$$\begin{pmatrix} U \\ P(U) \end{pmatrix} = \begin{pmatrix} u_1 & u_2 & u_3 & u_4 & u_5 \\ 0.4 & 0.2 & 0.2 & 0.1 & 0.1 \end{pmatrix}$$

对其进行二元霍夫曼编码。

解　按照霍夫曼编码的步骤，将概率最小的两个信源符号合并成新信源符号的时候，如果两者的概率和与其他信源符号概率相等时，可将新的概率放在排列的下方，也可放在上方，对应的两种霍夫曼编码如图 4-4 所示。

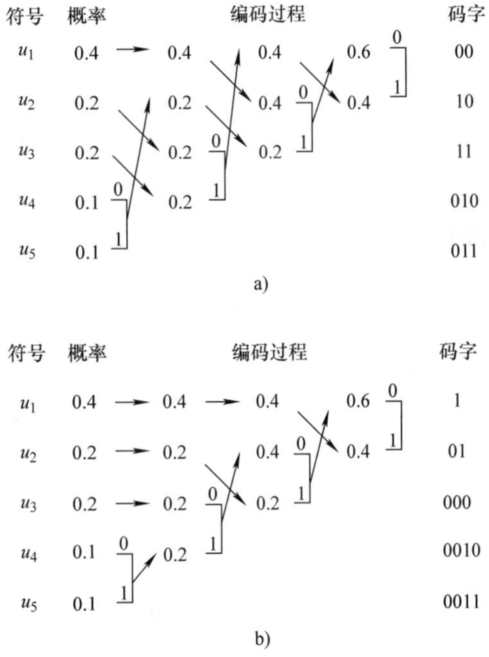

图 4-4　例 4-4 的两种霍夫曼编码

对于图 4-4a、b 所示两种方案的霍夫曼编码，对应的霍夫曼树分别如图 4-5a、b 所示，反映出来的两种霍夫曼码的码字在“码树”上的“端点”的不同位置分布，充分体现了两种霍夫曼码字长度结构的区别。方法 b 中取了长度为1 的最短码字，也取了码字为4 的最长码字；而方法 a 中，放弃了长度为 1 的最短码字，同时也放弃了长度为 4 的最长码字，使其码长平稳地在 2 ~ 3 之间波动。

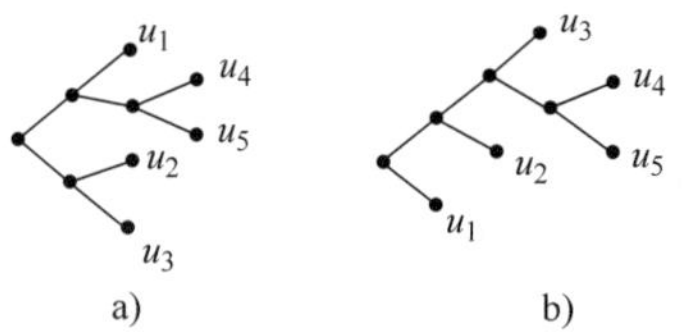

图 4-5 例 4-4 对应的霍夫曼树

两种霍夫曼编码的信源熵为

$$H(U) = -\sum_{i=1}^{5} p(u_i)\log_2 p(u_i) = 2.12\text{bit}$$

平均码长为

$$\overline{K} = \sum_{i=1}^{5} p(u_i)K_i = 2.2\text{bit}$$

编码效率为

$$\eta = \frac{H(U)}{\overline{K}} = 96.3\%$$

两种码有相同的平均码长，有相同的编码效率，但每个信源符号的码长却不相同，其方差也不同。编码质量可用码方差来表示，下面分别计算两种码的方差 σ^2，即

$$\sigma_1^2 = \sum_{i=1}^{5} p(u_i)(K_i - \overline{K})^2 = 0.16 \quad (\text{方法 a 方差})$$

$$\sigma_2^2 = \sum_{i=1}^{5} p(u_i)(K_i - \overline{K})^2 = 1.36 \quad (\text{方法 b 方差})$$

可见，方法 a 的方差比方法 b 的方差要小很多。方法 a 的具体编码原则是把合并后的概率总是放在其他相同概率的信源符号之上；方法 b 的编码原则是把合并后的概率放在其他相同概率的信源符号之下。从上面的分析可以看出，方法 a 要优于方法 b。

霍夫曼编码得到的码并不是唯一的。每次对缩减信源两个概率最小的符号分配“0”和“1”码元是任意的，所以可得到不同的码字。但它们只是码字具体结构不同，而其码长不变，平均码长也不变，因此没有本质区别。另外，当缩减信源中缩减合并后的符号的概率与其他信源符号概率相同时，从编码方法来说，对等概率的符号哪个放在上面、哪个放在下面是没有区别的，但得到的码是不同的。对这两种不同的码，它们的码长各不同，然而平均码长是相同的。在编码中，对于等概率消息，若将新合并的消息排列到上支路，可以证明它将缩短码长的方差，即编出的码更接近等长码；同时可使合并的元素重复编码次数减少，使短码得到充分利用。

霍夫曼编码是用概率匹配方法进行信源编码。它有两个明显特点：一是霍夫曼码的编码方法保证了概率大的符号对应短码，概率小的符号对应长码，充分利用了短码；二是缩减信源的最后两个码字总是最后一位不同，从而保证了霍夫曼码是即时码。

霍夫曼变长码的效率是相当高的，它可以用于单个信源符号编码或 L 较小的信源序列编码，编码器的设计也简单得多。但是应当注意，要达到很高的效率仍然需要按长序列来计算，这样才能使平均码字长度降低。然而就某个具体的信源符号而言，有时可能还会比定长码长。例如在上面的例子中，信源符号有 5 个，采用定长码方式可用 3 个二进制符号组成码字。而用变长码时，有的码字却长达 4 个二进制符号。所以编码简单化的代价是要有大量的存储设备来缓冲码字长度的差异，这也是码方差小的码质量好的原因。

2. *m* 元霍夫曼码

前面讨论的二元霍夫曼码的编码方法可以推广到 m 元编码中，不同的只是每次把概率最小的 m 个符号合并成一个新的信源符号，并分别用 $0, 1, \cdots, m-1$ 等码元来表示。

为了使短码得到充分利用，使平均码长最短，必须使最后一步的缩减信源有 m 个信源符号。因此，对于 m 元编码，信源 U 的符号个数 n 必须满足

$$n=(m-1)\times Q+m \tag{4-29}$$

式中，m 是进制数（码元数）；Q 是缩减次数。

对于二元码，总能找到一个 Q 满足式（4-29）。但对于 m 元码，n 为任意正整数时不一定能找到一个 Q 满足式（4-29）。此时，可以人为地增加一些概率为零的符号，以满足式（4-29），然后取概率最小的 m 个符号合并成一个新符号（结点），并把这些符号的概率相加作为该结点的概率，重新按概率由大到小排队，再取概率最小的 m 个符号（结点）合并。如此下去直至树根。

下面给出 m 元霍夫曼的编码步骤：

1）验证所给 n 是否满足式（4-29），若不满足该式，可以人为地增加一些概率为零的符号，使最后一步有 m 个信源符号。

2）取概率最小的 m 个符号合并成一个新结点，并分别用 $0, 1, \cdots, m-1$ 给各分支赋值，把这些符号的概率相加作为该新结点的概率。

3）将新结点和剩下结点重新排队，重复步骤 2)，如此下去直至树根。

4）取树根到叶子（信源符号对应结点）的各树枝上的值，得到各符号码字。

后来新加的概率为零的码字，其作用是使码长短的码字，尽量留给实际要用的真实信源的大概率信源符号，把码长长的码字推给实际不用的虚假信源符号，以期得到尽量小的平均码长，使编码尽量有效。新加的码字实际上是冗余码字，并未用上。但这样编成的码仍是最佳的，因为其平均码长最短，且如果等概率符号排队时注意到顺序，则码长的方差也是最小的。

【例 4-5】 离散无记忆信源

$$\begin{pmatrix} U \\ P(U) \end{pmatrix}=\begin{pmatrix} u_1 & u_2 & u_3 & u_4 & u_5 \\ 0.4 & 0.3 & 0.2 & 0.05 & 0.05 \end{pmatrix}$$

分别对其进行三元和四元霍夫曼编码。

解 首先，验证所给信源符号个数 n 是否满足式（4-29），本例中 $n=5$。三元霍夫曼编码时，$5=(3-1)\times 1+3$，满足式（4-29）。此时 $Q=1$，缩减 1 次即可得到拥有三个信源符号的最终信源。其三元霍夫曼编码如图 4-6 所示。

四元霍夫曼编码时，无法满足式（4-29）。此时需要在信源的下方人为地增加两个概率为零的符号，$n=7$，$7=(4-1)\times 1+4$，才能保证在缩减 1 次后，得到拥有四个信源符号的最终信源。其四元霍夫曼编码如图 4-7 所示。

信源熵为

$$H(U)=-\sum_{i=1}^{5} p(u_i)\log_2 p(u_i)=1.95\text{bit}$$

平均码长为

$$\overline{K}_3 = \sum_{i=1}^{5} p(u_i)K_i = 1.3\text{symbol}$$

$$\overline{K}_4 = \sum_{i=1}^{5} p(u_i)K_i = 1.1\text{symbol}$$

因为$\log_2 3 = 1.58\text{bit}$，$\log_2 4 = 2\text{bit}$，所以它们的编码效率分别为

$$\eta_3 = \frac{H(U)}{\overline{K}_3 \times \log_2 3} = 94.9\%$$

$$\eta_4 = \frac{H(U)}{\overline{K}_4 \times \log_2 4} = 88.6\%$$

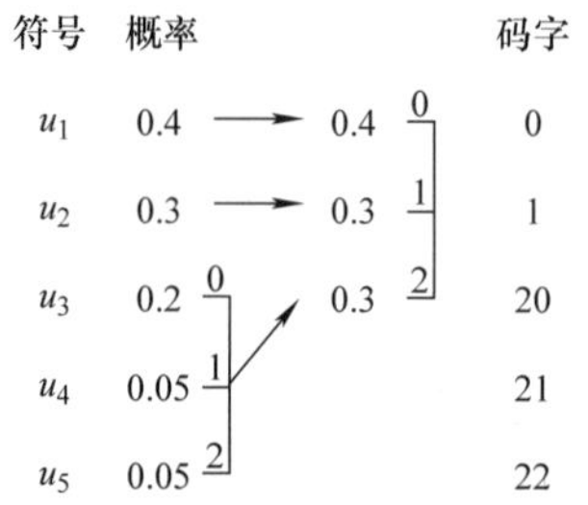

图 4-6　例 4-5 三元霍夫曼编码

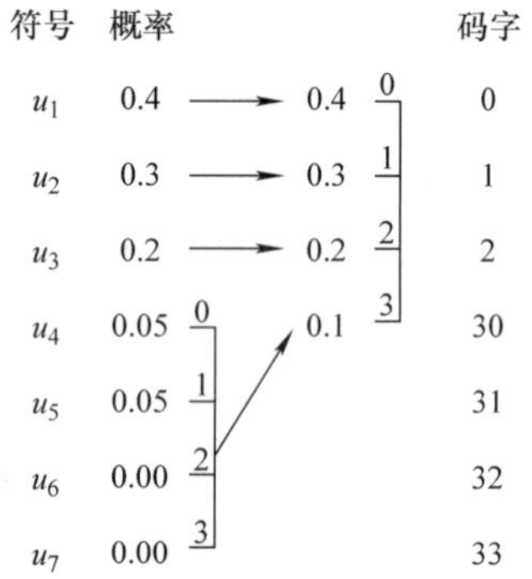

图 4-7　例 4-5 四元霍夫曼编码

因此，要发挥霍夫曼编码的优势，一般情况下，信源符号集的元数应远大于码元数。对于例 4-5 而言，若编五元码，只能对每个信源符号赋予一个码数，等于没有编码，当然也无压缩可言。

霍夫曼码编码构造出来的码不是唯一的，可是其平均码长却是相同的，所以不影响编码效率和数据压缩性能。霍夫曼码对不同信源的编码效率也不尽相同。当信源概率是 2 的负次幂时，霍夫曼码的编码效率达到 100%；当信源概率相等时，其编码效率最低。因此，在使用霍夫曼码方法编码时，只有信源概率分布很不均匀，才会收到显著的效果。因为信源符号与码字之间不能用某种有规律的数字方法对应起来，所以只能通过某种查表方法建立它们的对应关系。当 N 增大时，信源符号增多，所需存储的容量增大，使设备复杂化，同时也会使编译码时查表搜索时间有所增加。尽管如此，霍夫曼方法仍是一种较具体、有效的无失真信源编码方法，并且可以编成程序在计算机上实现。因此，霍夫曼编码在文件传真、语音处理和图像处理等涉及数据压缩的领域获得了广泛的应用。

4.2.3　费诺编码

费诺编码属于概率匹配编码，但它不是最佳的编码方法。其编码步骤如下：

1）将概率按从大到小的顺序排列，令

$$p(u_1) \geqslant p(u_2) \geqslant \cdots \geqslant p(u_n)$$

2）按编码进制数将概率分组，使每组概率尽可能接近或相等。如果进行二进制编码就分成两组，m 进制编码就分成 m 组。

3）给每一组分配一位码元。

4）将每一分组再按同样原则划分，重复步骤2）和3），直至概率不再可分为止。

5）信源符号所对应的码字即为费诺码。

【例4-6】 离散独立信源

$$\begin{pmatrix} U \\ P(U) \end{pmatrix} = \begin{pmatrix} u_1 & u_2 & u_3 & u_4 \\ 0.5 & 0.25 & 0.125 & 0.125 \end{pmatrix}$$

对其进行费诺编码。

解 其费诺编码如图4-8所示。

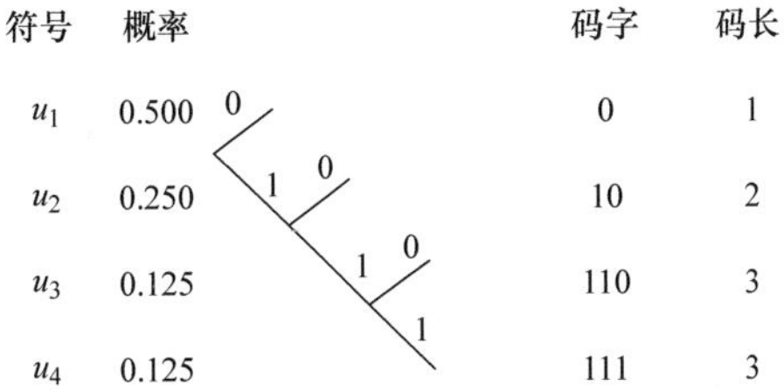

图4-8 例4-6的费诺编码

由此可知，信源熵为

$$H(U) = -\sum_{i=1}^{4} p(u_i)\log_2 p(u_i) = 1.75\text{bit}$$

平均码长为

$$\overline{K} = \sum_{i=1}^{4} p(u_i)K_i = 1.75\text{bit}$$

编码效率为

$$\eta = \frac{H(U)}{\overline{K}} = 100\%$$

【例4-7】 设有一单符号离散信源

$$\begin{pmatrix} U \\ P(U) \end{pmatrix} = \begin{pmatrix} u_1 & u_2 & u_3 & u_4 & u_5 \\ 0.4 & 0.3 & 0.2 & 0.05 & 0.05 \end{pmatrix}$$

对该信源进行二进制费诺编码。

解 对其进行二进制费诺编码有两种方法，具体过程分别如表4-3和表4-4所示。

表4-3 例4-7费诺编码（1）

信源符号 u_i	符号概率 $p(u_i)$	第1次分组	第2次分组	第3次分组	码字	码长
u_1	0.4	0	0		00	2
u_4	0.05		1	0	010	3
u_5	0.05			1	011	3
u_2	0.3	1	0		10	2
u_3	0.2		1		11	2

表4-4 例4-7费诺编码（2）

信源符号 u_i	符号概率 $p(u_i)$	第1次分组	第2次分组	第3次分组	第4次分组	码字	码长
u_1	0.4	0				0	1
u_2	0.3	1	0			10	2
u_3	0.2		1	0		110	3
u_4	0.05			1	0	1110	4
u_5	0.05				1	1111	4

信息熵为

$$H(U) = -\sum_{i=1}^{5} p(u_i)\log_2 p(u_i) = 1.95\text{bit}$$

平均码长为

$$\overline{K}_1 = \sum_{i=1}^{5} p(u_i)K_i = 2.1\text{bit}$$

$$\overline{K}_2 = \sum_{i=1}^{5} p(u_i)K_i = 2.0\text{bit}$$

编码效率为

$$\eta_1 = \frac{H(U)}{\overline{K}_1} = 93\%$$

$$\eta_2 = \frac{H(U)}{\overline{K}_2} = 97.5\%$$

费诺编码考虑了信源的统计特性，使经常出现的信源符号能对应码长短的码字。显然，费诺编码仍然是一种相当好的编码方法。但是，这种编码方法不一定能使短码得到充分利用。尤其当信源符号较多，且有一些符号概率分布很接近时，分两大组的组合方法就有很多种。可能某种分配组合方法，会使后面小组的“概率和”相差较远，因而使平均码长增加，所以费诺码不一定是最佳码。费诺码的编码方法实际上是构造码树的一种方法，所以费诺码是一种即时码。

费诺码比较适合每次分组概率都很接近的信源，特别是对每次分组概率都相等的信源进行编码时，可得到较为理想的编码效率。

4.2.4 香农－费诺－埃利斯码

香农－费诺－埃利斯码不是分组码，它根据信源符号的累积概率分配码字，不是最佳码，但它的编码和译码效率都很高。

设信源

$$\begin{pmatrix} U \\ P(U) \end{pmatrix} = \begin{pmatrix} u_1 & u_2 & u_3 & \cdots & u_n \\ p(u_1) & p(u_2) & p(u_3) & \cdots & p(u_n) \end{pmatrix}$$

定义信源符号累积概率

$$F(u_k) = \sum_{i=1}^{k} p(u_i) \tag{4-30}$$

式中，u_i，$u_k \in \{u_1, u_2, \cdots, u_n\}$。

定义信源符号修正的累积概率函数

$$\overline{F}(u_k) = \sum_{i=1}^{k-1} p(u_i) + \frac{1}{2}p(u_k) \tag{4-31}$$

式中，u_i，$u_k \in \{u_1, u_2, \cdots, u_n\}$并且 $\sum_{i=1}^{n} p(u_i) = 1(i=1, 2, \cdots, n)$。

由信源符号累积概率定义可知，$F(u_{k+1})$和 $F(u_k)$都是小于 1 的正数，可将这些小于 1

的正数映射到（0，1］内。图4-9描绘了累积概率分布。

由图4-9可见，符号的累积概率分布函数呈阶梯形，符号的累积概率的值是上界值，每个台阶的高度（或宽度）就是该符号的概率 $p(u_k)$ 值，修正的累积概率为对应台阶的中点。因为所有的累积概率 $F(u_k)$ 都是正数，且当 $u_i \neq u_j$ 时，$F(u_i) \neq F(u_j)$，所以这些累积概率 $F(u_i)$ 将(0，1]分成许多互不重叠的小区间。若已知 $\overline{F}(u_k)$，就能确定它处于哪个小区间，也就能确定相应的信源符号 u_k，因此可采用 $\overline{F}(u_k)$ 的数值作为符号 u_k 的码字。那么，这样给出的符号的编码是即时码吗？码长又如何选取呢？下面讨论这些问题。

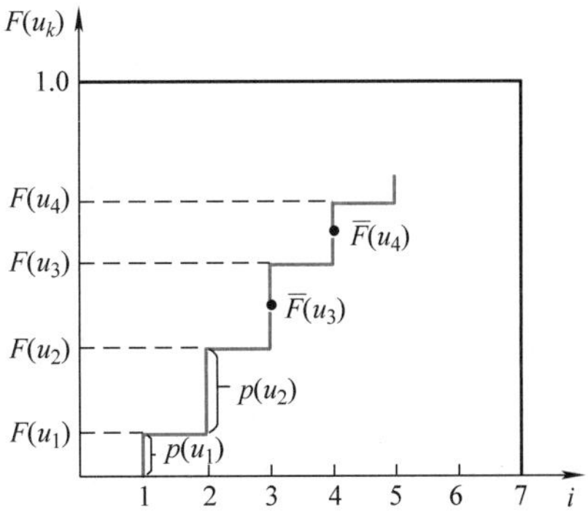

图4-9 累积概率分布图

一般情况下，$\overline{F}(u_k)$ 为一实数，将其转换成二进制小数的形式，取小数点后 $l(u_k)$ 位作为 u_k 的码字。根据二进制小数截去位数的影响得

$$\overline{F}(u_k) - \lfloor \overline{F}(u_k) \rfloor_{l(u_k)} < \frac{1}{2^{l(u_k)}} \tag{4-32}$$

式中，$\lfloor \overline{F}(u_k) \rfloor_{l(u_k)}$ 表示取 $l(u_k)$ 位小于或等于 $\overline{F}(u_k)$ 的最大整数。

若取

$$l(u_k) = \left\lfloor \log_2 \frac{1}{p(u_k)} \right\rfloor + 1 \tag{4-33}$$

得

$$\frac{1}{2^{l(u_k)}} < \frac{p(u_k)}{2} = F(u_k) - \overline{F}(u_k) \tag{4-34}$$

所以

$$\overline{F}(u_k) - \lfloor \overline{F}(u_k) \rfloor_{l(u_k)} < \frac{p(u_k)}{2} \tag{4-35}$$

则这样编得的码字在信源符号 u_k 对应区间内。上面证明了将 $\overline{F}(u_k)$ 转化为二进制数的形式，取小数点后 $l(u_k)$ 位作为符号 u_k 的码字，此码字恰好在符号 u_k 对应的区间内。那么，这样得到的码字是即时码吗？从 $F(u_k)$ 划分的区间看，若每个信源符号 u_k 所对应的区间都没有重叠，那么，此编码一定是即时码。

令 $\lfloor \overline{F}(u_k) \rfloor_{l(u_k)} = 0.z_1z_2z_3\cdots z_l$，则 u_k 的码字为 $z_1z_2z_3\cdots z_l$（$z_i=0$ 或 $z_i=1$）。此码字对应区间 $[0.z_1z_2z_3\cdots z_l,\ 0.z_1z_2z_3\cdots z_l+1/2^l]$，由上述分析可知，这个区间的下界处于累积概率 u_k 台阶的中间以下，$F(u_{k-1})$ 以上；而这个区间的上界处于 $F(u_k)$ 以下，即每个码字对应的区间完全处于累积概率中该信源符号对应的台阶宽度内。因此，不同的码字对应的区域是不同的，没有重叠，这样得到的码字一定是即时码。在这种编码方法中，不要求信源符号的概率按顺序排列，只要给不同的符号分配不同的区间即可。

由式（4-33）可得香农－费诺－埃利斯码平均码长 $\overline{K}$ 为

$$\overline{K}=\sum_{k=1}^{n}p(u_k)l(u_k)=\sum_{k=1}^{n}p(u_k)\left(\left\lfloor \log_2\frac{1}{p(u_k)}\right\rfloor+1\right) \tag{4-36}$$

则

$$\sum_{k=1}^{n}p(u_k)\left(\left\lfloor \log_2\frac{1}{p(u_k)}\right\rfloor+1\right)\leqslant \overline{K}<\sum_{k=1}^{n}p(u_k)\left(\left\lfloor \log_2\frac{1}{p(u_k)}\right\rfloor+2\right)$$

即

$$H(U)+1\leqslant \overline{K}<H(U)+2 \tag{4-37}$$

可见，此码也是熵编码，且平均码长比霍夫曼码的平均码长要多1位码元。

【例4-8】 离散无记忆信源

$$\begin{pmatrix}U\\P(U)\end{pmatrix}=\begin{pmatrix}u_1 & u_2 & u_3 & u_4\\0.25 & 0.5 & 0.125 & 0.125\end{pmatrix}$$

对其进行香农－费诺－埃利斯码编码。

解 根据前文描述，该信源的香农－费诺－埃利斯码编码过程及编码结果如表4-5所示。

表4-5 例4-8的香农－费诺－埃利斯码表

信源符号 u_i	符号概率 $p(u_i)$	$F(u_i)$	$\overline{F}(u_i)$	二进制 $\overline{F}(u_i)$	码字	码长
u_1	0.25	0.25	0.125	0.001	001	3
u_2	0.5	0.75	0.500	0.100	10	2
u_3	0.125	0.875	0.8125	0.1101	1101	4
u_4	0.125	1.0	0.9375	0.1111	1111	4

由此可知，信源熵为

$$H(U)=-\sum_{i=1}^{4}p(u_i)\log_2 p(u_i)=1.75\text{bit}$$

平均码长为

$$\overline{K}=\sum_{i=1}^{4}p(u_i)K_i=2.75\text{bit}$$

编码效率为

$$\eta=\frac{H(U)}{\overline{K}}=63.6\%$$

但是，如果对例4-8所示信源进行霍夫曼编码，编码效率可达100%，所以说香农－费诺－埃利斯码不是最佳码，它比霍夫曼码每位信源符号多1位。

香农码、费诺码、霍夫曼码等都考虑了信源的统计特性，使经常出现的信源符号对应较短的码字，使信源的平均码长缩短，从而实现了对信源的压缩。

香农码有系统的、唯一的编码方法，但在很多情况下编码效率不是很高。

费诺码和霍夫曼码的编码方法都不唯一。

费诺码比较适合对分组概率相等或接近的信源编码，也可以进行 m 进制编码，但 m 越大，信源的符号数越多，可能的编码方案就越多，编码过程就越复杂，有时短码也未必能得到充分利用。

香农–费诺–埃利斯码不是最佳码，但由其扩展得到的算术编码在数据压缩中得到了广泛的应用。

霍夫曼码对信源的统计特性没有特殊要求，编码效率比较高，对编码设备的要求也比较简单，因此综合性能优于香农码、费诺码以及香农–费诺–埃利斯码。

4.2.5 游程编码

1. 游程和游程序列

当信源是二元相关信源时，输出的信源符号序列中往往会连续出现多个“0”或“1”符号，前面所讲的那些编码方法的编码效率就不会提高很多。为此，人们在寻找一种更为有效的编码方法。游程编码就是这样一种针对相关信源的有效编码方法，尤其适用于二元相关信源。游程编码是解决小消息信源问题的一种很好的方案。下面将具体介绍游程编码的相关知识。

数字序列中连续出现相同符号的一段称为游程。二元序列只有两种值，分别用“0”和“1”表示，这两种符号可连续出现，就形成了“0”游程和“1”游程。“0”游程和“1”游程总是交替出现的，连续出现的“0”符号的个数称为“0”游程长度，连续出现的“1”符号的个数称为“1”游程长度。这样可把二元序列变换为游程长度序列，且二者是可逆的。对于随机二元序列，各游程长度将是随机变量，其取值可为1，2，3，…，直至无穷。

游程长度序列（游程序列）：用交替出现的“0”游程和“1”游程长度表示任意二元序列。

游程变换：将二元序列变成游程序列。

【例4-9】 二元序列为

000 011 111 001 111 110 000 000 111 111…

对其进行游程编码。

解 该序列对应的游程序列为

452676…

如果规定序列从“0”开始，那么很容易将游程序列恢复成二元序列。可见，这种变换是可逆的、无失真的。游程变换减弱了原序列符号间的相关性。游程变换将二元序列变换成了多元序列；这样就适合于用其他方法，如霍夫曼编码，进一步压缩信源，提高通信效率。游程序列是多元序列，如果计算出各个游程长度的概率，就可对各游程长度进行霍夫曼编码或用其他编码方法进行处理，以达到压缩编码的目的。

因此，编码方法如下：

1）测定“0”游程长度和“1”游程长度的概率分布，即以游程长度为元素，构造一个新的信源。

2）对新的信源（游程序列）进行霍夫曼编码。

2. 传真传输的霍夫曼编码

游程编码只适用于二元序列，对于多元序列，一般不能直接利用游程编码。游程编码最重要的实用例子是通过实时电子邮件传输文件的传真技术。

传真传输是指用连续行扫描来传输一个二维图像的处理过程。实际中最常见的图像是包含文本和图表的文件。各个扫描线位置和沿着某一扫描线的扫描位置被量化为空间位置，此空间位置定义了图像元素（称为像素，pixel）的二维网格。标准 CCITT 文件的宽度为 8.27 英寸（20.7cm），长度为 11.7 英寸（29.2cm），分别接近 8.5 英寸和 11.0 英寸。普通分辨率的空间量化为 1728 像素/行和 1188 行/文件。该标准还定义高分辨率的量化即 1728 像素/行和 2376 行/文件。普通分辨率传真发送的像素总数是 2052864，高分辨率的像素总数是它的两倍；而 NTSC（国家电视标准委员会）标准商用电视的像素数目是 480×640，即 307200。因此，传真的分辨率是标准电视图像分辨率的 6.7 或 13.4 倍。

每个扫描位置的图像明暗度被量化成两级：B（黑）和 W（白）。这样，扫描线获得的信号是表示 B 和 W 的两电平模式。因此，扫过一张纸的水平扫描线呈现的图样由 B 和 W 电平的长游程组成。CCITT 标准游程编码方案对 B 和 W 游程的压缩是建立在修改后的可变长度霍夫曼编码基础上的，见表 4-6。从表中可以看出 B 游程和 W 游程的模式。每个游程由分段码字表示。第一分段，称为组成码字或最高有效比特（MSB），可识别长为 64 的整数倍的游程，也就是每个长为 $64 \times K$（$K=1, 2, \cdots, 27$）的游程。第二分段，称为终止码字或最低有效比特（LSB），可识别剩余的游程长度，为每个长为 0 ~ 63 的黑（或白）游程指定一个对应的霍夫曼码字。编码中还定义一个唯一的行结束符（EOL），表明后面没有像素，下一行开始，这与打字机的回车类似。

表 4-6 CCITT 传真标准的修正霍夫曼编码

a）组成码字					
游程长度	白游程码字	黑游程码字	游程长度	白游程码字	黑游程码字
64	11011	0000001111	960	011010100	0000001110011
128	10010	000011001000	1024	011010101	0000001110100
192	010111	000011001001	1088	011010110	0000001110101
256	0110111	000001011011	1152	011010111	0000001110110
320	00110110	000000110011	1216	011011000	0000001110111
384	00110111	000000110100	1280	011011001	0000001010010
448	01100100	000000110101	1344	011011010	0000001010011
512	01100101	0000001101100	1408	011010111	0000001010100
576	01101000	0000001101101	1472	010011000	0000001010101
640	01100111	0000001001010	1536	010011001	0000001011010
704	011001100	0000001001011	1600	010011010	0000001011011
768	011001101	0000001001100	1664	01100	0000001100100
832	011010010	0000001001101	1728	010011011	0000001100101
896	011010011	0000001110010	EOL	000000000001	000000000001

（续）

b）终止码字					
游程长度	白游程码字	黑游程码字	游程长度	白游程码字	黑游程码字
0	00110101	0000110111	32	00011011	000001101010
1	000111	010	33	00010010	000001101011
2	0111	11	34	00010011	000011010010
3	1000	10	35	00010100	000011010011
4	1011	011	36	00010101	000011010100
5	1100	0011	37	00010110	000011010101
6	1110	0010	38	00010111	000011010110
7	1111	00011	39	00101000	000011010111
8	10011	000101	40	00101001	000001101100
9	10100	000100	41	00101010	000001101101
10	00111	0000100	42	00101011	000001101101
11	01000	0000101	43	00101100	000011011011
12	001000	0000111	44	00101101	000001010100
13	000011	00000100	45	00000100	000001010101
14	110100	00000111	46	00000101	000001010110
15	110101	000011000	47	00001010	000001010111
16	101010	0000010111	48	00001011	000001100100
17	101011	0000011000	49	01010010	000001100101
18	0100111	0000001000	50	01010011	000001010010
19	0001100	00001100111	51	01010100	000001010011
20	0001000	00001101000	52	01010101	000000100100
21	0010111	00001101100	53	00100100	000000111000
22	0000011	00000110111	54	00100101	000000111000
23	0000100	00000101000	55	01011000	000000100111
24	0101000	00000010111	56	01011001	000000101000
25	0101011	00000011000	57	01011010	000001011000
26	0010011	000011001010	58	01011011	000001011001
27	0100100	000011001011	59	01001010	000000101011
28	0011000	000011001100	60	01001011	000000101100
29	00000010	000011001101	61	00110010	000001011010
30	00000011	000001101000	62	00110011	000001100110
31	00011010	000001101001	63	00110100	000001100111

【例 4-10】 设某页传真文件中某一扫描行的像素点为

17W，5B，55W，10B，1641W

用修正霍夫曼编码压缩该扫描行。

解 应用表4-6，可以得到该扫描行的修正霍夫曼编码为（为方便阅读增加了空格）

17W	5B	55W	10B	1600W	41W	EOL
101011	0011	01011000	0000100	010011010	00101010	000000000001

原来一行为1728个像素，用“0”表示白，用“1”表示黑，需1728位二元码元。现在的修正霍夫曼编码只需用54位二元码元。可见，这一行数据压缩比为1728∶54＝32，压缩效率很高。

4.2.6 算术编码

用霍夫曼编码方法对小消息信源进行统计匹配编码，要实现统计匹配，提高编码效率，必须扩展信源，即由一维扩展至多维进行霍夫曼编码，才能使平均码长接近信源的熵。二元序列用二进制数编码，等于没有编码，也无压缩可言，且编码效率也不高。

算术编码是近年来发展迅速的一种无失真信源编码，它与最佳的霍夫曼码相比，理论性能稍逊色，而实际压缩率和编码效率往往还优于霍夫曼码，且实现简单，所以在工程上应用较多。

算术编码不同于霍夫曼编码，它是非分组（非块）码。它从全序列出发，考虑符号之间的关系来进行编码。算术编码利用了累积概率的概念，其主要的编码方法是计算输入信源符号序列所对应的区间。

算术编码的基本思路是，从全序列出发，将各信源序列的概率映射到［0，1］区间上，使每个序列对应这个区间内的一点，也就是一个二进制的小数。这些点把［0，1］区间分成许多小段，每段的长度等于某一序列的概率。再在段内取一个二进制小数，其长度可与该序列的概率匹配，达到高效率编码的目的。这种方法与香农编码法类似，只是它们考虑的信源序列对象不同，算术码中的信源序列长度要长得多。

1. 累积概率的递推公式

设信源

$$\begin{pmatrix} U \\ P(U) \end{pmatrix} = \begin{pmatrix} u_1 & u_2 & \cdots & u_n \\ p(u_1) & p(u_2) & \cdots & p(u_n) \end{pmatrix}$$

定义信源符号的累积概率为

$$F(u_k) = \sum_{i=1}^{k-1} p(u_i) \quad u_k \in U \tag{4-38}$$

由式（4-38）可知

$$F(u_k) \in [0,1)$$

由式（4-38）得

$$F(u_1) = 0, F(u_2) = p(u_1), F(u_3) = p(u_1) + p(u_2), \cdots \tag{4-39}$$

$$\text{且} \quad p(u_i) = F(u_{i+1}) - F(u_i) \tag{4-40}$$

因为 $F(u_i)$ 和 $F(u_{i+1})$ 都是小于1的正数，因此可用［0，1）区间的两个点来表示，$p(u_i)$ 就是这两点间的小区间的长度。不同的符号对应不同的小区间，这些小区间互不重叠，小区间内的任意一点可作为该符号的编码，且此编码为即时码。

下面给出信源序列的累积概率的递推公式，其证明可见相关的参考文献。

设基本离散独立信源序列为

$$S=s_1s_2\cdots s_k\cdots s_n\in\{u_1,u_2,\cdots,u_m\}\ (k=1,2,\cdots,n)$$

则信源序列的累积概率的递推公式为

$$\begin{aligned}F(S_{u_r})&=F(S)+p(S)F(u_r)\\ p(S_{u_r})&=p(S)p(u_r)\end{aligned}\tag{4-41}$$

式中，$F(S_{u_r})$为信源序列 S 添加一个新的信源符号 u_r 后所得到的新序列 S_{u_r} 的累积概率；$p(S)$为信源序列 S 的概率；$F(u_r)$为信源符号 u_r 的累积概率；$p(S_{u_r})$为信源序列 S 添加一个新的信源符号 u_r 后所得到的新序列 S_{u_r}的概率；$p(u_r)$为信源符号 u_r 的概率。

公式（4-41）对于有相关性的序列同样适用，只是需要将公式中的单符号概率改成条件概率。信源序列的累积概率 $F(S)$ 与信源符号的累积概率一样，可用［0，1）区间内的一个点来表示，因此累积概率 $F(S)$ 将区间［0，1）分成许多小区间，它们互不重叠，序列 S 的概率 $p(S)$ 就是两点间的小区间的长度，小区间内的一个点可用来表示序列的概率，这就是算术编码的基本思想。下面介绍算术编码的原理及如何划分各个小区间。

2. 算术编码原理

由前文讨论可知，信源符号的累积概率将区间［0，1）分成许多互不重叠的小区间，每个信源符号对应一个不同的小区间，每个小区间的长度等于这个信源符号的概率，在此小区间内取一点，该点的取值可作为这个信源符号的码字。这个原理同样适用于信源序列。把信源序列的累积概率映射到［0，1）区间上，使每个序列对应该区间内的一个点，这些点把区间［0，1）分成许多小区间，这些小区间的长度等于对应序列的概率，在小区间内取一个小数，使其长度与该序列的概率匹配，因而达到高效编码的目的。

算术编码主要是计算信源序列对应的小区间，下面先给出小区间划分的递推计算公式，然后举例说明如何划分小区间。

设小区间左、右端点的值分别用 l(low) 和 h(high) 表示，用 r(range) 表示小区间的长度，则小区间左、右端点的递推公式为

$$\begin{aligned}l(S_{u_r})&=l(S)+r(S)\times l(u_r)\\ h(S_{u_r})&=h(S)+r(S)\times h(u_r)\end{aligned}\tag{4-42}$$

式中，$l(S_{u_r})$为信源序列 S 添加一个新符号 u_r 后所得到的新序列 S_{u_r}对应区间的左端点值；$h(S_{u_r})$为信源序列 S 添加一个新信源符号 u_r 后所得到的新序列 S_{u_r}对应区间的右端点值；$l(S)$为信源序列 S 对应区间的左端点值；$r(S)$为信源序列 S 对应区间的宽度值；$l(u_r)$为信源符号 u_r 对应区间的左端点值；$h(u_r)$为信源符号 u_r 对应区间的右端点值。

使用公式（4-42）计算小区间端点值的步骤如下：

1）给出信源符号对应的区间。

2）初始时设 $S=\varnothing$（$\varnothing$代表空集），$l(\varnothing)=0$，$h(\varnothing)=1$，$r(\varnothing)=1$。

3）输入信源序列的一个符号 u_r，根据公式（4-42）计算序列 S_{u_r}的左、右端点值。依次类推，直至全部信源序列对应的区间被确定为止。

【例 4-11】 已知信源

$$\begin{pmatrix}U\\P(U)\end{pmatrix}=\begin{pmatrix}\mathrm{a} & \mathrm{b} & \mathrm{c} & \mathrm{d}\\0.1 & 0.4 & 0.2 & 0.3\end{pmatrix}$$

求信源序列 cadac 对应的区间端点值。

解 信源符号区间划分如表4-7所示。例4-11信源序列对应的小区间端点值如表4-8所示。

表4-7 例4-11信源符号对应区间的端点值

符 号	概 率	区 间
a	0.1	[0, 0.1)
b	0.4	[0.1, 0.5)
c	0.2	[0.5, 0.7)
d	0.3	[0.7, 1]

表4-8 信源序列 cadac 对应区间的端点值

字符串	左端点值（l）	右端点值（h）
c	0.5	0.7
ca	0.5	0.52
cad	0.514	0.52
cada	0.514	0.5146
cadac	0.5143	0.51442

3. 算术编码方法

从上面的分析可知，不同的信源序列对应不同的小区间，可取小区间内的一点作为该序列的码字。怎样选取该点呢？可以选区间的左端点的值作为码字，也可以选取区间的中点作为码字。码字长度选取的原则主要是使其与该序列的概率匹配，所以可根据下式选码长 L：

$$L=\left\lceil \log_a \frac{1}{p(s)} \right\rceil \tag{4-43}$$

取信源序列码字的前 L 位，若后面有尾数就进位到第 L 位，这样得到的数就是序列的编码。

实际编码时，用递推公式可逐位计算序列的累积概率。只要存储器容量允许，无论序列有多长，都一直计算下去，直至序列结束。

下面给出用序列累积概率的递推公式进行序列的算术编码的计算步骤。

1）根据式（4-38）计算信源符号的累积概率。

2）初始时设 $S=\varnothing$，$F(\varnothing)=0$，$p(\varnothing)=1$。

3）根据式（4-41）计算序列的累积概率 $F(S_{u_r})$ 和序列的概率 $p(S_{u_r})$。

4）根据式（4-43）计算码长 L。

5）将 $F(S)$ 写成二进制数的形式，如果小数点后没有数据，则取其前 L 位作为序列 S 的码字；如果小数点后有数据，则取其前 L 位加1作为序列 S 的码字。

【例4-12】 已知信源

$$\begin{pmatrix} U \\ P(U) \end{pmatrix}=\begin{pmatrix} \mathrm{A} & \mathrm{B} & \mathrm{C} & \mathrm{D} \\ 0.1 & 0.4 & 0.2 & 0.3 \end{pmatrix}$$

如果二进制消息序列的输入为 C A D A C D B，利用算术编码对其进行编解码。

解 根据已知可把区间 [0, 1] 分成4个子区间：[0, 0.1)，[0.1, 0.5)，[0.5, 0.7)，[0.7, 1]。上面的信息可综合在表4-9中。

表4-9 信源符号对应区间的端点值

符 号	概 率	区 间
A	0.1	[0, 0.1)
B	0.4	[0.1, 0.5)
C	0.2	[0.5, 0.7)
D	0.3	[0.7, 1]

二进制消息序列的输入为C A D A C D B。编码时首先输入的符号是C，找到它的编码范围是 [0.5, 0.7]。由于消息中第2个符号A的编码范围是 [0, 0.1]，因此它的区间就取 [0.5, 0.7] 的第一个十分之一作为新区间 [0.5, 0.52]。依次类推，编码第3个符号D时取新区间为 [0.514, 0.52]，编码第4个符号A时，取新区间为 [0.514, 0.5146]，…。消息的编码输出可以是最后一个区间中的任意数。

这个例子的编码和译码的全过程分别表示在表4-10和表4-11中。

表4-10 编码过程

步 骤	输入符号	编码区间	编码判决
1	C	[0.5, 0.7]	符号的间隔范围 [0.5, 0.7]
2	A	[0.5, 0.52]	[0.5, 0.7] 间隔的第一个1/10
3	D	[0.514, 0.52]	[0.5, 0.52] 间隔的最后一个1/10
4	A	[0.514, 0.5146]	[0.514, 0.52] 间隔的第一个1/10
5	C	[0.5143, 0.51442]	[0.514, 0.5146] 间隔的第五个1/10
6	D	[0.514384, 0.51442]	[0.5143, 0.51442] 间隔的最后三个1/10
7	B	[0.5143836, 0.514402]	[0.514384, 0.51442]
		[0.5143876, 0.514402]	个数作为输出：0.5143876

表4-11 译码过程

步 骤	间 隔	译码符号	译码判决
1	[0.5, 0.7]	C	
2	[0.5, 0.52]	A	
3	[0.514, 0.52]	D	
4	[0.514, 0.5146]	A	
5	[0.5143, 0.51442]	C	
6	[0.514384, 0.51442]	D	
7	[0.5143839, 0.5143948]	B	
	译码的消息为C A D A C D B		

在上面的例子中，假定编码器和译码器都知道消息的长度，因此译码器的译码过程不会无限制地运行下去。实际上在译码器中需要添加一个专门的终止符，当译码器看到终止符时就停止译码。

4. 算术编码小结

算术编码从性能上看有很多优点，特别是由于所需参数很少，不像霍夫曼编码那样需要一个很大的码表，常设计成自适应算术编码来针对一些信源概率未知或非平稳情况。

但是在实际实现时还有一些问题，如计算复杂性、计算的精度以及存储量等，随着这些问题的逐渐解决，算术编码正在进入实用阶段，但要扩大应用范围或进一步提高性能，降低成本，还需进一步改进。

有时为了得到较高的编码效率，先采用某种正交变换，解除或减弱信源符号间的相关性，然后进行信源编码；有时则利用信源符号间的相关性直接编码。

4.2.7 Lempel – Ziv 算法

霍夫曼编码和算术编码等编码方法需要已知信源符号的统计特性，且编码高效，实现也不是太困难，所以已在图像处理等领域得到了广泛应用。但有些信源的统计特性并不能提前预知，那么该如何在信源统计特性未知时对信源进行编码呢？

我们知道许多字母成对或成组出现，如“q – u”“t – h”“i – n – g”等，用字母间的统计互相关性来关联字母各自的出现概率会更有效。这就是 Lempel 和 Ziv 在 1977 年提出的方案。这种信源编码算法不需要信源的统计特性，是一种变长到定长的信源编码算法。

Lempel – Ziv 算法隐含的逻辑如下：通过对由一连串 0 和 1 组成的预先串（前缀串），另加一个新的比特进行编码，对任意比特序列的压缩是可能的。然后，由原来的前缀串添加一个新的比特所形成的新串又作为未来串的前缀串。这些变长的组叫作短语。这些短语列在一个字典里，其中记录了已存在的短语和它们的位置。当对一个新的短语编码时，需要指明已有的短语在字典里的位置并附加新字母。

【例 4-13】 利用 Lempel – Ziv 算法，对字符串 101011011010101011 编码。

解 按照上述思路将其变成用逗号分开的短语，它们代表的字符串可以用原来的一个字符串作前缀另加一个比特表示。

第一个比特是 1，它前面没有内容，因此它需要一个空前缀且另外的 1 比特就是它本身；同样道理，0 也是空前缀加其本身。

1，01011011010101011

1，0，1011011010101011

截至目前，字典里包含字符串“0”和“1”。接着又是 1，但其已经存在于字典里，继续往下进行。接下来的 10 显然由前缀 1 和 0 构成。

1，0，10，11011010101011

11 由前缀串 1 和 1 构成。以此类推，将整个字符串拆分如下：

1，0，10，11，01，101，010，1011

现在有 8 个短语，将用 3 比特来标记空短语和前 7 个短语，它们一共有 8 个编过号的短语。接下来用构成一个新短语所需的前缀短语的数字加新的比特来表示字符串。这 8 个短语可描述为（为了直观，用括号将其分开）

（000，1），（000，0），（001，0），（001，1），（010，1），（011，1），（101，0），（110，1）

因此，上述字符串编码之后变成

0001000000100011010101110101101

其对应的字典如表4-12所示。在这种情况下，编码后的字符串更长，并没有压缩。但是，最初的字符串越大，随着编码的进程会有越大的节余，因为很大的前缀可以用很小的数字索引来表示。事实上，Ziv 证明了对于长文件，文件的压缩可以达到由文件信息量所决定的能获得的最优值。

表4-12 Lempel - Ziv 算法的字典

字典位置	字典内容	定长码字
001	1	0001
010	0	0000
011	10	0010
100	11	0011
101	01	0101
110	101	0111
111	010	1010
…	1011	1101

在实际应用中，无论表的长度如何，最终总要溢出。这个问题可以通过预先确定一个充分大的字典来解决。编码器和译码器可以通过周期性的用比较常用的短语取代字典中不常用的短语来更新字典。Lempel - Ziv 算法已得到广泛应用。

4.3 限失真信源编码定理

4.3 限失真信源编码定理

之前讨论的都是无失真编码，为了达到无失真，往往需要花费巨大的代价，同时，在很多种情况下，人们并不需要完全的无失真，接近信源发出的消息就能够满足要求。例如，在一块较小的手机屏幕上，2K 分辨率和1K 分辨率对于人眼来说并没有多大区别；用普通耳机听音乐，高品质音乐和稍低品质的音乐对人的耳朵来讲差别也不是很大；看电影时，由于人眼的视觉暂留特点，每秒24帧图像和36帧图像观看感受差别不是很大。但是数据量却差别很大。这就是说，在许多应用场景下，失真是可以允许的，可以节约很多成本，并大大提高通信的效率。但是在允许失真的前提下，这个失真度如何把握？如何对失真进行描述？信息率失真函数回答了这些问题。香农提出的限失真编码定理定量地描述了失真，研究了信息率和失真之间的关系，已经成为量化、数据转换等现代通信技术的理论基础。本节简单介绍相关理论的基本原理，以方便读者后续章节的学习。

4.3.1 信息率失真函数

实际应用中，信号有一定程度的失真是可以容忍的。但是当失真超出某一限度后，信息质量将严重受损，甚至无法使用。要规定失真限度，必须先有一个定量的失真测度。因此引入了失真函数的概念。

1. 失真函数

设离散无记忆信源 X，$X=\{x_1, \cdots, x_r\}$，其概率分布为 $P(x)=[P(x_1), \cdots, P(x_r)]$。

信源符号通过信道传输到某接收端，接收端的接收变量 $Y=\{y_1, \cdots, y_s\}$。如图4-10所示。

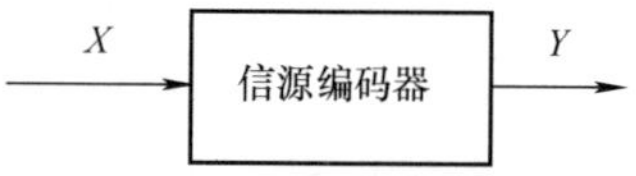

图4-10 简化的通信系统

对应于每一对 (x, y)，指定一个非负的函数

$$d(x_i,y_j) \geqslant 0 \quad (i=1,\cdots,r;\ j=1,\cdots,s) \tag{4-44}$$

为单个符号的**失真函数**（失真度），用来测量信源发出一个符号 x_i，在接收端收到一个符号 y_j 所引起的误差和失真。

$$d(x_i,y_j)=\begin{cases}0 & (x_i=y_j \quad 无失真) \\ \alpha & (\alpha>0 \quad x_i \neq y_j \quad 有失真)\end{cases} \tag{4-45}$$

很明显，如果 $x_i=y_j$，说明发送和接收之间没有失真，故 $d(x_i, y_j)=0$；反之，如果 $x_i \neq y_j$，则意味着出现了失真，$d(x_i, y_j)$的值不为0。

由于信道输入符号集 $X=\{x_1, \cdots, x_r\}$ 有 r 种符号，输出符号集 $Y=\{y_1, \cdots, y_s\}$ 有 s 种符号，因此 $d(x_i, y_j)$就有 $r \times s$ 个。按照 $x_i(i=1, \cdots, r)$和 $y_j(j=1, \cdots, s)$的对应关系，排列为一个 $r \times s$ 矩阵，得到

$$\boldsymbol{D}=\begin{pmatrix} d(x_1,y_1) & d(x_1,y_2) & \cdots & d(x_1,y_s) \\ d(x_2,y_1) & d(x_2,y_2) & \cdots & d(x_2,y_s) \\ \vdots & \vdots & & \vdots \\ d(x_r,y_1) & d(x_r,y_2) & \cdots & d(x_r,y_s) \end{pmatrix} \tag{4-46}$$

称之为失真矩阵 $\boldsymbol{D}$。

接下来看几个常见的失真函数。

（1）汉明失真

信源和信宿的符号集合相同，每个符号的交叉传输概率相等，就是说当再现的接收符号与发送的信源符号相同（$i=j$）时，不存在失真，失真度为0；当接收符号与发送符号不同时，失真存在并且都为常数1。即

$$d(x_i,\ y_j)=\begin{cases}0 & (i=j) \\ 1 & (i \neq j)\end{cases} \tag{4-47}$$

那么它的失真矩阵为 $r \times r$ 矩阵

$$\boldsymbol{D}=\begin{pmatrix} 0 & 1 & \cdots & 1 \\ 1 & 0 & & \vdots \\ 1 & & \ddots & 1 \\ 1 & \cdots & 1 & 0 \end{pmatrix} \tag{4-48}$$

该矩阵具有对称性，用汉明矩阵来度量失真的信源称为离散对称信源。

当 $r=2$ 时，则为二进制删除信道，有

$$\boldsymbol{D}=\begin{pmatrix} 0 & 1 \\ 1 & 0 \end{pmatrix} \tag{4-49}$$

它表示发送信源符号0(1)同时接收符号也是0(1)时，认为无失真；反之，发送0(1)，接收1(0)，则认为有失真并且两种错误等同。

【例4-14】 设信道输入 $X=\{0, 1\}$，输出 $Y=\{0, 1, 2\}$，失真函数为 $d(0, 0)=d(1, 1)=0$，$d(0, 1)=d(1, 0)=1$，$d(0, 2)=d(1, 2)=0.6$，求 $\boldsymbol{D}$。

解

$$D=\begin{pmatrix}0 & 1 & 0.6\\ 1 & 0 & 0.6\end{pmatrix}$$

该信道为一个二元删除信道。

接下来将单符号失真函数推广到长度为 N 的信源符号序列失真函数。设信源输出符号序列 $X=X_1X_2\cdots X_N$，其中每个随机变量都取值于同一符号集 $X=\{x_1, \cdots, x_r\}$，因此共有 r^N 个不同的信源符号序列 x_i，接收符号序列为 $Y=Y_1Y_2\cdots Y_N$，同样其中每个随机变量都取值于同一个符号集 $Y=\{y_1, \cdots, y_s\}$，一共有 s^N 个不同的接收符号序列 y_j。由此可以得出如下定义：

设发送序列为 $X=\{x_1, \cdots, x_r\}$，接收序列为 $Y=\{y_1, \cdots, y_s\}$，那么定义序列的失真度为

$$\begin{aligned}d(x_i, y_j) &= d(x_{i_1}\cdots x_{i_N}, y_{j_1}\cdots y_{j_N})\\ &= d(x_{i_1},y_{j_1}) + \cdots + d(x_{i_N},y_{j_N})\\ &= \sum_{k=1}^{N} d(x_{i_k},y_{j_k})\end{aligned}$$

即信源序列的失真度等于序列中对应单个符号失真度之和，不同的（x_i，y_j），其对应的 $d(x_i, y_j)$ 也不同，矩阵形式的 $D(N)$ 为 $r^N\times s^N$ 矩阵。

【例 4-15】 设信源输出序列 $X=X_1X_2X_3$，其中每个随机变量均取值于 $X=\{0, 1\}$。经过信道传输后的输出为 $Y=Y_1Y_2Y_3$，其中每个随机变量都取值于 $Y=\{0, 1\}$。定义失真函数 $d(0, 0)=d(1, 1)=0$，$d(0, 1)=d(1, 0)=1$，求失真矩阵 $D(N)$。

解 根据序列失真函数定义，可以得到

$$d(000,000)=d(0,0)+d(0,0)+d(0,0)=0$$
$$d(000,001)=d(0,0)+d(0,0)+d(0,1)=1$$

以此类推，可以得到失真矩阵为

$$D(N)=\begin{pmatrix}0&1&1&2&1&2&2&3\\1&0&2&1&2&1&3&2\\1&2&0&1&2&3&1&2\\2&1&1&0&3&2&2&1\\1&2&2&3&0&1&1&2\\2&1&3&2&1&0&2&1\\2&3&1&2&1&2&0&1\\3&2&2&1&2&1&1&0\end{pmatrix}$$

（2）平方误差失真

失真函数定义为

$$d(x_i,y_j) = (x_i-y_j)^2 \tag{4-50}$$

其中，i，$j=1$，2，…，r。其失真矩阵为

$$D=\begin{pmatrix}d\,(x_1-y_1)^2 & d\,(x_1-y_2)^2 & \cdots & d\,(x_1-y_r)^2\\ d\,(x_2-y_1)^2 & d\,(x_2-y_2)^2 & \cdots & d\,(x_2-y_r)^2\\ \vdots & \vdots & & \vdots\\ d\,(x_r-y_1)^2 & d\,(x_r-y_2)^2 & \cdots & d\,(x_r-y_r)^2\end{pmatrix} \tag{4-51}$$

这意味着幅度差值大要比幅度差值小所引发的失真更严重。

【例4-16】 设信道 $r=s=3$，输入 $X=\{0,1,2\}$，输出 $Y=\{0,1,2\}$，求平方误差失真矩阵 $\boldsymbol{D}$。

解

$$\boldsymbol{D}=\begin{pmatrix}0&1&4\\1&0&1\\4&1&0\end{pmatrix}$$

2. 平均失真度与保真度准则

$d(x_i,\ y_j)$只能表示两个特定符号 x_i 和 y_j 之间的失真，为了表示信道平均每传递一个符号所引起失真的大小，定义平均失真度为失真函数的数学期望，即 $d(x_i,\ y_j)$在 X 和 Y 的联合概率空间 $P(XY)$中的统计平均值：

$$\overline{D}=E[d(x_i,\ y_j)] \tag{4-52}$$

其中，$E[\ \cdot\ ]$表示求期望。

如果已知信道传递概率为 $P(y_j|x_i)$，按照数学期望的定义

$$\begin{aligned}\overline{D}&=\sum_{i=1}^{r}\sum_{j=1}^{s}P(x_iy_j)d(x_i,y_j)\\&=\sum_{i=1}^{r}\sum_{j=1}^{s}P(x_i)P(y_j|x_i)d(x_i,y_j)\end{aligned} \tag{4-53}$$

可以看出，平均失真度描述了在平均意义上信源在某一信道传输下的失真大小。

上面是单符号信源的失真度和平均失真度。对于单符号离散无记忆信源 $X=\{x_1,\ \cdots,\ x_r\}$，其 N 次扩展信源为 $X^N=X_1X_2\cdots X_N$，在信道中的传递作用相当于单符号离散无记忆信道的 N 次扩展信道，输出同样是一个随机变量序列 $Y^N=Y_1Y_2\cdots Y_N$。其输入有 r^N 个不同符号：

$$\begin{gathered}x_i=\{x_{i1},\cdots,x_{iN}\}\\x_{i1},\cdots,x_{iN}\in\{x_1,\cdots,x_r\}\\i_1,\cdots,i_N=1,\cdots,r\\i=1,\cdots,r^N\end{gathered}$$

信道输出共有 s^N 个不同符号

$$\begin{gathered}y_j=\{y_{j1},\cdots,y_{jN}\}\\y_{j1},\cdots,y_{jN}\in\{y_1,\cdots,y_s\}\\j_1,\cdots,j_N=1,\cdots,s\\j=1,\cdots,s^N\end{gathered}$$

那么 N 次扩展信道的失真函数为

$$\begin{aligned}d(x_i,y_j)&=\sum_{k=1}^{N}d(x_{ik},y_{jk})\\&=d(x_{i1},y_{j1})+d(x_{i2},y_{j2})+\cdots+d(x_{ik},y_{jk})\end{aligned} \tag{4-54}$$

其 N 次扩展信道的平均失真函数为

$$\begin{aligned}\overline{D}(N)&=E[d(x,y)]\\&=\sum_{i=1}^{r^N}\sum_{j=1}^{s^N}P(x_i)P(y_j|x_i)d(x_i,y_j)\end{aligned} \tag{4-55}$$

那么单个符号的平均失真度（信源平均失真度）为

$$\overline{D}_N = \frac{1}{N}\overline{D}(N) = \frac{1}{N}\sum_{i=1}^{r^N}\sum_{j=1}^{s^N}P(x_i)P(y_j|x_i)d(x_i,y_j) \tag{4-56}$$

当信源与信道都是无记忆时，N 次扩展信源的平均失真度为

$$\overline{D}(N) = \sum_{k=1}^{N}\overline{D}_k \tag{4-57}$$

其中，$\overline{D}_k$ 表示信源序列中第 k 个分量的平均失真度。如果信源是平稳信源，那么

$$\overline{D}_k = \overline{D} \tag{4-58}$$

于是

$$\overline{D}(N) = N\overline{D} \tag{4-59}$$

也就是说，离散无记忆平稳信源通过无记忆信道，其信源序列的平均失真度等于单个符号平均失真度的 N 倍。

如果平均失真度 $\overline{D}$ 不大于所允许的失真 D，称之为**保真度准则**。即

$$\overline{D} \leqslant D \tag{4-60}$$

同样，N **维信源序列的保真度准则**如下：

$$\overline{D}(N) \leqslant ND \tag{4-61}$$

即离散无记忆 N 次扩展信源通过离散无记忆 N 次扩展信道的平均失真度不大于单符号信源通过单符号信道的平均失真度的 N 倍。

3. 信息率失真函数

对于单符号信源和单符号信道在信源给定并定义了具体的失真函数以后，人们总希望在满足一定失真的情况下，使传送信源必须传给收信者的信息传输率 R 越小越好，从接收端来看，就是在满足保真度准则 $\overline{D}\leqslant D$ 的条件下，寻找再现信源消息所需的最低平均信息量，即平均互信息 $I(X;Y)$ 的最小值。设 B_D 是满足保真度准则的试验信道集合，由于平均互信息是信道传递概率 $p(y_j|x_i)$ 的下凸函数，因此在 B_D 集合中，极小值存在，这个最小值就是在满足保真度准则的条件下，信源传输的最小平均信息量，称为信息率失真函数或者率失真函数。其表达式为

$$R(D) = \min_{p(y_j|x_i)\in B_D}\{I(X;Y)\} \tag{4-62}$$

那么对于离散无记忆信源的 N 次扩展信源和离散无记忆信道的 N 次扩展信道，其信息率失真函数为

$$R_N(D) = \min_{p(y_j|x_i)\in B_{D(N)}}\{I(X^N;Y^N)\} \tag{4-63}$$

对于离散无记忆平稳信源，可以得到

$$R_N(D) = NR(D) \tag{4-64}$$

研究信息率失真函数是希望在已知信源和允许失真度的条件下，使得信源必须传送给用户的信息量最小。这个问题就是在一定失真度条件下，尽可能用最少的码符号来传送信源消息，使信源消息尽快传送出去，以提高通信的有效性。

(1) 离散信源的信息率失真函数

对于基本离散信源来说，求信息率失真函数与求信道容量类似，都是在有约束条件下求平均互信息极值的问题，区别在于不同的约束条件。信道容量是求平均互信息的条件极大值，而信息率失真函数是求平均互信息的条件极小值。

已知信源概率分布函数 $p(x_i)$ 和失真函数 $d(x_i, y_i)$，在满足保真度准则 $\overline{D}\leqslant D$ 的条件下，一般试验信道 P_D 当中选择 $p(y_j|x_i)$，使平均互信息

$$I(X;Y) = \sum_{i=1}^{r}\sum_{j=1}^{s} p(x_i)p(y_j|x_i)\log_2\frac{p(y_j|x_i)}{p(y_j)} \tag{4-65}$$

值最小，并且使

$$\sum_{j=1}^{s} p(y_j|x_i) = 1 \quad (i = 1,2,\cdots,r) \tag{4-66}$$

以及

$$R(D) = \sum_{i=1}^{r}\sum_{j=1}^{s} p(x_i)p(y_j|x_i)d(x_i,y_i) \tag{4-67}$$

(2) 连续信源的信息率失真函数

按照离散信源失真函数、平均失真函数和信息率失真函数的定义，定义连续信源平均失真度为

$$\begin{aligned}\overline{D}(N) &= E[d(x,y)]\\ &= \iint_{-\infty}^{+\infty} p(x)p(y|x)d(x,y)\,\mathrm{d}x\mathrm{d}y\end{aligned} \tag{4-68}$$

式中，$d(x, y)$ 为连续信源失真函数；$p(x)$为连续信源 X 的概率密度；$p(y|x)$为信道传递概率密度。

平均互信息为

$$I(x,y) = \iint_{-\infty}^{+\infty} p(x)p(y|x)\log_2 p(y|x)\,\mathrm{d}x\mathrm{d}y - \int_{-\infty}^{+\infty} p(y)\log_2 p(y)\,\mathrm{d}y \tag{4-69}$$

式中

$$p(y) = \int_{-\infty}^{+\infty} p(x)p(y|x)\,\mathrm{d}x \tag{4-70}$$

并且

$$\int_{-\infty}^{+\infty} p(x)\,\mathrm{d}x = 1, \int_{-\infty}^{+\infty} p(y)\,\mathrm{d}y = 1, \int_{-\infty}^{+\infty} p(y|x)\,\mathrm{d}y = 1 \tag{4-71}$$

定义 B_D 是满足保真度准则 $\overline{D}\leqslant D$ 的所有广义无扰信道集合，那么连续信源信息率失真函数为

$$R(D) = \operatorname*{Inf}_{p(y|x)\in B_D}\{I(X;Y)\} \tag{4-72}$$

式中，Inf 指下确界，相当于离散信源中求极小值，连续集合中可能不存在极小值，但是一定存在下确界。所谓下确界，是在“下界”的基础上定义的，指的是任一数集 E，我们称 E 的最大下界为 E 的下确界。

4.3.2 限失真信源编码定理

设离散无记忆信源的输出变量序列为 $X=(X_1X_2\cdots X_L)$，该信源失真函数为 $R(D)$，并选

定有限失真函数，对于任意允许平均失真度 $D \geqslant 0$，和任意小的 $\varepsilon > 0$，当信息率

$$R > R(D)$$

只要信源序列长度 L 足够长，一定存在一种编码方法 C，使其译码后的平均失真小于或等于 $D+\varepsilon$，即

$$\overline{D} \leqslant D + \varepsilon \tag{4-73}$$

反之，若

$$R < R(D)$$

则无论采用什么样的编码方法，其平均译码失真必大于 D，即

$$\overline{D} \geqslant D \tag{4-74}$$

这就是**限失真信源编码定理**，又称为保真度准则下的离散信源编码定理。该定理可以推广到连续平稳无记忆信源的情况，证明略。

可以看出，信息率失真函数 $R(D)$ 是在允许失真度为 D 的情况下信源信息压缩的下限。当信源给定后，无失真信源压缩的极限值是信源熵 $H(S)$；而限失真信源压缩极限值是信息率失真函数 $R(D)$。

4.4 限失真信源编码

前文所讲的信源编码方法，都是针对无失真的情况。而在实际信息处理过程中，往往允许有一定的失真，例如 A-D 变换，就不可能完全不失真。人们的视觉和听觉都允许有一定失真，电影和电视就是利用了视觉暂留，才没有发觉影片是由一张一张画面快速连接起来的。耳朵的频率响应也是有限的，在某些场合中只需保留信息的主要特征就够了。所以，一般可以对信源输出的信息进行失真处理。本节主要讨论限失真信源编码，在此基础上简单介绍一些其他常用的信源编码方法。

4.4 限失真信源编码

由无失真离散信源编码问题可知：无论是无噪信道还是有噪信道，只要信息传输率小于信道容量，总能找到一种编码，使其在信道上以任意小的错误概率和任意接近信道容量的传输率来传送信息。但若信息传输率大于信道容量，则不能实现无失真的传输，或者使传输错误概率任意小。

在实际生活中，信宿一般并不要求完全无失真地恢复消息。通常总是要求在保证一定质量（一定保真度）的条件下近似地再现原来的消息，也就是允许有一定的错误（失真）存在。例如，在传送语音信号时，由于人耳接受的带宽和分辨率是有限的，因此可以把频谱范围从 20Hz ~ 8kHz 的语音信号去掉低端和高端的频率，看成带宽只有 300 ~ 3400Hz 的信号。这样，即使传输的语音信号有一些失真，人耳还是可以分辨或感觉出来，仍能满足语音信号传输的要求，所以这种失真是允许的。又如传送图像时，也并不需要全部精确地把图像传送给观察者，如电视信号每一像素的黑白灰度级只需分成 256 级，屏幕上的画面就已足够清晰悦目。对于静止图像或活动图像的每一帧，从空间频域来看，一般都含大量的低频域分量，而高频域分量的含量很少。此时，若将高频分量丢弃，只传输或存储低频分量，则数据可以大大减少，而图像的画面仍能令人满意。这是因为人眼有一定的主观视觉特征，允许传送图像时有一定的误差存在。

在允许一定程度失真的条件下，能把信源信息压缩到什么程度，即最少需要多少比特数

才能描述信源？也就是说，在允许一定程度失真的条件下，如何能快速地传输信息？这就是本节将讨论的问题。

4.4.1 模拟信源的数字化

模拟信息不像文本数据那样可以直接编码为字符，必须首先转化为数字格式。数字化过程包括三个步骤：采样、量化、编码。模拟信号首先必须对其进行采样。经采样后的采样信号在时间上是离散的，但是其取值依然是连续的。第二步是量化。量化的结果使采样信号变成量化信号，其取值是离散的。第三步是编码。最基本和最常用的编码方法是脉冲编码调制（Pulse Code Modulation，PCM），它将量化后的信号变成二进制码元。

1. 采样

模拟信号的数字化涉及一个很重要的定理——采样定理。该定理是美国电信工程师 H. 奈奎斯特在 1928 年提出的，是数字信号处理领域中模拟信号和数字信号之间的桥梁，又称为奈奎斯特定理。该定理说明采样频率与信号频谱之间的关系，是连续信号离散化的基本依据。它为采样率建立了一个足够的条件，该采样率允许离散采样序列从有限带宽的连续时间信号中捕获所有信息。

奈奎斯特定理指出：在进行模拟－数字信号（A－D）的转换过程中，当采样频率 f_s 大于信号中最高频率 f_h 的 2 倍时（$f_s>2f_h$），采样之后的数字信号完整地保留了原始信号中的信息，一般实际应用中保证采样频率为信号最高频率的 2.56～4 倍。

（1）冲激采样

所谓冲激采样，是用一个周期性冲激串与待采样的连续时间信号相乘，该周期性冲激串称作采样函数，采样函数的周期称为采样周期，采样函数的频率称为采样频率。其原理如图 4-11 所示。

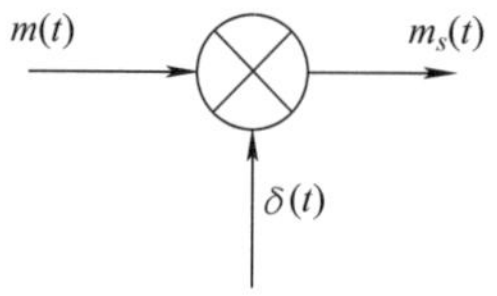

图 4-11 冲激采样原理图

其时域及频域图如图 4-12 所示。

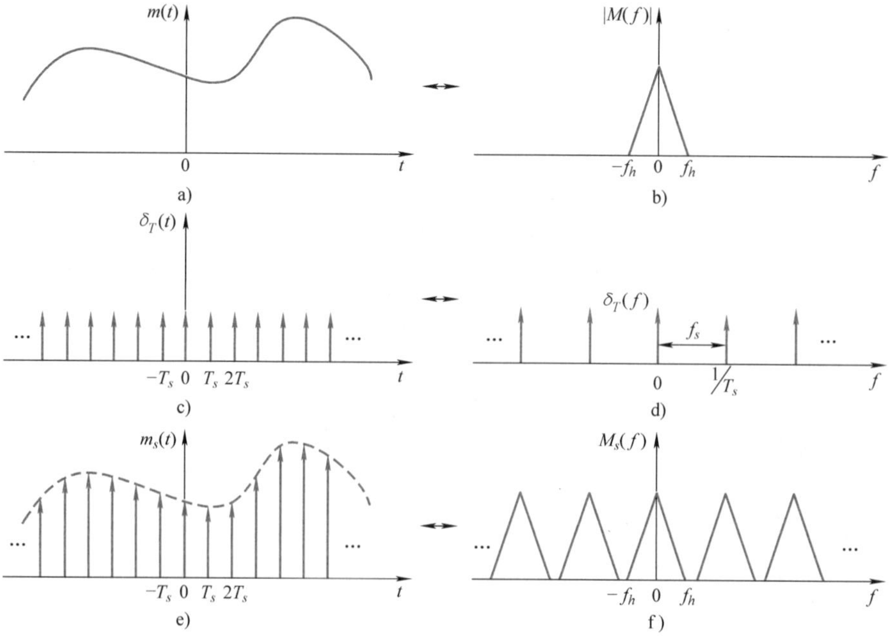

图 4-12 冲激采样时域及频域图

(2) 自然采样

用冲激函数进行采样属于理想采样。实际采样一般采用有一定宽度和高度的脉冲序列进行。将模拟信号 $m(t)$ 与脉冲序列 $\delta_T(t)$ 相乘，得到的采样信号为

$$m_s(t) = m(t)\delta_T(t) \tag{4-75}$$

其采样过程如图 4-13 所示。这种采样称为自然采样。

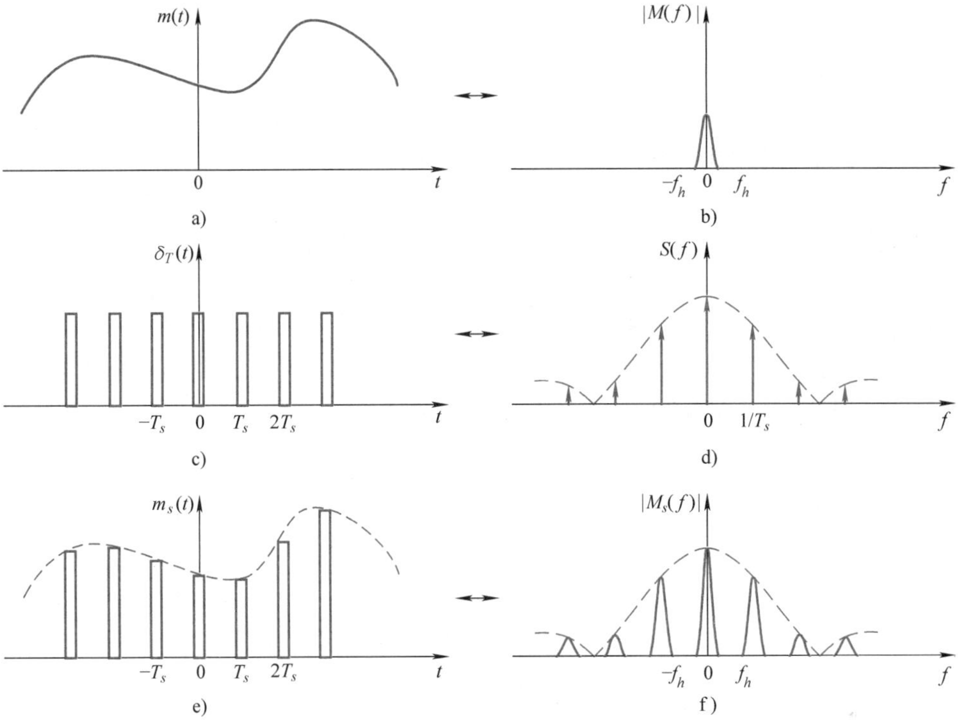

图 4-13 自然采样

$f_s \geq 2f_h$ 时，$M_s(f)$ 中包含的每个原信号频谱 $M(f)$ 之间互不重叠，如图 4-13f 所示。这样就能够从 $M_s(f)$ 中用一个低通滤波器分离出信号 $m(t)$ 的频谱 $M(f)$，也就是从采样信号中恢复原信号。

(3) 混叠

若采样信号的频率低于奈奎斯特采样频率，相邻周期的频谱间将发生频谱重叠，又称混叠，如图 4-14 所示。

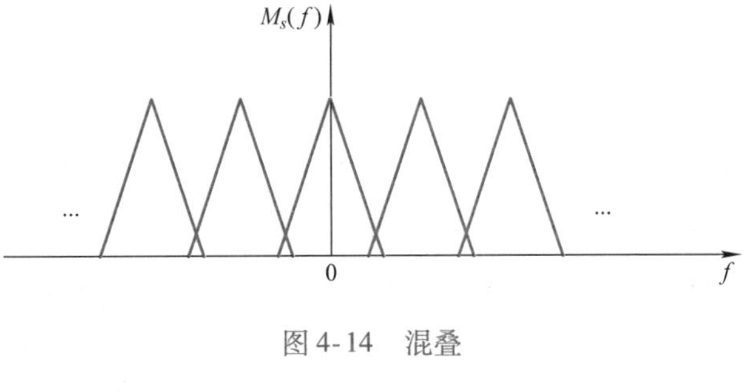

图 4-14 混叠

此时，不能无失真重建原信号。因此，采样速率必须满足：

$$f_s \geq 2f_h \tag{4-76}$$

考虑到过渡带宽因素，工程上奈奎斯特采样速率一般为$f_s \geqslant 2.2f_h$。

例如在高质量的音乐系统中，为了对20kHz带宽的音乐源进行高质量的数字化，应为其确定一个合理的采样速率。由工程上的奈奎斯特采样速率可知，采样速率必须大于44.0kHz。实际上，CD数字音频播放器的标准采样速率为44.1kHz，演播室级质量的音频标准采样速率为48kHz。

2. 量化编码

（1）量化原理

采样把模拟信号变成了时间上离散的脉冲信号，但脉冲的幅度仍然是模拟的，还必须进行离散化处理，才能最终用数码来表示。这就要对幅值进行舍零取整的处理，这个过程称为量化。

设模拟信号的采样值记为$m(kT)$，其中T是采样周期，k是整数。此采样值仍然是一个取值连续的变量，即它可以有无数个可能的连续取值。若仅用N个二进制数字码元来代表此采样值的大小，则N个二进制数字码元只能代表$M=2^N$个不同的采样值。因此必须将采样值的范围划分成M个区间，每个区间用一个电平来表示。这样，共有M个离散电平，称为量化电平。用这M个量化电平表示连续采样值的方法称为量化。具体的量化过程如图4-15所示。

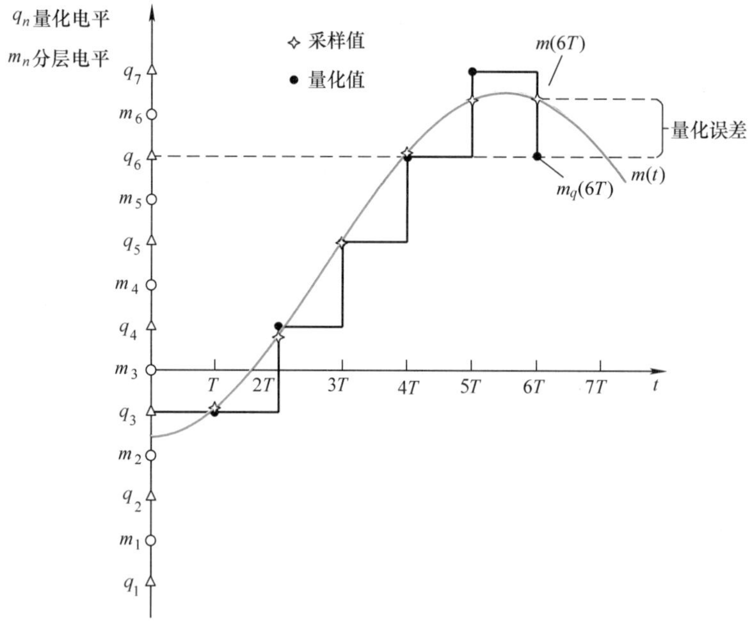

图4-15 量化过程

图中$m(kT)$表示模拟信号的采样值，$m_q(kT)$表示量化后的量化信号值，$q_1,\cdots,q_7$为量化后信号的7个可能输出电平，$m_1,\cdots,m_6$为量化区间的端点。

在原理上，量化过程可以认为是在一个量化器中完成的。量化器的输入信号为$m(kT)$，输出信号为$m_q(kT)$，如图4-16所示。在实际应用中，量化过程是和后续的编码过程结合在一起完成的，不一定存在独立的量化器。

这样就实现了用有限个量化电平表示无限个采样值。在图4-15中，M个采样值区间是等间隔划分的，称为均匀量化。若M个采样值区间是不均匀划分的，称为非均匀量化。

图4-16 量化器

（2）均匀量化

设模拟采样信号的取值范围在 a 和 b 之间，量化电平数为 M，则均匀量化时的量化间隔为

$$\Delta v=\frac{b-a}{M} \tag{4-77}$$

且量化区间的端点

$$m_i=a+i\Delta v \quad (i=0,\ 1,\ \cdots,\ M) \tag{4-78}$$

若量化输出电平 q_i 取为量化间隔的中点，则

$$q_i=\frac{m_i+m_{i-1}}{2} \quad (i=0,\ 1,\ \cdots,\ M) \tag{4-79}$$

显然量化输出电平和量化前的采样值一般不同，即量化输出电平有误差，如图4-15所示。这个误差称为量化噪声，并用信号功率与量化噪声之比（简称信号量噪比）来衡量此误差对信号影响的大小。对于给定的信号最大幅度，量化电平数越大，量化噪声越小，信号量噪比越高。信号量噪比是量化器的主要指标之一。

在实际应用中，对于给定的量化器，量化电平数 M 和量化间隔 Δv 都是确定的，量化噪声也是确定的。但是信号的强度可能随时间变化，像语音信号就是这样。当信号小时，信号量噪比也小。所以这种均匀量化器对于小输入信号很不利。为了克服这个缺点，改善小信号时的信号量噪比，实际应用中多采用另一种量化方式——非均匀量化。

（3）非均匀量化（最优量化）

信号幅度的概率分布一般是不均匀的，小信号出现的概率远大于大信号。例如，一般情况下负载电流值都小于额定电流值，而且是正弦波形信号。因此可以用一种更为合理的量化方法，即在小信号范围内提供较多的量化级（Δu 为一个小值），而在大信号范围内提供少数的量化级（Δu 为一个大的值），这种技术叫作非均匀量化。当每级发生的概率相同时，非均匀量化系统将更正确地恢复原始信号，使编码信号携带最大信息。在极端情况下，某一级永不出现，那么这一级提供的信息是零。在总量化级保持一定的情况下，非均匀量化系统在较大信号范围内的适应能力优于均匀量化系统。非均匀量化对于测量系统而言保持了相对误差的一致性，即小信号小误差，大信号大误差。

非均匀量化实现的过程如图4-17所示。

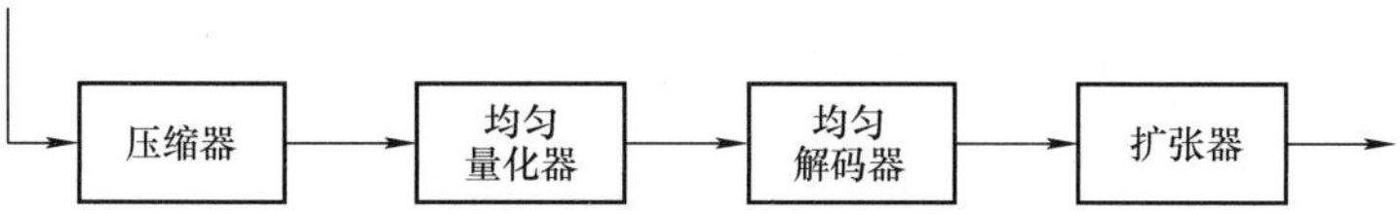

图4-17 非均匀量化实现框图

将消息信号通过一个称作压缩器（Compressor）的非线性网络，使信号幅度的分布改变了，最后对压缩信号进行均匀量化，就产生非均匀量化的信号。先对信号压缩，然后进行均匀量化称作压扩（Companding）。对应地，在接收端需要安装一个与压缩器转移作用相反的设备，以便恢复合适的信号幅度分布，这个设备叫作扩张器（Expander）。

3. 脉冲编码调制

模拟信号经采样、量化后，已经是取值离散的数字信号。下一步进行编码。最常用的编码是用二进制符号“0”和“1”，表示此离散数值。通常把从模拟信号采样、量化，直到变换称为二进制符号的基本过程，称为脉冲编码调制（Pulse Code Modulation，PCM）。

PCM 系统原理框图如图 4-18 所示。在编码器中（图 4-18a），由冲激脉冲对模拟信号进行采样，得到信号采样值，这个值仍是模拟量。在对它量化前，通常采用保持电路将其短暂保存，以便电路有时间对其进行量化。在实际电路中，常把采样和保持电路放在一起，称为采样保持电路。图中的量化器把模拟采样信号变成离散的数字量，然后在编码器中进行二进制编码。这样，每个二进制码组就代表一个量化后的信号采样值。如图 4-18b 中，译码器的原理和编码过程相反。

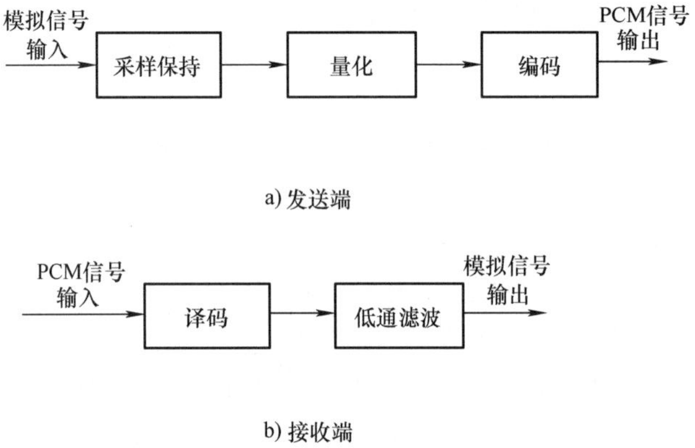

图 4-18 PCM 系统原理框图

具体给出一个例子，如图 4-19 所示。

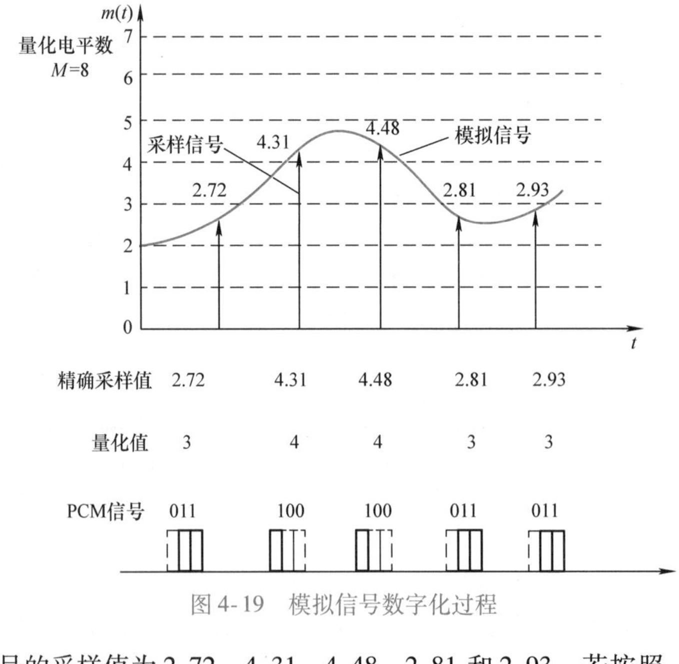

图 4-19 模拟信号数字化过程

图中模拟信号的采样值为 2.72，4.31，4.48，2.81 和 2.93。若按照“四舍五入”的原则量化为整数值，则采样值量化后变为 3，4，4，3 和 3。按照二进制数编码后，量化值就变成二进制符号 011，100，100，011 和 011。

4.4.2 预测编码

前面介绍的编码方法都是考虑独立的信源序列。霍夫曼编码对于独立多值信源符号很有效；二元序列的游程编码实际上是为了把二值序列转化成多值序列以适应霍夫曼编码；多个二元符号合并成一个符号的方法也有类似的情况。算术码对于独立二元信源序列是很有效的，对于相关信源虽然可采用条件概率来编码而达到高效率，但这样做所引起的复杂度，往往使之难以实现。由信息论可知，对于相关性很强的信源，条件熵可远小于无条件熵，因此人们常采用尽量解除相关性的办法，使信源输出转化为独立序列，以利于进一步压缩码率。

常用的解除相关性的两种措施是预测和变换。它们既适应于离散信源，也可用于连续信源。其实两者都是序列的变换。一般来说，预测有可能完全解除序列的相关性，但必须确知序列的概率特性；变换编码一般只解除向量内部的相关性，但它可有许多可供选择的变换矩阵，以适应不同信源特性。这在信源概率特性未确知或非平稳时可能有利。

本节介绍预测的一般理论和方法。

预测就是从已收到的符号中提取关于未收到的符号的信息，将其最可能的值作为预测值；并对它与实际值之差进行编码，达到进一步压缩码率的目的。由此可见，预测编码是利用信源的相关性来压缩码率的，对于独立信源，预测就没有可能。

预测的理论基础主要是估计理论。估计就是用实验数据组成一个统计量作为某一物理量的估值或预测值。最常见的估计是利用某一物理量在被干扰时所测定的实验值，这些值是随机变量的样值，可根据随机量的概率分布得到一个统计量作为估值。若估值的数学期望等于原来的物理量，就称这种估计为无偏估计；若估值与原物理量之间的均方误差最小，就称之为最佳估计。用来预测时，这种估计就成为最小均方误差的预测，所以也就认为这种预测是最佳的。

要实现最佳预测就需要找到计算预测值的预测函数。设有信源序列 $X=\{x_1, x_2, \cdots, x_r, x_{r+1}, \cdots\}$。所谓 r 阶预测就是由 $x_1, x_2, \cdots, x_r$ 来预测 x_{r+1}。

令预测值为

$$x'_{r+1}=f(x_1, x_2, \cdots, x_r) \tag{4-80}$$

式中，f 是待定的预测函数。要使预测值具有最小均方误差，必须确知 $r+1$ 个变量（$x_1, x_2, \cdots, x_r, x_{r+1}$）的联合概率密度函数，这在一般情况下是困难的。因而常用线性预测的方法得到次最佳的结果。线性预测就是预测函数为各已知信源符号的线性函数，即 x_{r+1} 的预测值

$$x'_{r+1} = f(x_1,x_2,\cdots,x_r) = \sum_{s=1}^{r} a_s x_s \tag{4-81}$$

并求均方误差

$$D=E(x'_{r+1}-x_{r+1})^2 \tag{4-82}$$

最小时的各 a_s 值。可将式（4-81）代入式（4-82），对各 a_s 取偏导数并置零：

$$\frac{\partial D}{\partial a_s} = -E\{(x_{r+1} - \sum_{s=1}^{r} a_s x_s)x_s\} = 0 \tag{4-83}$$

只需已知信源各符号之间的相关函数即可进行运算。

最简单的预测是令 $x'_{r+1}=x_r$，这可称为零阶预测，常用的差值预测就属这类。高阶线性预测已在语音编码，尤其是声码器中广泛采用。如果信源是非平稳的或非率性的，无法获得确切和恒定的相关函数，不能构成线性预测函数，则可采用自适应预测的方法。一种常用的自适应预测方法是设预测函数是前几个符号值的线性组合，即令预测函数为

$$x' = \sum_{s=1}^{r} a_s x_{t-r-1-s} \tag{4-84}$$

再用已知信源序列来确定各系数 a_s，使该序列所造成的均方误差 D 最小。此时的各系数 a_s 并不能保证对该信源发出的所有序列都适用，只有在平稳序列情况下，这种预测的均方误差可逼近线性预测时的最小值。随着序列的延长，各系数 a_s 可根据以后的 n 个符号值来计算，因而将随序列的延长而变更，也就是可不断适应序列的变化，适用于缓变的非平稳信源序列。

利用预测值来编码的方法可分为两类：一类是用实际值与预测值之差进行编码，也称作差值编码。常用于相关性强的连续信源，也可用于离散信源。在连续信源的情况下，就是对此差值量化或取一组差值进行向量量化。由于相关性很强的信源可较精确地预测待编码的值，这差值的方差将远小于原来的值，所以在同样失真要求下，量化级数可明显地减少，从而较显著地压缩码率。对于离散信源也有类似的情况。

另一类方法是根据差值的大小，决定是否需传送该信源符号。例如，可规定某一可容许值 ε，当差值小于它时可不传送。对于连续函数或相关性很强的信源序列，常有很长一串符号可以不送而只需传送这串符号的个数，这样能大量压缩码率。这类方法一般是按信宿要求设计的，也就是失真应能满足信宿需求。

4.4.3 变换编码

众所周知，信源序列往往具有很强的相关性，要提高信源的效率首先要解除信源的相关性。解除相关性可以在时域上进行（这就是4.4.2节中介绍的预测编码），也可以在频域甚至广义频域内进行，这就是要在本节中介绍的域变换编码。

变换是一个广泛的概念。在通信系统中，经常把信号进行变换以达到某一目的。信源编码实际上就是一种变换，使之能在信道中更有效地传送。变换编码就是将变换后的信号的样值更有效地编码，也就是通过变换来解除或减弱信源符号间的相关性，再将变换后的样值进行标量量化，或采用对于独立信源符号的编码方法，以达到压缩码率的目的。

在信号分析中，对连续的模拟信号，若是周期性的，可采用傅里叶级数展开；若是非周期性的，则可采用傅里叶积分（变换）来表示。无论是级数还是积分，它们都属于一类正交变换，是从时域展开成频域的变换。同理，对离散的数据序列信号也可以引入同样的离散傅里叶变换，而且，还可以进一步将其推广为广义的频域变换。在这一节中，首先从解除相关性的需求入手来寻求最佳的域变换。4.4.2节讨论的在空间和时间域上压缩信源数据冗余量的预测编码的最大特点是直观、简洁、易于实现，特别是容易设计出具有实时性的硬件结构，但其不足在于压缩能力有限。具有更高压缩能力和目前最为成熟的方法是变换编码，特别是正交变换编码方法和小波变换编码，这两种方法都具有很强的数据压缩能力。变换编码的基本原理就是将原来在空间域上描述的信号，通过一种数学变换（例如，傅里叶变换、正交变换等）变换到变换域（如频率域、正交向量空间）中进行描述。简单地讲，即把信

号由空间域变换到变换域中，用变换系数来描述。这些变换系数之间的相关性明显下降，并且能量常常集中于低频或低序系数区域中，这样就容易实现码率的压缩，而且远远降低了实现的难度。

1. 卡胡南－列夫变换（K－L 变换）

设 $\boldsymbol{X}$ 是一个 $n\times 1$ 的随机变量，则 $\boldsymbol{X}$ 的每个分量 x_i 都是随机变量。$\boldsymbol{X}$ 的平均向量（均值）可以由 L 个样本向量来估计：

$$\boldsymbol{M}_X \approx \frac{1}{L}\sum_{i=1}^{L} x_i \tag{4-85}$$

$\boldsymbol{M}_X$ 协方差矩阵估计值为

$$\boldsymbol{\Phi}_{\boldsymbol{M}_X} = E[(\boldsymbol{X}-\boldsymbol{M}_X)(\boldsymbol{X}-\boldsymbol{M}_X)^{\mathrm{T}}] \approx \frac{1}{L}\sum_{i=1}^{L}\boldsymbol{X}_i\boldsymbol{X}_i^{\mathrm{T}} - \boldsymbol{M}_X\boldsymbol{M}_X^{\mathrm{T}} \tag{4-86}$$

协方差矩阵是实对称的，对角元素是单个随机变量的方差，非对角元素是它们的协方差。

$\boldsymbol{X}$ 向量经线性变换后产生一个新向量 $\boldsymbol{Y}$：

$$\boldsymbol{Y} = \boldsymbol{P}(\boldsymbol{X}-\boldsymbol{M}_X) \tag{4-87}$$

式中，$\boldsymbol{P}$ 的各行是 $\boldsymbol{\Phi}_X$ 的特征向量。

为了方便起见，以相应的特征值按值由大到小递减的顺序来排列各行，变换得到的 $\boldsymbol{Y}$ 是期望值为零的随机向量，$\boldsymbol{Y}$ 的协方差矩阵为

$$\boldsymbol{\Phi}_Y = \boldsymbol{P}\boldsymbol{\Phi}_X\boldsymbol{P}^{\mathrm{T}} = \begin{pmatrix} \lambda_1 & 0 & \cdots & 0 \\ 0 & \lambda_2 & \cdots & 0 \\ \vdots & \vdots & & \vdots \\ 0 & 0 & \cdots & \lambda_n \end{pmatrix} \tag{4-88}$$

因为 $\boldsymbol{P}$ 的各行是 $\boldsymbol{\Phi}_X$ 的特征向量，故 $\boldsymbol{\Phi}_Y$ 是一个对角阵，对角元素是 $\boldsymbol{\Phi}_X$ 的特征值，也是 $\boldsymbol{\Phi}_Y$ 的特征值。这就是说，随机向量 $\boldsymbol{\Phi}_Y$ 是由互不相关的随机变量组成的，因此线性变换 $\boldsymbol{P}$ 起到了消除变量间的相关性的作用。换言之，每个特征值都是变换后第 i 个变量 y_i 的方差。通过变换向量 $\boldsymbol{Y}$ 可以重构向量 $\boldsymbol{X}$：

$$\boldsymbol{X} = \boldsymbol{P}^{-1}\boldsymbol{Y} = \boldsymbol{P}^{\mathrm{T}}\boldsymbol{Y} \tag{4-89}$$

由此可知，要实现正交变换，首先要求出向量 $\boldsymbol{X}$ 的协方差矩阵 $\boldsymbol{\Phi}_X$，再求协方差矩阵的特征值 λ_i，然后求 λ_i 对应的 $\boldsymbol{\Phi}_X$ 的特征向量，用 $\boldsymbol{\Phi}_X$ 特征向量构成正交矩阵 $\boldsymbol{P}$。可见由特征向量所构成的正交变换是最优的正交变换，又称它为卡胡南－列夫（Karhunen－Loeve）变换，简称为 K－L 变换。K－L 变换不但可解除相关性，对正态过程还能使分量独立，有利于信源的压缩，而且还可以忽略一些高阶项，即从 $M+1$ 到 n 的项，而不至于过分影响误差。下面讨论这个问题。

由于 K－L 变换前后的向量的分量个数是相同的，但变换后的各分量与变换前的各分量值是不一样的，变换后出现了许多很小的值。若要压缩数据，就必须删除一些能量较小的分量。删除之后，对剩下的 M 个分量分别进行编码，译码也只能恢复 M 个分量，这时的最小均方误差值为

$$\sigma_{\mathrm{emin}}^2 = \sum_{i=M+1}^{n}\lambda_i \tag{4-90}$$

通过改变 λ_i 次序可得

$$\lambda_i \geqslant \cdots \geqslant \lambda_M \geqslant \lambda_{M+1} \geqslant \cdots \lambda_n \tag{4-91}$$

即丢弃的高阶项 λ_{M+1} 至 λ_n 是一些最小的项，故误差值最小。

K－L 变换在均方误差准则下是最佳的正交变换，但是由于以下两个主要原因，实际上很少采用。首先，在 K－L 变换中，特征变量与信源统计特性密切相关，即对不同的信源统计特性协方差矩阵应该对应不同的特征值才能达到最佳化，这显然是不大现实的。其次，K－L变换运算很复杂，而且目前尚无快速算法，所以很少实际应用，通常仅作为一个理论参考。

正因为 K－L 变换实现比较困难，实用意义不大，因而人们将眼光逐步转向寻找准最佳的有实用价值的正交变换。目前已找到不少这类准最佳正交变换，分别是离散傅里叶变换（DFT）、哈尔变换（HRT）、沃尔什－哈达玛变换（WHT）、斜变换（SLT）、离散余弦变换（DCT）、离散正弦变换（DST）等。相比较发现 DCT 和 DST 虽然在理论上不是最优，但在去相关与能量集中性上仅次于 K－L 变换，而且均具有快速算法。

2. 离散余弦变换（DCT）

使用 K－L 变换需要知道信源的协方差矩阵，再求出协方差矩阵的特征值和特征向量，然后据此构造正交变换矩阵；但求特征值和特征向量是相当困难的，特别是在高维信源情况下，甚至求不出。即使借助于计算机，也难以满足实时处理的要求。DCT 在压缩效率上略逊于 K－L 变换，但由于其算法的高效性及结构上的规律性，且有快速算法，使它成为 H.261、JPEG 及 MPEG 等国际标准的主要环节。下面介绍一维 DCT 定义及其算法。

以求和形式表示的一维 DCT 定义为

$$Y(k) = \sqrt{\frac{2}{M}}C(k)\sum_{m=0}^{M-1}x(m)\cos\frac{(2m+1)k\pi}{2M} \quad (k=0,1,2,\cdots,M-1) \tag{4-92}$$

式中

$$C(k)=\begin{cases}\dfrac{\sqrt{2}}{2} & (k=0)\\ 1 & (k=1,2,\cdots,M-1)\end{cases} \tag{4-93}$$

离散余弦的反变换（IDCT）的求和形式为

$$x(m) = \sqrt{\frac{2}{M}}C(k)\sum_{m=0}^{M-1}Y(k)\cos\frac{(2m+1)k\pi}{2M} \quad (m=0,1,2,\cdots,M-1) \tag{4-94}$$

式中

$$C(k)=\begin{cases}\dfrac{\sqrt{2}}{2} & (k=0)\\ 1 & (k=1,2,\cdots,M-1)\end{cases} \tag{4-95}$$

在离散变换中，最佳变换也是 K－L 变换。其正交向量系和变换矩阵可根据输入向量各分量间的相关系数来求，而不用解积分方程，只需求相关矩阵的特征值和特征向量。容易验证，经过 K－L 变换后输出向量的相关系数为零，即它能完全解除输出向量间的线性相关性，且各分量的方差就是各特征值，它们各不相等，下降很快。在实际编码时，后面几个分量，方差已很小，往往可以不传送，有利于压缩编码。

还有很多离散变换，如正反变换矩阵都相同的离散哈尔变换和离散沃尔什变换；由有限维正交向量系导出的广泛用于电视信号编码的斜变换和多重变换，可把信号分割成多个窄带以解除或减弱信号样值间相关性的子带编码和小波变换等。在实际应用中，需要根据信源特性来选择变换方法以达到解除相关性、压缩码率的目的。另外还可以根据一些参数来比较各种变换方法的性能优劣，如反映编码效率的编码增益、反映编码质量的块效应系数等。当信源的统计特性很难确知时，可用各种变换分别对信源进行变换编码，然后用实验或计算机仿真来计算这些参数。

拓展阅读

信源编码能够减小冗余，进而压缩数据并提高信息传输效率的特点，印证了唯物辩证法的矛盾观。在复杂事物发展过程中存在着主要矛盾和次要矛盾。在矛盾中起着领导、决定作用，规定、影响其他矛盾的存在和发展的是主要矛盾，其他的矛盾则居于次要和服从的地位。信源存在的冗余影响了编码效率，将冗余去除并压缩数据的编码过程就是去除次要因素，集中力量解决主要问题的过程。因此解决问题要抓主要矛盾，分清主次，集中力量攻克主要矛盾，找到解决复杂问题的关键。另外，生活中的冗余需要及时去除，人生的重担也需要适时减轻。

4.5 信源编码的仿真实例

【例 4-17】 香农编码的仿真实例。

主程序为 shannoncode. m，运行时需要调用函数 dec2bin. m。

```
% 主程序 shannoncode.m
n = input('请输入信源符号个数 n =');
p = zeros(1,n);
while(1)
    for i =1:n
        fprintf('请输入第%d 个符号的概率:', i);
        p(1,i) = input('p =');
    end
    if sum(p) ~ =1
        disp('输入概率不符合概率分布')
        continue
    else
        y = fliplr(sort(p));
        d = zeros(n,4);
        D(:,1) = y;
        for i =2:n
            D(1,2) =0;  %令第一行第二行的元素为0
```

```
            D(i,2)=D(i-1,1)+D(i-1,2);  % 第二行其余的元素用此式求得,即为累
加概率
        end
        for  i=1:n
            D(i,3)=-log2(D(i,1));% 求第三列的元素
            D(i,4)=ceil(D(i,3));% 求第四列的元素,对 D(i,3)向无穷方向取最小正整数
        end
        D
        A=D(:,2)';% 取出 D 中第二列元素
        B=D(:,4)';
        for j=1:n
            code=dec2bin(A(j),B(j))% 生成码字
        end
    end
        break
    end
```

```
    % 函数 dec2bin.m
    function [C]=dec2bin(A,B)% 对累加概率求二进制的函数
    C=zeros(1,B);% 生成零矩阵用于存储生成的二进制数,对二进制的每一位进行操作 temp=
    A;% temp 赋值
    temp=A;
    for i=1:B% 累加概率转化为二进制,循环求二进制的每一位,B 控制生成二进制的位数
        temp=temp* 2;
        if temp>1
            temp=temp-1;
            C(1,i)=1;
        else
            C(1,i)=0;
        end
    end
```

运行结果如下:

```
请输入信源符号个数 n=7
请输入第 1 个符号的概率:p=0.2
请输入第 2 个符号的概率:p=0.19
请输入第 3 个符号的概率:p=0.18
请输入第 4 个符号的概率:p=0.17
请输入第 5 个符号的概率:p=0.15
请输入第 6 个符号的概率:p=0.1
请输入第 7 个符号的概率:p=0.01
code =     0     0     0
code =     0     0     1
code =     0     1     1
```

```
code =    1    0    0
code =    1    0    1
code =    1    1    1    0
code =    1    1    1    1    1    1    0
```

运行结果可对比例4-2。

【例4-18】 霍夫曼编码的仿真实例。

```
n=input('请输入信源符号个数n=');
symbols=[1:n];
p=zeros(1,n);
while(1)
    for i=1:n
        fprintf('请输入第%d个符号的概率:',i);
        p(1,i)=input('p=');
    end
    if sum(p) ~ =1
        disp('输入概率不符合概率分布')
        continue
    else
        entropy=-p* log2(p');

        [dict,avg_len]=huffmandict(symbols,p);
        for i=1:7
            code=dict{i,2}
        end
        H=entropy
        avg_len
        eta=entropy/avg_len
    end
    break
end
```

运行结果如下:

```
请输入信源符号个数n=7
请输入第1个符号的概率:p=0.2
请输入第2个符号的概率:p=0.19
请输入第3个符号的概率:p=0.18
请输入第4个符号的概率:p=0.17
请输入第5个符号的概率:p=0.15
请输入第6个符号的概率:p=0.1
请输入第7个符号的概率:p=0.01
code =    1    0
code =    1    1
code =    0    0    0
```

```
code =    0    0    1
code =    0    1    0
code =    0    1    1    0
code =    0    1    1    1
H = 2.6087
avg_len = 2.7200
eta = 0.9591
```

运行结果可对比例4-3。

【例4-19】 费诺编码的仿真实例。

主程序为fanocode.m，需要调用子程序f1.m和f2.m。

```
% fanocode.m
fprintf('请输入信源符号的个数:');
N=input('N=');% 输入信源符号的个数
s=0;l=0;H=0;
for i=1:N
    fprintf('请输入第% d 个符号的概率:',i);
    p(i)=input('p=');% 输入信源符号概率分布矢量,0<p(i)<1
    if p(i)<=0 ||p(i)>=1
        error('请注意 p 的范围是 0<p<1')
    end
    s=s+p(i);
    H=H+(-p(i)*log2(p(i)));% 计算信源信息熵
end
if(s~=1)
    error('信源符号概率和不等 1')
end
tic;
for i=1:N-1% 按概率分布大小对信源排序
    for j=i+1:N
        if p(i)<p(j)
            m=p(j);p(j)=p(i);p(i)=m;
        end
    end
end
x=f1(1,N,p,1);
for i=1:N  % 计算平均码长
    L(i)=length(find(x(i,:)));
    l=l+p(i)*L(i);
end
n=H/l;  % 计算编码效率
fprintf('编码后所得码字:\n');
```

```
disp(x)  % 显示按概率降序排列的码字
fprintf('平均码长:K = \n');
disp(l)  % 显示平均码长
fprintf('信息熵:H(X) = \n');disp(H)  % 显示信息熵
fprintf('编码效率:η = \n');disp(n)  % 显示编码效率
```

```
% 子程序 f1.m
function x = f1(i,j,p,r);
global x;
x = char(x);
if(j < = i)
   return;
else
   q = 0;
   for t = i:j
      q = p(t) + q;y(t) = q;
   end
   for t = i:j
      v(t) = abs(y(t) - (q - y(t)));
   end
   for t = i:j
      if(v(t) = = min(v))
         for k = i:t
            x(k,r) = '0';
         end
         for k = (t + 1):j
            x(k,r) = '1';
         end
         d = t;
         f1(i,d,p,r + 1);
         f2(d + 1,j,p,r + 1);
         f1(d + 1,j,p,r + 1);
         f2(i,d,p,r + 1);
      else
      end
   end
end
return;
```

```
% 子程序 f2.m
function x = f2(i,j,p,r);
global x;
x = char(x);
```

```
    if(j<=i)
        return;
    else
        q=0;
        for t=i:j
            q=p(t)+q;y(t-i+1)=q;
        end
        for t=1:j-(i-1)
            v(t)=abs(y(t)-(q-y(t)));
        end
        for t=1:j-(i-1)
            if(v(t)==min(v))
                d=t+i-1;
                for k=i:d
                x(k,r)='0';
            end
            for k=(d+1):j
                    x(k,r)='1';
                end
                f2(d+1,j,p,r+1);
                f1(i,d,p,r+1);
                f2(i,d,p,r+1);
                f1(d+1,j,p,r+1);
            else
            end
        end
    end
    return;
```

运行结果如下:

请输入信源符号的个数:N=4

请输入第1个符号的概率:p=0.5

请输入第2个符号的概率:p=0.25

请输入第3个符号的概率:p=0.125

请输入第4个符号的概率:p=0.125

编码后所得码字:

0

10

110

111

平均码长:$\bar{K}$=1.7500

信息熵:$H(X)$=1.7500

编码效率:η=1

运行结果可对比例4-6。

【例4-20】 游程编码的仿真实例。

```
% 二值图像游程编码算法的仿真实现
clear all;
image1 =imread('ring.jpg'); % 读入图像
image1 =rgb2gray(image1);
% 以下程序是将原图像转换为二值图像
image2 =image1(:);  % 将原始图像写成一维的数据并设为 image2
image2length =length(image2);   % 计算 image2 的长度
image2 =im2bw(image2);
[a,b] =size(image1);
image3 =reshape(image2,a,b);  % 重建二维数组图像,并设为 image3
figure(1);
imshow(image3);  % 以下程序为对原图像进行游程编码,压缩
X =image3(:);     % 令 X 为新建的二值图像的一维数据组
x =1:1:length(X);  % 显示游程编码之前的图像数据
j =1;
image4(1) =1;
for z =1:1:(length(X) -1)   % 游程编码程序段
    if X(z) = =X(z +1)
        image4(j) =image4(j) +1;
    else
        data(j) =X(z);                % data(j)代表相应的像素数据
        j =j +1;
        image4(j) =1;
    end
end
data(j) =X(length(X));    % 最后一个像素数据赋给 data
image4length =length(image4);
PR =image4length/(image2length);   % 压缩比
fprintf('游程编码后的图像压缩比为:% f',PR);
t =1;
for m =1:image4length
    for n =1:1:image4(m);
        rec_image(t) =data(m);
        t =t +1;
    end
end


figure(2)
image5 =reshape(rec_image,a,b);
imshow(image5),% 解码后图像
```

运行结果显示，游程编码后的图像与原图像大小的比值为0.057837。

【例4-21】 对一串数据流的量化仿真实例。

```
partition = [0,2,4];              % 量化间隔
codebook = [-1, 0.5, 1, 2];   % 码书
data = [-2, -1.2, -.5, 0, .8, 1, 1.9, 2.3, 3, 4.6, 5];  % 量化数据流
[index,quantized] = quantiz(data,partition,codebook);
Quantized
```

运行结果如下：

```
quantized =

   -1.0000    -1.0000    -1.0000    -1.0000     0.5000    0.5000     0.5000
1.0000    1.0000    2.0000    2.0000
```

4.6 习题

4-1 设有一个离散无记忆信源

$$\begin{pmatrix} U \\ P(U) \end{pmatrix} = \begin{pmatrix} u_1 & u_2 & u_3 & u_4 & u_5 \\ 0.4 & 0.2 & 0.2 & 0.1 & 0.1 \end{pmatrix}$$

试分别求其二元霍夫曼编码和费诺编码，并求其编码效率。

4-2 设有一个离散无记忆信源

$$\begin{pmatrix} U \\ P(U) \end{pmatrix} = \begin{pmatrix} u_1 & u_2 & u_3 & u_4 & u_5 & u_6 & u_7 \\ 0.20 & 0.19 & 0.15 & 0.14 & 0.12 & 0.10 & 0.10 \end{pmatrix}$$

试求：

（1）信源符号熵 $H(U)$。

（2）相应二元霍夫曼编码及其编码效率。

（3）相应三元霍夫曼编码及其编码效率。

4-3 设有一离散无记忆信源

$$\begin{pmatrix} U \\ P(U) \end{pmatrix} = \begin{pmatrix} u_1 & u_2 & u_3 & u_4 & u_5 & u_6 & u_7 & u_8 \\ 0.3 & 0.2 & 0.15 & 0.15 & 0.05 & 0.05 & 0.05 & 0.05 \end{pmatrix}$$

试对该信源进行三元霍夫曼编码。要求用两种方法，使得它们有相同的最小平均码长但方差不相同，并说明哪种编码方法实用性更好。

4-4 设有一个离散无记忆信源

$$\begin{pmatrix} U \\ P(U) \end{pmatrix} = \begin{pmatrix} u_1 & u_2 & u_3 & u_4 & u_5 & u_6 & u_7 \\ 0.20 & 0.19 & 0.18 & 0.17 & 0.15 & 0.10 & 0.01 \end{pmatrix}$$

对其进行二进制香农编码。

4-5 对4-4给出的离散信源进行二进制费诺编码。

4-6 设有一页传真文件，其中某一行上的像素点如下所示：

200W，10B，10W，84B，1424W

（1）用修正霍夫曼编码对该扫描行进行编码。

（2）计算编码后的总比特数。

（3）计算本行编码压缩比。

4-7 对离散无记忆信源

$$\begin{pmatrix} U \\ P(U) \end{pmatrix} = \begin{pmatrix} \mathrm{A} & \mathrm{B} & \mathrm{C} \\ 0.5 & 0.3 & 0.2 \end{pmatrix}$$

试应用算术编码方法对序列 C A B A 进行编码，并对结果进行译码。

4-8 设一离散无记忆信源

$$\begin{pmatrix} U \\ P(U) \end{pmatrix} = \begin{pmatrix} 0 & 1 \\ 0.6 & 0.4 \end{pmatrix}$$

已知信源序列为 1 1 0 1 1 1 0 0 1 1 …。

(1) 对此序列进行算术编码。

(2) 若将 0、1 符号概率近似取为 $P_0 = 0.25$，$P_1 = 0.75$，对其进行算术编码。

(3) 计算编码效率。

(4) 对编码结果利用比较法写出译码过程。

4-9 用 Lempel－Ziv 算法对输入数据流 000010110011100001001101111 进行编码。

4-10 已知一基带信号 $m(t) = \cos 2\pi t + 2\cos 4\pi t$，对其进行理想采样：

(1) 为了在接收端能不失真地从已采样信号 $m_s(t)$ 中恢复 $m(t)$，试问采样间隔应如何选择？

(2) 若采样间隔取为 0.2s，试画出已采样信号的频谱图。

4-11 已知信号 $m(t)$ 的最高频率为 f_m，由矩形脉冲对其进行瞬时采样，矩形脉冲的宽度为 2τ、幅度为 1，试确定已采样信号及其频谱表达式。

4-12 设信号 $m(t) = 9 + A\cos\omega t$，其中 $A \leqslant 10\mathrm{V}$。若 $m(t)$ 被均匀量化为 40 个电平，试确定所需的二进制码组的位数 N 和量化间隔 Δv。

第 5 章　线性分组码

数字信号在传输过程中始终会受到加性高斯白噪声（Additive White Gaussian Noise，AWGN）的影响，此外还可能会受到干扰和衰落等不利因素的影响，从而接收机可能会发生错误判决，导致系统的误码率增大。信道编码（Channel Coding）也叫作差错控制编码（Error Control Coding），是为了降低系统误码率而进行的一种特殊信号变换，其目的是通过该变换使得发射信号能够更好地抵抗例如噪声、干扰和衰落等因素导致的各种信道损伤，从而提升通信系统的误码率性能。

5.1 数字通信中的编码信道

5.1.1 编码信道的概念

5.1　数字通信中的编码信道

一个完整的点到点数字通信系统的基本结构如图 5-1 所示。图中没有背景色的模块是每个数字通信系统中必有的模块，而有背景色的模块在所有系统中则不一定都会出现。此外注意此图中的数字调制采用了广义调制的概念，既可能包括基带调制也可能包括带通调制。

将发送端调制器输出端至接收端解调器输入端之间的部分称为调制信道，而将信道编码器输出端至信道译码器输入端之间的部分称为编码信道。在研究各种调制方式的性能时采用调制信道模型比较方便，而在研究不同差错控制编码性能时采用编码信道模型则比较合适。

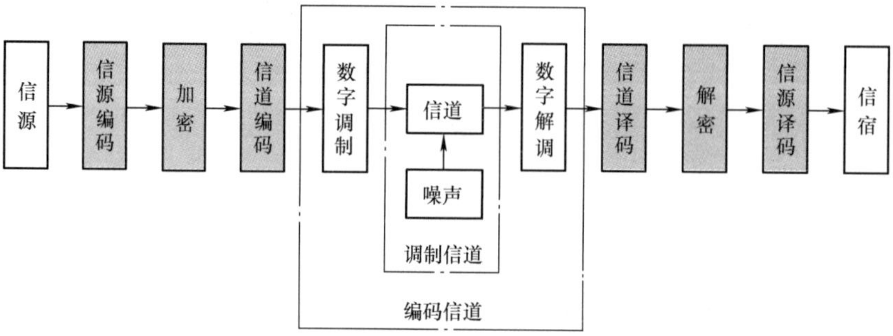

图 5-1　点到点数字通信系统的基本结构

从信道编码的角度来看，按照错码分布规律的不同，编码信道可以分为三类：随机信道（Random Channel）、突发信道（Burst Channel）和混合信道（Mixed Channel）。在无记忆信道中，噪声独立随机地影响着每个传输码元，因此在接收到的码元序列中的错误是独立随机出现的。以高斯白噪声为主体的信道均属于该类信道，例如太空信道、卫星信道、同轴电缆、光缆信道以及大多数视距微波接力信道等。在有记忆信道中，噪声、干扰的影响往往是前后相关的，错码是成串集中出现的，即在一些短促的时间段内会出现大量错码，一般在编码中称这类信道为突发信道。实际的衰落信道、码间干扰信道均属于该类信道，例如短波信道、移动通信信道、散射信道等。既存在随机错误又存在突发错误，且两种错误都不能忽略不计的信道称为混合信道。

5.1.2　有噪信道编码定理

前面分析过，对于无噪无损信道，只要对信源输出进行合适编码，总能保证以最大信息传输率进行无差错传输。对于更为普遍的有噪信道来讲，如何使得信息的传输错误最少？有噪信道中无错传输的最大信息传输率又是多少？香农第二定理（有噪信道编码定理）给出了相关解释。

1. 错误概率与译码规则

在有噪信道中信息的传递会发生错误，接下来分析错误发生的概率与什么有关系，如何将错误控制在最低程度。前面介绍过，编码信道的统计特性由信道的传递矩阵来描述，信道的输入输出对应关系确定后，信道矩阵的传递概率（包括正确的和错误的）也就确定了。

比如二元对称信道，单个符号的错误传递概率是 p，正确传递概率就是 $1-p$。如图 5-2 所示。

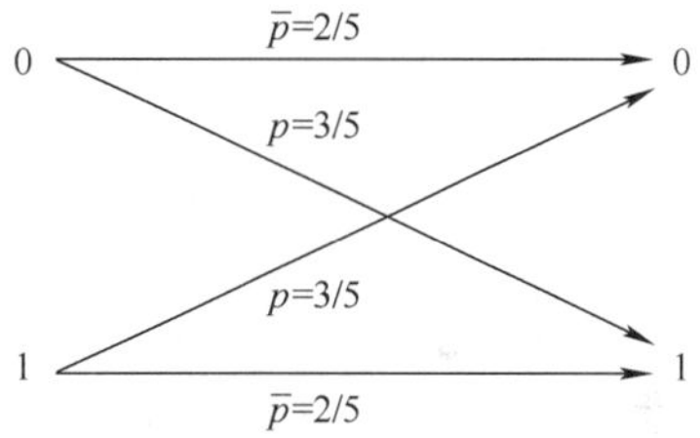

图 5-2　二元对称信道

发送的符号通过信道传输后，还需要进行译码才能最终送达接收端，因此译码规则对于系统的出错概率影响也很大。例如图 5-2 中，若规定发送“0”接收也为“0”，发送“1”接收也为“1”的情况是正确译码，那么，不论发送“0”还是“1”，译码正确的概率均为 2/5，译码错误的概率均为 3/5。按照这个译码规则，平均错误概率为

$$P_{\mathrm{E}} = \frac{1}{2} \times \frac{3}{5} + \frac{1}{2} \times \frac{3}{5} = \frac{3}{5}$$

式中，假定发送符号等概率分布。如果更改译码规则，将输出端接收到的“1”译为“0”，接收到的“0”译为“1”，那么此时的译码错误概率就变为 2/5，译码正确概率变为 3/5，因此可知错误概率确实与译码规则有关。

为了选择合适的译码规则，需要首先计算平均错误概率。假定译码规则为 $F(y_j) = x_i$，其中 $i = 1,2,\cdots,r$，$j = 1,2,\cdots,s$，也就是说，信道输出端收到 y_j 就译为 x_i。那么，如果发送端发送的就是 x_i，则译码正确；如果发送的不是 x_i，则译码错误。因此，在信道输出端接收到 y_j 的条件下，正确译码的概率为

$$P[F(y_j)|y_j] = P(x_i|y_j) \tag{5-1}$$

令 $P(e|y_j)$ 表示收到 y_j 条件下的错误译码概率，e 表示除了 $F(y_j) = x_i$ 以外所有输入符号的集合，那么此时错误译码概率与正确译码概率之间的关系如下：

$$\begin{aligned} P(e|y_j) &= 1 - P[F(y_j)|y_j] \\ &= 1 - P(x_i|y_j) \end{aligned} \tag{5-2}$$

经过译码后的平均错误概率 P_E 应该是将 $P(e|y_j)$ 对所有接收符号取统计平均的结果，即

$$\begin{aligned} P_E &= E[P(e|y_j)] \\ &= \sum_{j=1}^{s} P(y_j)P(e|y_j) \end{aligned} \tag{5-3}$$

式（5-3）表示经过译码后平均接收到一个符号所产生的错误大小，称为平均错误概率。

在式（5-3）中，$P(y_j)$ 与译码规则无关，要想使 P_E 最小，可以设计译码规则 $F(y_j)=x_i$，使条件错误概率 $P(e|y_j)$ 最小，进而由式（5-2）可知需要使 $P(x_i|y_j)$ 为最大。因此，译码函数应为

$$F(y_j)=x^*,\ x^*\in X,\ y_j\in Y \tag{5-4}$$

使其满足条件

$$P(x^*|y_j)\geqslant P(x_i|y_j),\ x_i\in X,\ x_i\neq x^* \tag{5-5}$$

其中 $X=\{x_1,x_2,\cdots,x_r\}$，$Y=\{y_1,y_2,\cdots,y_s\}$。这种译码函数要求，对于每个输出符号均译为具有最大后验概率的那个输入符号，这样得到的错误概率就最小，故这种译码规则称为最大后验概率准则或最小错误概率准则。

2. 有噪信道编码定理

有噪信道编码定理又称为香农第二定理，这里仅给出该定理的内容和基本思路，证明过程从略。

有噪信道编码定理：设离散无记忆信道 $[X,P(y|x),Y]$，$P(y|x)$ 是信道传递概率，信道容量为 C。当信息传输率 $R<C$ 时，总可以找到一种编码，当码长 n 足够长时，译码平均错误概率任意小，即 $P_E<\varepsilon$，ε 为任意大于零的正数；反之，当 $R>C$ 时，任何编码的 P_E 必大于零。

有噪信道编码定理的基本思路如下：

1）连续使用信道多次，即在 n 次无记忆扩展信道中讨论，以便使大数定律有效。

2）随机选取码字，也就是在 X^n 和符号序列集中随机地选取经常出现的高概率序列作为码字。

3）采用最大似然译码准则，也就是将接收序列译成与其距离最近的那个码字。

4）在随机编码的基础上，对所有的码字计算其平均错误概率，当 n 足够大时，此平均错误概率趋于零，因此证明至少有一种理想的编码存在。

与无失真信源编码定理类似，有噪信道编码定理也是一个理想编码的存在性定理，它指出信道容量是一个临界值，只要信息传输率不超过这个临界值，信道就可以做到几乎无失真的把信息传送过去，否则就会产生失真，对于连续信道，也有类似的结论。

5.2 差错控制系统的基本概念

5.2.1 差错控制的方式

5.2 差错控制系统的基本概念

在数字通信系统中，利用信道编码进行差错控制的方式大致有以下几类：

（1）重传反馈方式（Automatic Repeat Query，ARQ）

发送端发出能够检测错误的码，接收端收到经过信道传输来的码后，译码器根据该码的编码规则，判决收到的码字序列中有无错误产生，并通过反馈信道把判决结果用判决信号告诉发送端。接着，发送端根据这些判

决信号，再次传送接收端认为有错的消息，直到接收端认为正确接收为止。

显然，应用 ARQ 方式需要有反馈信道，且要求收发两端的配合与协作，因此这种方式的控制电路比较复杂，一般只适用于点对点通信。如果信道较差，该系统可能会经常处于重发消息的状态，因此消息传送的连贯性与实时性较差。

该方式的优点是：编译码设备比较简单；通常在相同的符号冗余度下检错码的检错能力比纠错码的纠错能力要高得多，因而该系统的纠错能力极强；由于检错码的检错能力与信道干扰的变化基本无关，因此该系统的适应性很强，特别适用于短波、散射、有线等干扰情况特别复杂的信道中。

（2）前向纠错方式（Forward Error Correction，FEC）

发送端发送能够被纠错的码，接收端收到这些码后，通过纠错译码器不仅能自动发现错误，而且在一定的纠错能力之内，可以自动纠正接收码字中由传输引起的错误。

这种方式的优点是不需要反馈信道，因此能进行一个用户对多个用户的同播通信，译码实时性较好，控制电路比 ARQ 的简单。其缺点是译码设备比较复杂，所选用的纠错码必须与信道的干扰情况匹配，因而对信道的适应性较差。为了获得较低的误码率，往往需要以最坏的信道条件来设计纠错码，故所需的冗余符号比检错码要多不少，因此编码效率很低。但由于这种方式能同播，特别适用于军用通信，随着编码理论的发展和编译码设备所需的大规模集成电路成本的不断降低，译码设备的实现越来越简单，并且成本越来越低，因而在实际的数字通信中逐渐得到了广泛应用。

（3）混合方式（Hybrid Error Correction，HEC）

发送端发送的码不仅能够被检测出错误，而且还具有一定的纠错能力。接收端收到码序列以后，首先检验错误情况，如果在纠错码的纠错能力之内，则自动进行纠错；如果错误很多，超过了码的纠错能力，但能检测出来，则接收端通过反馈信道要求发送端重新传送有错的消息。这种方式在一定程度上避免了 FEC 方式要求复杂的译码设备以及 ARQ 方式信息连贯性差的缺点，并能达到较低的误码率，因此应用越来越广。

为了便于比较，上述几种方式可以用图 5-3中的框图来表示，图中有斜线的方框表示在该端检测出了错误。

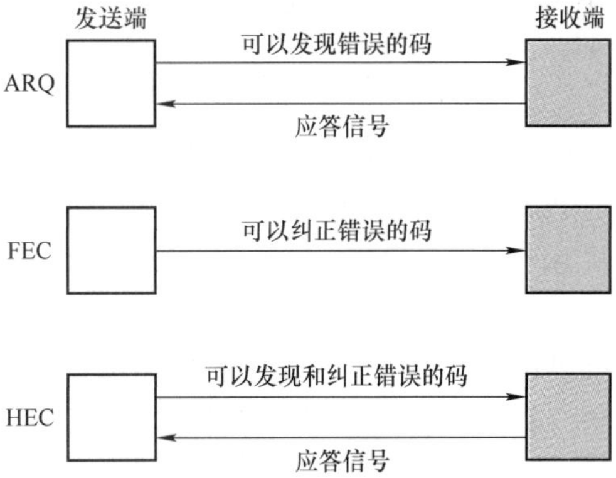

图 5-3　差错控制的基本方式

5.2.2　信道编码的分类

一般来讲，在差错控制系统中所用到的编码技术主要包括能在译码器端自动发现错误的检错码（Error Detection Code）、不仅能够发现错误而且能够自动纠正错误的纠错码（Error Correction Code）以及能够纠正删除错误的纠删码（Erasure Correction Code）。但这三类码之间并没有明显的界限，事实上任何一种码按照译码方法不同，均可以作为检错码、纠错码或纠删码来使用。

此外，单就纠错码而言，通常会有以下分类方式。

（1）按照对消息符号处理方法的不同，可以分为分组码（Block Code）和卷积码（Convolutional Code）两大类。

分组码的结构可以用 n 和 k 两个整数来进行描述。编码器将信源输出的消息以 k 个符号为单位划分为一组，然后将每组中的 k 个消息符号按照某种规则生成 r 个校验符号（或称监督符号）并附加在消息符号之后，最后输出一个长度为 $n=k+r$ 个符号的码字（codeword）。每个码字中的校验符号只与本码字中的消息符号有关，而与其他码字无关，因此，分组码常用 (n,k) 来表示，其中 n 表示码长，k 表示每个码字中消息符号的个数。此外，按照码字的结构特点，分组码又可以分为循环码与非循环码。

卷积码的结构需要用 n、k 和 K 三个整数来进行描述。编码器仍将信源输出的消息以 k 个符号为单位划分为一段，并按照某种规则将其映射为一个长度为 n 的码字（$n \geqslant k$），但是和分组码不同的是，该码字中的校验符号不仅与当前输入的消息符号有关，而且也与之前的 $K-1$ 个消息符号分组有关，因此卷积码编码器具有记忆特性。

（2）按照校验码元与消息码元之间的关系，可以分为线性码（Linear Code）和非线性码（Non-linear Code）。

如果校验符号与消息符号之间的关系是线性关系（满足线性叠加原理），则称为线性码，否则称为非线性码。由于非线性码的分析非常困难，实现较为复杂，且没有形成严密完整的理论体系，因此下面主要讨论线性码。

（3）按照每个符号的取值不同，可以分为二进制码和 q 进制码（$q=p^m$，p 为素数，m 为正整数）。

（4）按照纠正错误的类型，可以分为纠正随机（独立）错误的码、纠正突发错误的码、纠正同步错误的码以及既能纠正随机错误又能纠正突发错误的码。

（5）按照对每个消息码元保护能力是否相等，可以分为等保护纠错码和不等保护（Unequal Error Protection，UEP）纠错码。

5.2.3 分组码的基本概念

本章后续内容主要讨论分组码，因此接下来对分组码的结构特点与检纠错能力进行分析。由前面的介绍可知，(n,k) 分组码的编码器会将每个 k 长的消息分组添加校验符号之后映射为一个 n 长的码字，因此显然 $n>k$。如果符号的取值为 q 进制数，则 k 长的消息分组共有 q^k 个，因此对应的输出码字也会有 q^k 个。但是实际上，n 长的 q 进制分组共有 q^n 个，所谓编码就是要在 q^n 个可能性中选取 q^k 个许用码字来与不同的消息分组一一对应，而称其余 q^n-q^k 个 n 长的 q 进制分组为禁用码组。

对于某个 (n,k) 分组码，称 $R=\dfrac{k}{n}$ 为该码的码率（Code Rate），表示消息符号的个数在码字中所占的比重。显然 R 是衡量分组码有效性的一个基本参数，并且因为 $n>k$ 所以有 $R<1$。码字 $\boldsymbol{z}=(z_1, z_2, \cdots, z_{n-1}, z_n)$ 中非零符号的个数称为该码字的汉明重量（Hamming Weight），简称重量，用 $w(\boldsymbol{z})$ 来表示。两个 n 长的码字 $\boldsymbol{x}=(x_1, x_2, \cdots, x_{n-1}, x_n)$ 和 $\boldsymbol{y}=(y_1, y_2, \cdots, y_{n-1}, y_n)$ 之间对应位置取值不同的个数称为两个码字之间的汉明距离（Hamming Distance），简称距离，用 $d(\boldsymbol{x}, \boldsymbol{y})$ 来表示。

对于二进制分组码而言，两个码字之间的汉明距离实际上就是两个码字模2加（异或）

结果的汉明重量，即

$$d(\boldsymbol{x},\boldsymbol{y})=w(\mathrm{xor}(\boldsymbol{x},\boldsymbol{y}))=w(\boldsymbol{x}\oplus\boldsymbol{y}) \tag{5-6}$$

【例 5-1】 设某分组码的两个码字分别为 $\boldsymbol{c}_1=(10111101)$ 和 $\boldsymbol{c}_2=(01110101)$，求两个码字各自的汉明重量以及它们之间的汉明距离。

解　根据定义，易知码字 $\boldsymbol{c}_1$ 和 $\boldsymbol{c}_2$ 的汉明重量分别为 $w(\boldsymbol{c}_1)=6$ 和 $w(\boldsymbol{c}_2)=5$，而二者之间对应位置取值不同的个数为 3，所以两个码字之间的汉明距离为

$$d(\boldsymbol{c}_1,\boldsymbol{c}_2)=3$$

容易验证，$\boldsymbol{c}_1\oplus\boldsymbol{c}_2=(11001000)$，于是可得

$$d(\boldsymbol{c}_1,\boldsymbol{c}_2)=w(\boldsymbol{c}_1\oplus\boldsymbol{c}_2)=3$$

如果将某（n，k）分组码中所有许用码字构成的集合记作 C，则称任意两个码字之间距离的最小值为该分组码 C 的最小汉明距离 $d_{\min}$，简称最小码距（Minimum Distance），即

$$d_{\min}=\min_{\boldsymbol{x},\boldsymbol{y}\in C} d(\boldsymbol{x},\boldsymbol{y}) \tag{5-7}$$

5.2.4　分组码的译码准则

在数字通信系统的接收端，信道译码器在收到接收向量 $\boldsymbol{r}$ 之后，需要进行译码从而得到发送码字向量 $\boldsymbol{c}_i$ 的估计结果。利用检测与估计理论，可以证明信道译码器的最优译码准则是最大后验概率译码，该准则在发送码字先验等概的前提下等效于最大似然译码（Maximum Likelihood Decoding，MLD）准则，即将 $\boldsymbol{r}$ 译码为

$$\boldsymbol{c}_i=\underset{\boldsymbol{c}_i\in C}{\mathrm{argmax}}\Pr\{\boldsymbol{r}\mid\boldsymbol{c}_i\} \tag{5-8}$$

式中 C 是由所有许用码字构成的集合。

对于离散无记忆信道（Discrete Memoryless Channel，DMC），只要错误转移概率 $p<0.5$，则最大似然译码准则会等效于最小距离译码（Minimum Distance Decoding，MDD）准则，即将 $\boldsymbol{r}$ 译码为

$$\boldsymbol{c}_i=\underset{\boldsymbol{c}_i\in C}{\mathrm{argmin}}\, d(\boldsymbol{r},\boldsymbol{c}_i) \tag{5-9}$$

因为对于接收向量 $\boldsymbol{r}$，如果其与 C 中某一码字向量 $\boldsymbol{c}_i$ 之间的汉明距离记为 d，即

$$d(\boldsymbol{r},\boldsymbol{c}_i)=d \tag{5-10}$$

则

$$\Pr\{\boldsymbol{r}\mid\boldsymbol{c}_i\}=p^d(1-p)^{n-d}=(1-p)^n\left(\frac{p}{1-p}\right)^d \tag{5-11}$$

由上式显然可知，只要 $p<0.5$，则 $\Pr\{\boldsymbol{r}\mid\boldsymbol{c}_i\}$ 是 d 的单调递减函数，因此只要找到 $d=d_{\min}$ 的那个码字向量 $\boldsymbol{c}_i$，便是能使 $\Pr\{\boldsymbol{r}\mid\boldsymbol{c}_i\}$ 最大的译码结果。

5.2.5　简单的分组码

（1）重复码（Repetition Code）

重复码是指具有参数（n，1）的分组码，也就是说 n 长的码字中只有一个消息符号，而其他 $n-1$ 个都是校验符号，且均是消息符号取值的重复。因此，该码只有两个许用码字，其中一个为全 0 码字，另一个为全 1 码字。显然，该码的最小码距为 $d_{\min}=n$，码率为

$$R=\frac{1}{n} \tag{5-12}$$

（2）奇偶检验码（Parity - Check Code）

奇偶校验码是具有参数（n，$n-1$）的分组码，该码的码字可以表示为（p，m_1，m_2，…，m_{n-1}），其中 p 为校验符号，m_1，m_2，…，m_{n-1} 为 $n-1$ 个消息符号，它们之间的关系可以表示为

$$m_1+m_2+\cdots+m_{n-1}+p=0 \tag{5-13}$$

或

$$m_1+m_2+\cdots+m_{n-1}+p=1 \tag{5-14}$$

其中，式（5-13）保证每个码字中 1 的个数为偶数，故满足此式的校验码为偶校验码（Even - Parity Code）；式（5-14）保证码字中 1 的个数为奇数，故满足此式的校验码为奇校验码（Odd - Parity Code）。显然，奇偶检验码的码率为

$$R=\frac{n-1}{n} \tag{5-15}$$

在接收端，译码器通过检测每个码字中所有符号的和是不是 0（或 1）来判断传输过程中是否发生了错误。但是，奇偶检验码只能用于检错，且只能检测出所有奇数个错误。

【例 5-2】 给出（4，3）偶检验码的所有码字。如果该码通过错误转移概率为 $p=0.01$ 的二进制对称信道传输，求该码不能检测出错误的概率。

解 显然，该码共有 $2^3=8$ 个码字，消息向量（m_1，m_2，m_3）与码字向量（p，m_1，m_2，m_3）之间的对应关系如表 5-1 所示。

表 5-1 （4，3）偶校验码

（m_1，m_2，m_3）	（p，m_1，m_2，m_3）
000	0000
001	1001
010	1010
100	1100
011	0011
110	0110
101	0101
111	1111

显然，该码可以检测出所有 1 个和 3 个错误，因此该码不能检测出错误的概率为

$$P_{\text{nd}}=C_4^2p^2(1-p)^2+C_4^4p^4=5.88\times10^{-4}$$

（3）二维奇偶检验码（Two - Dimensional Parity - Check Code）

二维奇偶检验码也称作方阵码（Rectangle Code）或乘积码（Product Code）。该码首先将消息符号序列排列成一个 M 行 N 列的方阵，然后在每一行后面加上 1 位水平校验符号，在每一列的下面加上 1 位垂直校验符号，这样得到的 $M+1$ 行 $N+1$ 列方阵便构成了一个码字，因此，该码的码率为

$$R=\frac{MN}{(M+1)(N+1)} \tag{5-16}$$

显然，码字方阵中发生 1 个符号错误的时候会导致该符号所在的行和列均校验失败，而

该行和该列的交叉点便是发生错误的位置，因此该码可以纠正 1 位错误。例如对于一个（36，25）二维奇偶校验码，该码的三个码字实例如图 5-4 所示。

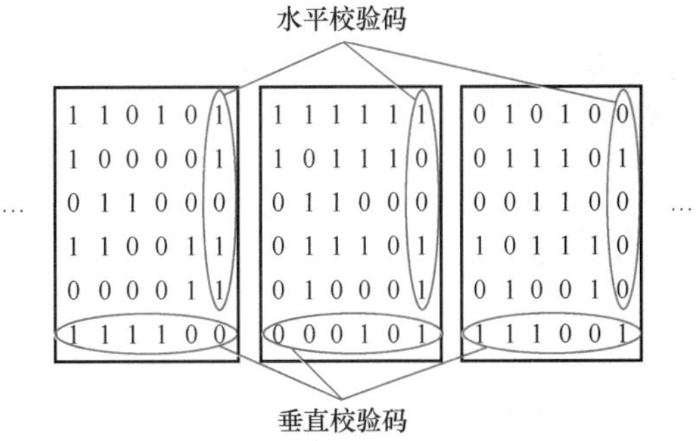

图 5-4 （36，25）二维奇偶校验码的码字

（4）恒比码（Constant Ratio Code）

该码的所有码字中均含有相同数目的 1 和 0，因而得名。在接收端只要检测每个码字中 1 的个数，便可以判断是否发生了错误。因为码字中 1 的个数称为该码字的重量，所以该码也称作等重码。

恒比码不是线性码，其最大的优点是简单，主要用于传输电传机或其他键盘设备产生的字母和符号。

（5）群计数码

该码在编码时首先计算消息向量中 1 的个数，然后用二进制数表示这个数目并作为监督位附在消息符号后面。例如要传输的消息向量为 11101，那么监督位应该是 100（十进制的 4），编出的群计数码为 11101100。显然，该码除了能发现所有奇数个错误之外，还可以发现一些偶数个错误。在消息符号中，除了 0 变为 1 和 1 变为 0 成对出现外，所有其他形式的错码都会使得消息符号中 1 的数目与监督位指示的数字不符，所以该码的检错能力较强。

5.2.6 编码增益的概念

根据前面讨论的信道编码的原理可知，为了减少接收符号中误码的数量，需要在发送消息符号序列中加入监督符号，这样会使发送序列增长，冗余度增大。若仍要保持发送消息符号速率不变，则传输速率必须增大，因而增大了系统带宽。系统带宽的增大将引起系统中噪声功率增大，使信噪比下降。信噪比的下降反而又使得系统接收符号序列中的错码增多。

一般来讲，采用信道编码之后，通信系统在正常信噪比范围内的误码率总是能够得到较大的改善，改善的程度和所用的具体编码方式有关。图 5-5 给出了某数字通信系统在使用信道编码前后的误码率性能，可以发现对于绝大部分信噪比取值范围，编码后的误码率明显小于编码前的误码率，例如当信噪比为 14dB 时，误码率从编码前的 A 点下降到了编码后的 B 点。此外还可以发现，在保持某个误码率的前提下，编码后的信噪比小于编码前的信噪比，例如对于误码率10^{-5}，未采用信道编码时需要的信噪比约为 17dB，而在采用信道编码之后需要的信噪比约为 14dB，二者的差值 3dB 称为该编码方法的编码增益（Coding Gain）。

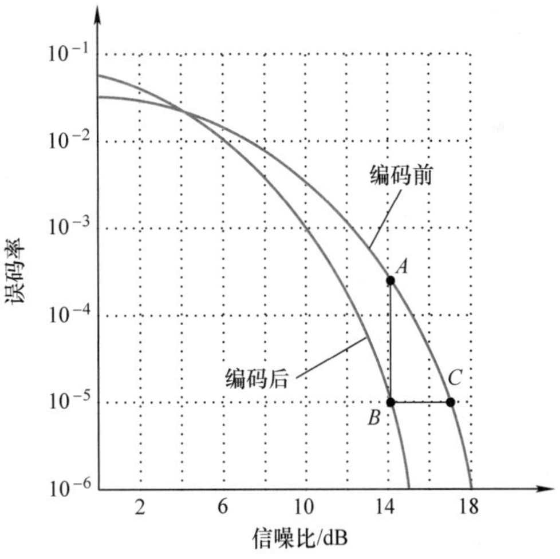

图 5-5 信道编码和误码率的关系

5.3 线性分组码

5.3 线性分组码

线性分组码是最为重要的一类信道编码技术，它是讨论其他各类码的基础。线性分组码是指具备线性性质的分组码，该类编码在过去几十年得到了深入的研究并取得了丰富的研究成果。线性分组码的线性性质保证了这类码比较容易分析和实现，并且线性分组码的性能和一般分组码的性能相似，因此得到了更为广泛的应用。

线性分组码可以用（n，k）的形式来描述，编码器负责将长度为 k 个符号的消息分组（消息向量）变换为长度为 n 个符号的码字分组（码字向量），其中 $k<n$。如果构成码字的符号只取自两个元素（0 和 1）构成的集合，则称该码为二进制码。下面的内容若不另外声明，均限于对二进制码的讨论。

对于二进制码，为了方便描述，可以将 k 比特长的消息分组简称为 k 元组（k - tuples），将 n 比特长的码字分组简称为 n 元组（n - tuples），显然一共可以形成 2^k 个不同的消息向量和 2^n 个不同的码字向量。分组编码器的工作就是要将每一个 k 元组（消息分组）变换为一个 n 元组（码字分组），实现 2^k 个消息向量分别到 2^k 个码字向量的映射。对于线性编码而言，这种映射应该为线性变换。

5.3.1 向量空间

所有二进制 n 元组构成的集合称为一个二进制域（包括 0 和 1 两个元素）上的向量空间，常记作 V_n。二进制域中的元素之间只有加法“$\oplus$”和乘法“·”两种运算，并且运算的结果仍然在二进制域中，两种运算的规则如表 5-2 所示。

表 5-2 二进制域中的运算

加法	乘法
$0\oplus0=0$	$0\cdot0=0$
$0\oplus1=1$	$0\cdot1=0$
$1\oplus0=1$	$1\cdot0=0$
$1\oplus1=0$	$1\cdot1=1$

上表中用了符号“$\oplus$”来表示模 2 加法运算，本书后面为了方便起见，在不混淆的情况下改用符号“+”来表示。

5.3.2 线性分组码的结构

向量空间 V_n 的一个子集 S 如果满足下列两个条件，则称 S 为 V_n 的一个子空间：

1）S 中包含全零向量。

2）S 中任意两个向量的和仍然在 S 内（封闭性质）。

上面两个条件对于理解线性分组码的代数性质非常重要。假设 V_i 和 V_j 是某（n，k）二进制分组码中的两个码字向量，则该（n，k）码是线性码的充要条件是 V_i+V_j 也为该码的许用码字向量。线性分组码构成一个子空间，该子空间之外的向量不能通过许用码字向量（子空间中的元素）的加法运算来得到。例如，向量空间 V_4 中共包括下列 $2^4=16$ 个 4 元组：

0000　0001　0010　0010　0100　1000　1001　1010

1100　0101　0110　0011　1101　1110　0111　1111

显然，下列元素构成的子集 S 是 V_4 的一个子空间：

0000　0101　1010　1111

容易验证子集 S 中任意两个向量的和仍然是 S 中的一个向量。

总之，2^k 个 n 元组构成的集合$\mathcal{C}$是一个（n，k）线性分组码的充要条件是该集合$\mathcal{C}$为向量空间 V_n（包括所有的 n 元组）的一个子空间。这样，对于二进制编码而言，线性分组码是由 2^k 个长度为 n 的二进制向量组成的码字集合$\mathcal{C}$，且对于任意两个码字向量 $\boldsymbol{c}_1$，$\boldsymbol{c}_2\in\mathcal{C}$均有 $\boldsymbol{c}_1+\boldsymbol{c}_2\in\mathcal{C}$，显然零向量 $\mathbf{0}$ 将会是任意线性分组码中的一个合法码字向量。由式（5-6）可知 $d(\boldsymbol{c}_1,\boldsymbol{c}_2)=w(\boldsymbol{c}_1+\boldsymbol{c}_2)$，而 $\boldsymbol{c}_1+\boldsymbol{c}_2$ 也是一个合法码字，于是对于线性分组码而言，码字重量和码字之间的距离存在一一对应的关系。

对于线性分组码$\mathcal{C}$，定义所有非零码字中重量的最小值为该码的最小重量 $w_{\min}$，即

$$w_{\min}=\min_{\substack{\boldsymbol{c}\in\mathcal{C}\\ \boldsymbol{c}\neq\mathbf{0}}}w(\boldsymbol{c})\tag{5-17}$$

显然，线性分组码的最小重量与最小码距相等，即 $w_{\min}=d_{\min}$。

线性分组码背后的结构可以用图 5-6 所示的几何结构来类比，2^n 个 n 元组（图中所有圆点与方点）构成了向量空间 V_n，而该向量空间内的 2^k 个 n 元组（图中方点）构成了一个码字向量子空间，分散在数量众多的 2^n 个点中的 2^k 个方点代表了合法码字（又称许用码字）。编码器将输入的一个消息向量编码为 2^k 个许用码字之一，然后进行传输，因为信道中会存在噪声和干扰的影响，所以接收端可能会收到扰乱后的码字（即变为向量空间 V_n 中其他某个点），如果该扰乱后的向量不是太不像发送的许用码字（离发送码字的方点不是太远），译码器便能进行正确的译码。显然，选择编码方案的基本目标如下：

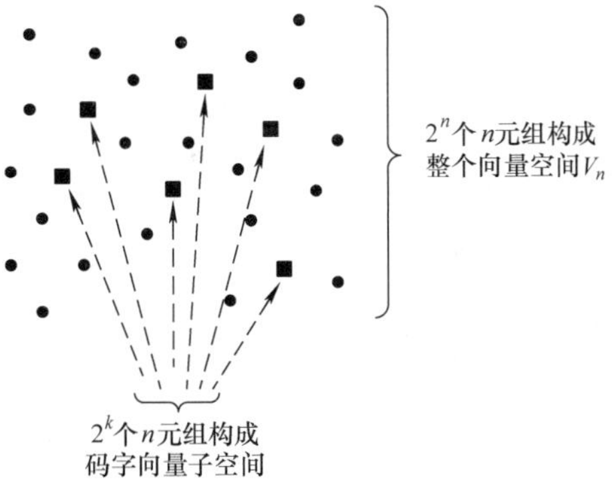

图 5-6　线性分组码的结构

1）为了提高编码效率，应该在向量空间 V_n 中安排尽可能多的码字向量，这样才能减小码字向量中的冗余度。

2）许用码字之间的距离要尽可能远，这样，即使发送码字在传输过程中受到扰乱，仍然能够以较高的概率实现正确译码。

接下来以（6，3）码为例来说明线性分组码的结构。该码共有 $2^3=8$ 个消息向量，因此共有 8 个码字，但是在向量空间 V_6 中共有 $2^6=64$ 个 6 元组，所以需要在 64 个 6 元组中选择 8 个来构成（6，3）码的所有许用码字。显然，表 5-3 中的 8 个码字构成了向量空间 V_6 的一个子空间，因此这些码字就构成了一个（6，3）线性分组码。

表 5-3 （6，3）线性分组码的码字

消息向量	码字
$\boldsymbol{m}_1$ = （000）	$\boldsymbol{c}_1$ = （000000）
$\boldsymbol{m}_2$ = （100）	$\boldsymbol{c}_2$ = （110100）
$\boldsymbol{m}_3$ = （010）	$\boldsymbol{c}_3$ = （011010）
$\boldsymbol{m}_4$ = （110）	$\boldsymbol{c}_4$ = （101110）
$\boldsymbol{m}_5$ = （001）	$\boldsymbol{c}_5$ = （101001）
$\boldsymbol{m}_6$ = （101）	$\boldsymbol{c}_6$ = （011101）
$\boldsymbol{m}_7$ = （011）	$\boldsymbol{c}_7$ = （110011）
$\boldsymbol{m}_8$ = （111）	$\boldsymbol{c}_8$ = （000111）

5.3.3 生成矩阵

对于线性分组码，利用前述的方法可以建立消息向量与码字之间的对应关系，并可以用类似于表格的结构存储下来，这样编码器便可以通过查表的方法来实现对不同消息向量的编码操作。如果 k 的取值较大，则利用查表法实现编码器的复杂度会非常巨大，以（127，92）码为例，该码共有 2^{92}（约为 5×10^{27}）个码字，此时如果仍使用简单的查表法来进行编码，则会对计算机的内存空间提出巨大需求，因此需要寻找更为实用的编码实现方法，实际上，可以通过按需生成而非存储所有码字的方法来减小编码过程的复杂度。

因为一个线性分组码的码字集合是二进制 n 维向量空间的一个 k 维子空间（$k<n$），所以通常可以找到少于 2^k 个的 n 元组构成的集合，该集合中的向量可以生成所有的 2^k 个码字，此时称这些向量张成了一个子空间，张成该子空间的最小线性独立集合称为子空间的基，而其中包含的向量个数称为子空间的维数。由 k 个线性独立的 n 元组向量 $\boldsymbol{V}_1$，$\boldsymbol{V}_2$，…，$\boldsymbol{V}_k$ 组成的集合构成一个基，因为每一个码字都是 $\boldsymbol{V}_1$，$\boldsymbol{V}_2$，…，$\boldsymbol{V}_k$ 的线性组合，所以可以使用这些向量来生成所需的线性分组码，即 2^k 个码字中的每一个码字均可以表示为

$$\boldsymbol{U}=m_1\boldsymbol{V}_1+m_2\boldsymbol{V}_2+\cdots+m_k\boldsymbol{V}_k \tag{5-18}$$

式中，m_i（取值为 0 或 1）为消息比特，$i=1，2，\cdots，k$。

通常，可以把下述 $k\times n$ 矩阵定义为生成矩阵（Generator Matrix）

$$\boldsymbol{G}=\begin{pmatrix}\boldsymbol{V}_1\\ \boldsymbol{V}_2\\ \vdots\\ \boldsymbol{V}_k\end{pmatrix}=\begin{pmatrix}v_{11} & v_{12} & \cdots & v_{1n}\\ v_{21} & v_{22} & \cdots & v_{2n}\\ \vdots & \vdots & & \vdots\\ v_{k1} & v_{k2} & \cdots & v_{kn}\end{pmatrix} \tag{5-19}$$

而由 k 个比特组成的消息序列可以表示为如下的行向量

$$\boldsymbol{m}=(m_1,m_2,\cdots,m_k) \tag{5-20}$$

这样，码字向量 $\boldsymbol{c}=(c_1，c_2，\cdots，c_n)$ 可以通过 $\boldsymbol{m}$ 和 $\boldsymbol{G}$ 的相乘来得到，即

$$\boldsymbol{c}=\boldsymbol{mG} \tag{5-21}$$

【例 5-3】 确定表 5-3 中（6，3）线性分组码的生成矩阵。

解 选取下列 3 个线性独立的码字向量 $\boldsymbol{V}_1=(110100)$、$\boldsymbol{V}_2=(011010)$、$\boldsymbol{V}_3=(101001)$ 来构成生成矩阵：

$$\boldsymbol{G}=\begin{pmatrix}\boldsymbol{V}_1\\ \boldsymbol{V}_2\\ \boldsymbol{V}_3\end{pmatrix}=\begin{pmatrix}1&1&0&1&0&0\\0&1&1&0&1&0\\1&0&1&0&0&1\end{pmatrix}$$

这样，使用该生成矩阵便可以生成表 5-3 中的所有码字，例如：

$$\boldsymbol{c}_7=\boldsymbol{m}_7\boldsymbol{G}=(011)\begin{pmatrix}1&1&0&1&0&0\\0&1&1&0&1&0\\1&0&1&0&0&1\end{pmatrix}=(110011)$$

$$\boldsymbol{c}_8=\boldsymbol{m}_8\boldsymbol{G}=(111)\begin{pmatrix}1&1&0&1&0&0\\0&1&1&0&1&0\\1&0&1&0&0&1\end{pmatrix}=(000111)$$

其他码字也可以通过同样的方法得到。

显然，码字向量是生成矩阵 $\boldsymbol{G}$ 行向量的线性组合。因为一个线性分组码可以由其生成矩阵 $\boldsymbol{G}$ 来完全确定，所以编码器仅需要存储 $\boldsymbol{G}$ 的 k 个行向量，而不必存储所有的 2^k 个码字向量。对于本例而言，相比于表 5-3 中显示的 8×6 码字向量矩阵，编码器仅需要存储 3×6 的生成矩阵，这可以显著降低编码器的复杂度。

5.3.4　系统线性分组码

系统线性分组码（n，k）是指生成的码字向量中有连续 k 位的内容与消息向量完全一样，而剩下的 $n-k$ 位表示校验比特。系统线性分组码的生成矩阵具有如下形式：

$$\boldsymbol{G}=[\boldsymbol{P}\ \boldsymbol{I}_k]=\begin{pmatrix}p_{11}&p_{12}&\cdots&p_{1,(n-k)}&1&0&\cdots&0\\p_{21}&p_{22}&\cdots&p_{2,(n-k)}&0&1&\cdots&0\\\vdots&\vdots&&\vdots&\vdots&\vdots&&\vdots\\p_{k1}&p_{k2}&\cdots&p_{k,(n-k)}&0&0&0&1\end{pmatrix}\tag{5-22}$$

式中，$\boldsymbol{P}$ 是生成矩阵的校验阵列（Parity Array）部分，$\boldsymbol{I}_k$ 是 $k\times k$ 的单位矩阵，$p_{ij}=0$ 或 1，$i=1$，2，…，k，$j=1$，2，…，$n-k$。通过使用这种系统形式的生成矩阵，可以进一步减小编码器的复杂性，因为此时不再需要存储生成矩阵中单位矩阵（即 $\boldsymbol{I}_k$）部分的内容。

将式（5-22）代入式（5-21），可得系统形式的码字 $\boldsymbol{c}=(c_1, c_2, \cdots, c_n)$ 的生成公式为

$$\boldsymbol{c}=(m_1,m_2,\cdots,m_k)\begin{pmatrix}p_{11}&p_{12}&\cdots&p_{1,(n-k)}&1&0&\cdots&0\\p_{21}&p_{22}&\cdots&p_{2,(n-k)}&0&1&\cdots&0\\\vdots&\vdots&&\vdots&\vdots&\vdots&&\vdots\\p_{k1}&p_{k2}&\cdots&p_{k,(n-k)}&0&0&0&1\end{pmatrix}\tag{5-23}$$

所以可得

$$c_i=\begin{cases}m_1p_{1i}+m_2p_{2i}+\cdots+m_kp_{ki}, & i=1,\ 2,\ \cdots,\ (n-k)\\ m_{i-n+k}, & i=(n-k+1),\ \cdots,\ n\end{cases}\tag{5-24}$$

于是

$$\boldsymbol{c}=(c_1,\ c_2,\ \cdots,\ c_n)=(\underbrace{p_1,p_2,\cdots,p_{n-k}}_{\text{校验比特}},\underbrace{m_1,m_2,\cdots,m_k}_{\text{消息比特}})\tag{5-25}$$

系统码有时也会采用消息比特在码字左端而校验比特在码字右端的形式。不过，这两种结构的系统码在差错检测与纠正能力方面并没有什么区别。

【例 5-4】　给出表 5-3 中（6，3）线性分组码的码字生成公式。

解 因为在例5-3中已经给出了该码的生成矩阵，因此该码的码字可以如下生成：

$$\boldsymbol{c} = (c_1, c_2, c_3, c_4, c_5, c_6) = (m_1, m_2, m_3)\begin{pmatrix}1 & 1 & 0 & 1 & 0 & 0\\0 & 1 & 1 & 0 & 1 & 0\\1 & 0 & 1 & 0 & 0 & 1\end{pmatrix}$$

$$= (\underbrace{m_1+m_3}_{c_1}, \underbrace{m_1+m_2}_{c_2}, \underbrace{m_2+m_3}_{c_3}, \underbrace{m_1}_{c_4}, \underbrace{m_2}_{c_5}, \underbrace{m_3}_{c_6})$$

显然，利用上式得到的码字为系统码。

5.3.5 监督矩阵

接下来讨论线性分组码的监督矩阵（Parity - Check Matrix）$\boldsymbol{H}$，它可以用来译码。对于每个 $k\times n$ 的生成矩阵 $\boldsymbol{G}$，一定存在一个 $(n-k)\times n$ 的矩阵 $\boldsymbol{H}$，该矩阵的行向量与生成矩阵 $\boldsymbol{G}$ 的行向量正交，即

$$\boldsymbol{G}\boldsymbol{H}^{\mathrm{T}} = \boldsymbol{0} \tag{5-26}$$

式中，$\boldsymbol{H}^{\mathrm{T}}$ 是 $\boldsymbol{H}$ 的转置矩阵，$\boldsymbol{0}$ 是一个 $k\times(n-k)$ 的全零矩阵。于是，对于该码的任意一个码字 $\boldsymbol{c}$，均有

$$\boldsymbol{c}\boldsymbol{H}^{\mathrm{T}} = \boldsymbol{m}\boldsymbol{G}\boldsymbol{H}^{\mathrm{T}} = \boldsymbol{0} \tag{5-27}$$

式中，$\boldsymbol{0}$ 是一个 $1\times(n-k)$ 的全零向量。上式可以用来检验一个接收向量是否为一个合法的码字：判断码字 $\boldsymbol{c}$ 是由矩阵 $\boldsymbol{G}$ 生成的充要条件为 $\boldsymbol{c}\boldsymbol{H}^{\mathrm{T}}=\boldsymbol{0}$。

对于生成矩阵为 $\boldsymbol{G}=[\boldsymbol{P}\ \boldsymbol{I}_k]$ 的系统码而言，为了保证与生成矩阵 $\boldsymbol{G}$ 正交，监督矩阵 $\boldsymbol{H}$ 显然应具有如下结构：

$$\boldsymbol{H} = [\boldsymbol{I}_{n-k}\ \boldsymbol{P}^{\mathrm{T}}] \tag{5-28}$$

【例5-5】 给出表5-3中（6，3）码的监督矩阵，并验证 $\boldsymbol{c}\boldsymbol{H}^{\mathrm{T}}=\boldsymbol{0}$。

解 由例5-3可知该码的生成矩阵为

$$\boldsymbol{G} = [\boldsymbol{P}\ \boldsymbol{I}_3] = \begin{pmatrix}1 & 1 & 0 & 1 & 0 & 0\\0 & 1 & 1 & 0 & 1 & 0\\1 & 0 & 1 & 0 & 0 & 1\end{pmatrix}$$

于是，对应的监督矩阵为

$$\boldsymbol{H} = [\boldsymbol{I}_3\quad \boldsymbol{P}^{\mathrm{T}}] = \begin{pmatrix}1 & 0 & 0 & 1 & 0 & 1\\0 & 1 & 0 & 1 & 1 & 0\\0 & 0 & 1 & 0 & 1 & 1\end{pmatrix}$$

因此，可得

$$\boldsymbol{c}\boldsymbol{H}^{\mathrm{T}} = (c_1, c_2, c_3, c_4, c_5, c_6)\begin{pmatrix}1 & 0 & 0\\0 & 1 & 0\\0 & 0 & 1\\1 & 1 & 0\\0 & 1 & 1\\1 & 0 & 1\end{pmatrix} = (c_1+c_4+c_6, c_2+c_4+c_5, c_3+c_5+c_6)$$

由例 4-4 可知 $\boldsymbol{c}=(c_1, c_2, c_3, c_4, c_5, c_6)=(m_1+m_3, m_1+m_2, m_2+m_3, m_1, m_2, m_3)$，代入上式可得

$$\boldsymbol{cH}^{\mathrm{T}}=(000)=\mathbf{0}$$

线性分组码的最小码距 $d_{\min}$ 和监督矩阵 $\boldsymbol{H}$ 的列向量之间存在密切的关系。前面讲过，判断一个向量 $\boldsymbol{c}$ 是否为一个合法码字的充要条件为 $\boldsymbol{cH}^{\mathrm{T}}=0$。假如选择 $\boldsymbol{c}$ 是具有最小重量 $w_{\min}$（或 $d_{\min}$）的码字，那么由关系式 $\boldsymbol{cH}^{\mathrm{T}}=\mathbf{0}$ 可知监督矩阵 $\boldsymbol{H}$ 中有 $d_{\min}$ 列是线性相关的；另一方面，由于没有重量小于 $d_{\min}$ 的码字，所以 $\boldsymbol{H}$ 中不可能会有少于 $d_{\min}$ 列是线性相关的。因此，$d_{\min}$ 等于 $\boldsymbol{H}$ 中线性相关的列向量的最小数目，也就是说 $\boldsymbol{H}$ 的列空间是 $d_{\min}-1$ 维的。例如，观察例 5-5 中（6，3）码的监督矩阵，可以发现其线性相关的列向量的最小数目为 3，所以可以确定该码的最小码距为 $d_{\min}=3$。

根据前面的讨论可知，一个（n，k）线性分组码$\mathcal{C}$是向量空间 V_n 的一个 k 维子空间，因此$\mathcal{C}$会有一个正交补集（Orthogonal Complement）$\mathcal{C}^{\perp}$，即由所有正交于$\mathcal{C}$的向量组成的集合。显然，正交补集$\mathcal{C}^{\perp}$是向量空间 V_n 的一个 $n-k$ 维子空间，所以也表示了一个线性分组码，称为码$\mathcal{C}$的对偶码（Dual Code）。可以证明，码$\mathcal{C}$的生成矩阵是对偶码$\mathcal{C}^{\perp}$的一个监督矩阵。

5.3.6　伴随式校验

对于编码器输出的一个码字 $\boldsymbol{c}=(c_1, c_2, \cdots, c_n)$，在传输过程中某些位可能会出错，这样经过信道传输后的接收向量 $\boldsymbol{r}=(r_1, r_2, \cdots, r_n)$ 可以表示为

$$\boldsymbol{r}=\boldsymbol{c}+\boldsymbol{e} \tag{5-29}$$

式中 $\boldsymbol{e}=(e_1, e_2, \cdots, e_n)$ 表示信道传输引起的错误向量，称为错误图样（Error Pattern）。显然，对于长度为 n 的二进制码字，一共有 2^n-1 个可能的非零错误图样。

对于接收向量 $\boldsymbol{r}$，译码器为了进行校验会计算其伴随式（Syndrome）。定义下面的 $1\times(n-k)$ 向量 $\boldsymbol{s}$ 为对应于 $\boldsymbol{r}$ 的伴随式：

$$\boldsymbol{s}=\boldsymbol{rH}^{\mathrm{T}} \tag{5-30}$$

伴随式是对 $\boldsymbol{r}$ 执行监督校验的结果，它可以用来确定 $\boldsymbol{r}$ 是否为一个合法码字：如果 $\boldsymbol{r}$ 是一个合法码字，则其对应的伴随式 $\boldsymbol{s}=\mathbf{0}$；如果 $\boldsymbol{r}$ 中包含可检测到的错误，则其对应的伴随式 $\boldsymbol{s}$ 中会有非零元素值；如果 $\boldsymbol{r}$ 中包含可纠正的错误，则其伴随式 $\boldsymbol{s}$ 中会有特殊的非零值来标记特定的错误图样。在计算完伴随式之后，译码器可能工作在 FEC 或 ARQ 模式，其中 FEC 译码器会定位错误位置并进行纠正，而 ARQ 译码器则会请求重传。

将式（5-29）代入式（5-30），可得

$$\boldsymbol{s}=\boldsymbol{rH}^{\mathrm{T}}=(\boldsymbol{c}+\boldsymbol{e})\boldsymbol{H}^{\mathrm{T}}=\boldsymbol{eH}^{\mathrm{T}} \tag{5-31}$$

上式表明在伴随式校验中，由受扰码字向量 $\boldsymbol{r}$ 或对应的错误图样 $\boldsymbol{e}$ 得到的伴随式是一样的。线性分组码有一个重要的性质（译码的基础）：可纠正的错误图样和伴随式是一一对应的。利用式（5-31），可知监督矩阵 $\boldsymbol{H}$ 应具有下列两个重要性质：

1）监督矩阵 $\boldsymbol{H}$ 的列向量不能有全零向量。否则，在对应的码字位置发生的错误不会改变伴随式，故该种错误不能检测到。

2）监督矩阵 $\boldsymbol{H}$ 的所有列向量必须彼此不同。否则，如果 $\boldsymbol{H}$ 中的两列是相同的，则发生在这两个对应位置的错误将是不可区分的。

【例5-6】 仍考虑前例中的（6，3）线性分组码，假设当发送码字为 $\boldsymbol{c}=(101110)$ 时，接收向量是 $\boldsymbol{r}=(001110)$。求伴随式 $\boldsymbol{s}=\boldsymbol{rH}^{\mathrm{T}}$，并验证其等于 $\boldsymbol{eH}^{\mathrm{T}}$。

解 由接收向量 $\boldsymbol{r}$ 可得其伴随式为

$$\boldsymbol{s}=\boldsymbol{rH}^{\mathrm{T}}=(001110)\begin{pmatrix}1&0&0\\0&1&0\\0&0&1\\1&1&0\\0&1&1\\1&0&1\end{pmatrix}=(100)$$

显然，错误图样为 $\boldsymbol{e}=\boldsymbol{c}+\boldsymbol{r}=(100000)$，于是

$$\boldsymbol{eH}^{\mathrm{T}}=(100000)\begin{pmatrix}1&0&0\\0&1&0\\0&0&1\\1&1&0\\0&1&1\\1&0&1\end{pmatrix}=(100)$$

因此可知 $\boldsymbol{s}=\boldsymbol{rH}^{\mathrm{T}}=\boldsymbol{eH}^{\mathrm{T}}$。

5.3.7 错误纠正

前面的例子给出了检测单个错误的情况，可以发现无论利用受扰码字还是对应的错误图样，伴随式校验均可以产生相同的伴随式。这表明传输错误不仅可以检测，而且由于可纠正错误图样与伴随式之间的一一对应，错误图样还可以得到纠正。

下面介绍用标准阵列（Standard Array）纠错的概念。对于一个（n，k）码，标准阵列是由所有 2^n 个可能的 n 比特长的接收向量组成的 2^k 列 2^{n-k} 行的阵列，它的结构如下：第一行由所有的合法码字构成，其中第一个元素为全零码字；第一列包含所有可纠正的错误图样；每一行称为一个陪集（Coset），每行的第一个元素表示一个错误图样，称为陪集首（Coset Leader），每行后面的元素都是合法码字被该行陪集首扰乱后的接收向量。标准阵列的结构可以用表5-4来描述。

表5-4 标准阵列的结构

$\boldsymbol{c}_1=\boldsymbol{e}_1=0$	$\boldsymbol{c}_2$	…	$\boldsymbol{c}_i$	…	$\boldsymbol{c}_{2^k}$
$\boldsymbol{e}_2$	$\boldsymbol{c}_2+\boldsymbol{e}_2$	…	$\boldsymbol{c}_i+\boldsymbol{e}_2$	…	$\boldsymbol{c}_{2^k}+\boldsymbol{e}_2$
$\boldsymbol{e}_3$	$\boldsymbol{c}_2+\boldsymbol{e}_3$	…	$\boldsymbol{c}_i+\boldsymbol{e}_3$	…	$\boldsymbol{c}_{2^k}+\boldsymbol{e}_3$
⋮	⋮		⋮		⋮
$\boldsymbol{e}_j$	$\boldsymbol{c}_2+\boldsymbol{e}_j$	…	$\boldsymbol{c}_i+\boldsymbol{e}_j$	…	$\boldsymbol{c}_{2^k}+\boldsymbol{e}_j$
⋮	⋮		⋮		⋮
$\boldsymbol{e}_{2^{n-k}}$	$\boldsymbol{c}_2+\boldsymbol{e}_{2^{n-k}}$	…	$\boldsymbol{c}_i+\boldsymbol{e}_{2^{n-k}}$	…	$\boldsymbol{c}_{2^k}+\boldsymbol{e}_{2^{n-k}}$

由上表可见，标准阵列第一行第一列的元素为全零码字 $\boldsymbol{c}_1=\boldsymbol{0}$，该元素有双重作用：既是合法码字之一，又可看作是一个错误图样 $\boldsymbol{e}_1=\boldsymbol{0}$，表示传输过程中没有错误发生，即 $\boldsymbol{r}=\boldsymbol{c}$。显然，标准阵列包含了向量空间 V_n 中所有的 2^n 个 n 元组，每个 n 元组在标准阵列中仅

出现一次，这样，每个陪集包含 2^k 个 n 元组，标准阵列中共有 $2^n/2^k=2^{n-k}$ 个陪集。

译码算法就是要将受扰的接收向量（标准阵列中第一行之外的其他 n 元组）纠正为该向量所在列顶部的合法码字。假设一个合法码字 $\boldsymbol{c}_i(i\in\{1,2,\cdots,2^k\})$ 通过一个噪声干扰的信道传输，得到的受扰接收向量为 $\boldsymbol{c}_i+\boldsymbol{e}_j$，式中 $j\in\{1,2,\cdots,2^{n-k}\}$。这样，如果信道引起的错误图样 $\boldsymbol{e}_j$ 是一个陪集首，接收向量会被正确地纠正为传输码字 $\boldsymbol{c}_i$；如果错误图样不是一个陪集首，则会导致译码错误发生。

1. 陪集的伴随式

如果 $\boldsymbol{e}_j$ 是第 j 个陪集的陪集首（即错误图样），则 $\boldsymbol{c}_i+\boldsymbol{e}_j$ 将会是该陪集中的一个 n 元组，该 n 元组的伴随式为

$$\boldsymbol{s}=(\boldsymbol{c}_i+\boldsymbol{e}_j)\boldsymbol{H}^{\mathrm{T}}=\boldsymbol{c}_i\boldsymbol{H}^{\mathrm{T}}+\boldsymbol{e}_j\boldsymbol{H}^{\mathrm{T}} \tag{5-32}$$

因为 $\boldsymbol{c}_i$ 是一个合法码字,所以 $\boldsymbol{c}_i\boldsymbol{H}^{\mathrm{T}}=\boldsymbol{0}$,于是上式变为

$$\boldsymbol{s}=(\boldsymbol{c}_i+\boldsymbol{e}_j)\boldsymbol{H}^{\mathrm{T}}=\boldsymbol{e}_j\boldsymbol{H}^{\mathrm{T}} \tag{5-33}$$

从上式可知，陪集（标准阵列的每行）中的每一个元素均有相同的伴随式，而不同陪集对应的伴随式则均不相同，这样便可以通过伴随式来估计对应的错误图样。

2. 纠错译码

根据前面的讨论，纠错译码的步骤如下。

1）计算接收向量 $\boldsymbol{r}$ 的伴随式 $\boldsymbol{s}=\boldsymbol{r}\boldsymbol{H}^{\mathrm{T}}$。

2）从标准阵列中找到某个陪集首（错误图样）$\boldsymbol{e}_j$，使得其伴随式 $\boldsymbol{e}_j\boldsymbol{H}^{\mathrm{T}}$ 也等于 $\boldsymbol{s}$。

3）利用式 $\boldsymbol{c}=\boldsymbol{r}+\boldsymbol{e}_j$ 将接收向量 $\boldsymbol{r}$ 纠正为合法码字 $\boldsymbol{c}$。该式可以理解为从接收向量中减去了找到的错误图样，由于是二进制运算，所以减法和加法是相同的。

3. 错误图样的确定

仍考虑前例中的（6，3）码，可以将与该码对应的 $2^6=64$ 个 6 元组写成标准阵列，如表 5-5 所示。$2^3=8$ 个合法码字构成了标准阵列的第一行，第一列中的 7 个非零陪集首表示可纠正的错误图样。

显然在该表中，所有重量为 1 的错误图样（共有 6 个）均是可以纠正的；此外可以发现，除了可以纠正所有重量为 1 的错误图样之外，因为标准阵列的前 7 行没有用完所有的 64 个 6 元组，还剩下一个没有分配的陪集首，所以该码还有纠正一个额外错误图样的能力。在剩下的 8 个 6 元组构成的陪集中，可以灵活地选择一个作为陪集首，在表 5-5 中选择了重量为 2 的错误图样 $\boldsymbol{e}_8=$（100010）作为第 8 行的陪集首。注意：当且仅当信道引起的真实错误图样是该标准阵列中的一个陪集首时，译码结果才是正确的。

表 5-5　（6，3）码的标准阵列

000000	110100	011010	101110	101001	011101	110011	000111
000001	110101	011011	101111	101000	011100	110010	000110
000010	110110	011000	101100	101011	011111	110001	000101
000100	110000	011110	101010	101101	011001	110111	000011
001000	111100	010010	100110	100001	010101	111011	001111
010000	100100	001010	111110	111001	001101	100011	010111
100000	010100	111010	001110	001001	111101	010011	100111
100010	010110	111000	001100	001011	111111	010001	100101

一般而言，对于一个纠错能力为 t 的码，如果标准阵列的陪集首正好包含所有不大于 t 个错误的错误图样，且不包含任何其他错误图样（即没有多余的纠错能力），则称该码为完美码（Perfect Code）。

实际上，在选择陪集首时应该按照错误图样重量从小到大的顺序来排列，这样才能使得正确译码的概率最高，因为重量小的错误图样出现的概率更高。例如，对于错误转移概率为 $p=0.01$ 的二进制对称信道，上述（6，3）码的码字经过该信道传输之后，不发生错误的概率为 $(1-p)^6=0.9415$，发生1比特错误的概率为 $C_6^1p(1-p)^5=5.71\times10^{-2}$，发生2比特错误的概率为 $C_6^2p^2(1-p)^4=1.4\times10^{-3}$，发生3比特错误的概率为 $C_6^3p^3(1-p)^3=1.9406\times10^{-5}$，以此类推。

接下来，通过计算 $\boldsymbol{e}_j\boldsymbol{H}^{\mathrm{T}}$ 的值可以获得每个陪集首 $\boldsymbol{e}_j$ 对应的伴随式，而这些伴随式均对应可以纠正的错误图样。即

$$\boldsymbol{s}=\boldsymbol{e}_j\boldsymbol{H}^{\mathrm{T}}=\boldsymbol{e}_j\begin{pmatrix}1&0&0\\0&1&0\\0&0&1\\1&1&0\\0&1&1\\1&0&1\end{pmatrix} \tag{5-34}$$

因此，上述标准阵列中各个陪集首对应的伴随式的计算结果见表5-6。

表5-6 （6，3）码的伴随式查询表

错误图样	伴随式
000000	000
000001	101
000010	011
000100	110
001000	001
010000	010
100000	100
100010	111

4. 纠错举例

对于接收向量 $\boldsymbol{r}$，在计算得到其伴随式 $\boldsymbol{s}=\boldsymbol{r}\boldsymbol{H}^{\mathrm{T}}$ 之后，可以通过形如表5-6的伴随式查询表来找到对应的错误图样。这样得到的错误图样是实际错误图样的一个估计值，可以记作 $\hat{\boldsymbol{e}}$，然后译码器将其与接收向量 $\boldsymbol{r}$ 相加，便可得到发送码字的估计值 $\hat{\boldsymbol{c}}$：

$$\hat{\boldsymbol{c}}=\boldsymbol{r}+\hat{\boldsymbol{e}}=(\boldsymbol{c}+\boldsymbol{e})+\hat{\boldsymbol{e}}=\boldsymbol{c}+(\boldsymbol{e}+\hat{\boldsymbol{e}}) \tag{5-35}$$

由上式可知，假如估计的错误图样与实际的错误图样相同，即 $\hat{\boldsymbol{e}}=\boldsymbol{e}$，那么得到的码字估计值 $\hat{\boldsymbol{c}}$ 与发送的实际码字 $\boldsymbol{c}$ 相等；假如错误图样的估计值不正确，则译码器得到的码字估计值不是实际的发送码字，这会导致无法检测的译码错误发生。

【例5-7】 继续考虑上述（6，3）码，假设当发送码字为 $\boldsymbol{c}=(101110)$ 时的接收向量为 $\boldsymbol{r}=(001110)$，利用表5-6所示的伴随式查询表对 $\boldsymbol{r}$ 进行译码。

解 由接收向量 $\boldsymbol{r}$ 可以求得伴随式为

$$s = rH^{\mathrm{T}} = (001110)\begin{pmatrix}1 & 0 & 0\\0 & 1 & 0\\0 & 0 & 1\\1 & 1 & 0\\0 & 1 & 1\\1 & 0 & 1\end{pmatrix} = (100)$$

通过伴随式查询表可知与该伴随式对应的错误图样的估计值为

$$\hat{e} = (100000)$$

于是纠正后的码字估计值为

$$\hat{c} = r + \hat{e} = (101110)$$

显然，得到的错误图样估计值与实际的错误图样一样，所以译码结果正确。

可以验证，对于所有重量为 1 的错误图样，该（6，3）码均可以正确译码；但是对于重量为 2 以上的错误图样，该码仅能对错误图样为 $e = (100010)$ 时的接收向量实现正确译码。例如，对于同样的发送码字 $c = (101110)$，经过三次传输之后的接收向量分别为 $r_1 = (001100)$、$r_2 = (100010)$ 和 $r_3 = (111111)$，易得 r_1、r_2 和 r_3 对应的伴随式均为 $s = (111)$，查表 5-6 之后可得错误图样的估计值均为 $\hat{e} = (100010)$，于是 r_1、r_2 和 r_3 译码后得到的码字估计值分别为 $\hat{c}_1 = r_1 + \hat{e} = (101110)$、$\hat{c}_2 = r_2 + \hat{e} = (000000)$ 和 $\hat{c}_3 = r_3 + \hat{e} = (011101)$，显然只有第一次传输的接收向量可以实现正确译码，而后两次传输的接收向量会发生译码错误。

5.3.8　译码器电路

对于码长较短的线性分组码而言，可以用由异或门和与门构成的简单电路来实现译码。接下来以（6，3）码为例说明译码器电路的结构。

根据前面描述的译码程序，首先应根据接收向量 $r = (r_1, r_2, \cdots, r_n)$ 来计算其对应的伴随式 $s = (s_1, s_2, s_3)$：

$$s = rH^{\mathrm{T}} = (r_1, r_2, \cdots, r_n)\begin{pmatrix}1 & 0 & 0\\0 & 1 & 0\\0 & 0 & 1\\1 & 1 & 0\\0 & 1 & 1\\1 & 0 & 1\end{pmatrix} \tag{5-36}$$

因此，可得

$$\begin{cases}s_1 = r_1 + r_4 + r_6\\s_2 = r_2 + r_4 + r_5\\s_3 = r_3 + r_5 + r_6\end{cases} \tag{5-37}$$

接着，利用得到的伴随式确定错误图样的估计值，然后将错误图样的估计值与接收向量进行模 2 加即可完成译码。这样，可得（6，3）码的译码电路如图 5-7 所示，注意图中电路只能纠正 1 位错误，若要实现对 2 位错误的纠正则需要更多的电路。

如果线性分组码的码长较长，这种电路的实现将会非常复杂。更好的译码方法是使用串

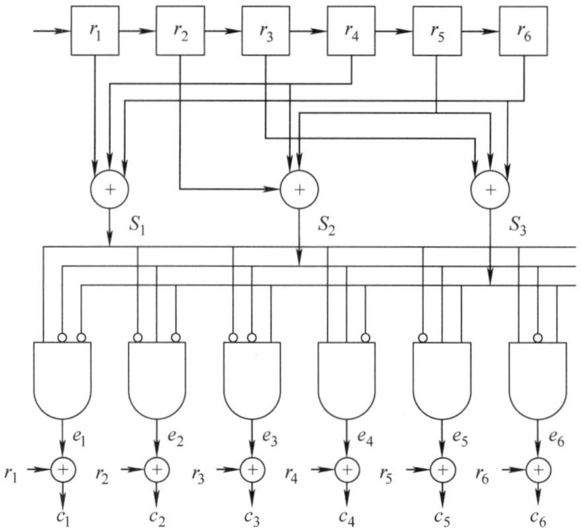

图 5-7 （6，3）码的译码电路

行方法来代替此处的并行方法。

5.4 线性分组码的检错和纠错能力

5.4 线性分组码的检错和纠错能力

首先通过一个例子来讨论线性分组码的检错和纠错能力。如图 5-8 所示，$\boldsymbol{U}$ 和 $\boldsymbol{V}$ 表示两个合法码字，它们之间的汉明距离为5，而图中的黑色圆点表示发送码字受扰后可能得到的接收向量。根据最大似然译码准则，如果接收向量 $\boldsymbol{r}$ 落在区域 1 则译码为 $\boldsymbol{U}$，如果接收向量 $\boldsymbol{r}$ 落在区域 2 则译码为 $\boldsymbol{V}$。

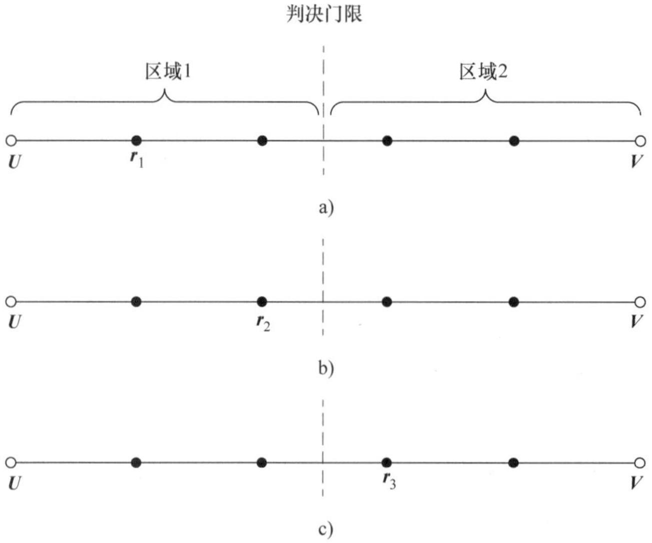

图 5-8 线性分组码的纠错和检错

如果接收向量如图 5-8a 中的 $\boldsymbol{r}_1$，即离 $\boldsymbol{U}$ 和 $\boldsymbol{V}$ 的距离分别为 1 和 4，那么会将 $\boldsymbol{r}_1$ 译码为 $\boldsymbol{U}$。假如 $\boldsymbol{r}_1$ 是发送码字 $\boldsymbol{U}$ 发生 1 位错误的结果，那么译码器便能实现正确的译码；假如 $\boldsymbol{r}_1$

是发送码字 $\boldsymbol{V}$ 发生 4 位错误的结果，那么译码器会发生译码错误。同理，如果发送码字 $\boldsymbol{U}$ 在传输过程中发生了 2 位错误，如图 5-8b 中的 $\boldsymbol{r}_2$，即与 $\boldsymbol{U}$ 和 $\boldsymbol{V}$ 的距离分别为 2 和 3，那么会将 $\boldsymbol{r}_2$ 译码为 $\boldsymbol{U}$，译码正确；如果发送码字 $\boldsymbol{U}$ 在传输过程中发生了 3 位错误，如图 5-8c 中的 $\boldsymbol{r}_3$，即与 $\boldsymbol{U}$ 和 $\boldsymbol{V}$ 的距离分别为 3 和 2，那么会将 $\boldsymbol{r}_3$ 译码为 $\boldsymbol{V}$，此时译码错误。

如果将该码只用于检错，那么所有落在图 5-8 中黑色圆点上的接收向量均可以被检测出错误，即可以检查出 4 位以下的错误。但是，如果传输过程中发生了 5 位错误，那么一个合法码字会被错译为另一个合法码字，此时会发生不可检测的译码错误。

从上面的讨论可以发现，线性分组码的检错和纠错能力与该码的最小码距 $d_{\min}$ 之间有着密切的关系。由线性分组码的定义可知，任意两个合法码字之和仍然是一个合法码字，即对于某个线性分组码 $\mathcal{C}$，如果码字 $\boldsymbol{U}$，$\boldsymbol{V} \in \mathcal{C}$，则有 $\boldsymbol{U}+\boldsymbol{V} \in \mathcal{C}$。对于二进制线性分组码而言，由 5.2.3 节的讨论可知，两个码字之间的汉明距离实际上就是两个码字模 2 相加结果的汉明重量，因此，为了求得线性分组码的最小码距，只需要找到所有合法码字（全零码字除外）中汉明重量最小的那个码字，其重量便是该码的最小码距 $d_{\min}$。

容易证明，对于一个最小码距为 $d_{\min}$ 的（n，k）线性分组码，关于其检错和纠错能力有如下结论：

1）如果该码只用于纠错，可以确保能够纠正的错误位数最多为

$$t=\left\lfloor\frac{d_{\min}-1}{2}\right\rfloor \tag{5-38}$$

式中，$\lfloor\cdot\rfloor$ 表示向下取整。对于能够确保纠正 t 个以下错误的码，也可能具有纠正某些 $t+1$ 个错误的能力。例如表 5-5 中标准阵列给出的（6，3）码的最小码距为 $d_{\min}=3$，因此可以确保纠正 1 位错误，但是也能纠正一个 2 位的错误。一般来说，能够纠正 t 个错误的（n，k）线性分组码一共能够纠正 2^{n-k} 个错误图样。

2）如果该码只用于检错，可以确保检测出的错误位数最多为

$$e=d_{\min}-1 \tag{5-39}$$

对于能够确保可以检测出 e 位以下错误的码，也有可能检测出一部分多于 e 位错误的错误图样。一般来说，（n，k）线性分组码一共能够检测出 2^n-2^k 个错误图样，因为该码共有 2^n-1 个可能的非零错误图样，其中有 2^k-1 个与非零码字相同的错误图样是不能检测出来的（一个码字会错为另一个码字）。

对于（n，k）线性分组码，令 A_j 表示重量为 j 的码字数量，则称 A_0，A_1，…，A_n 为该码的重量分布（Weight Distribution）。假如该码仅用于检错并通过二进制对称信道传输，可以证明译码器不能检测出错误的概率为

$$P_{\mathrm{nd}}=\sum_{j=1}^{n} A_j p^j(1-p)^{n-j} \tag{5-40}$$

式中，p 是错误转移概率。此外，如果该码的最小码距为 $d_{\min}$，那么显然从 A_1 到 $A_{d_{\min}-1}$ 的值都是 0。

【例 5-8】 如果将表 5-3 中的（6，3）码用于检错，并假设传输信道为错误转移概率为 $p=0.01$ 的二进制对称信道，求该码不能检测出错误的概率。

解 由表 5-3 中的码字可以统计出：$A_0=1$，$A_1=A_2=0$，$A_3=4$，$A_4=3$，$A_5=A_6=0$。因此，不能检测出错误的概率为

$$P_{nd}=A_3p^3(1-p)^3+A_4p^4(1-p)^2=3.91\times10^{-6}$$

3）如果该码同时用于纠正 α 个错误、检测 β 个错误（$\beta\geqslant\alpha$），则要求

$$d_{min}\geqslant\alpha+\beta+1 \tag{5-41}$$

总之，如果不多于 t 个错误发生，该码可以检测和纠正这些错误；如果多于 t 个但是小于 $e+1$ 个错误发生，则该码可以检测到错误的存在但是仅能纠正其中一部分。例如，对于最小码距为 $d_{min}=7$ 的线性分组码，可以采用表 5-7 中的方案之一来进行检错或纠错。

表 5-7 $d_{min}=7$ 码的纠错与检错能力

纠错 α 位	检错 β 位
3	3
2	4
1	5
0	6

注意纠错意味着首先要检错，例如当发生 3 位错误时，该码可以检测所有错误并能进行纠正，而当发生 5 位错误时，该码可以检测出所有错误但是仅能纠正其中 1 位错误。

【例 5-9】 讨论（3，1）重复码和（4，1）重复码的检错和纠错能力。

解 先来考虑（3，1）重复码，显然两个合法码字分别是（000）和（111），且该码的码率为 $R=\frac{1}{3}$，最小码距为 $d_{min}=3$。

如果该码用于检错，由 $d_{min}\geqslant e+1$ 可知该码最多可以检测出 2 个错误，例如当发送码字为（000）时，只要错误比特个数不超过两个均可以发现，如图 5-9a 所示。

如果该码用于纠错，由 $d_{min}\geqslant 2t+1$ 可知该码可以纠正 1 个错误，如图 5-9b 所示，例如对于发送码字（000），根据最小距离译码准则，只有当接收向量为（001）、（010）或（100）时才能实现正确译码，而当接收向量为（011）、（110）或（101）时会被错误地纠正为码字（111）。当该码通过错误转移概率为 $p=0.01$ 的二进制对称信道传输时，译码错误概率为

$$P_M=C_3^2p^2(1-p)+p^3=2.98\times10^{-4}$$

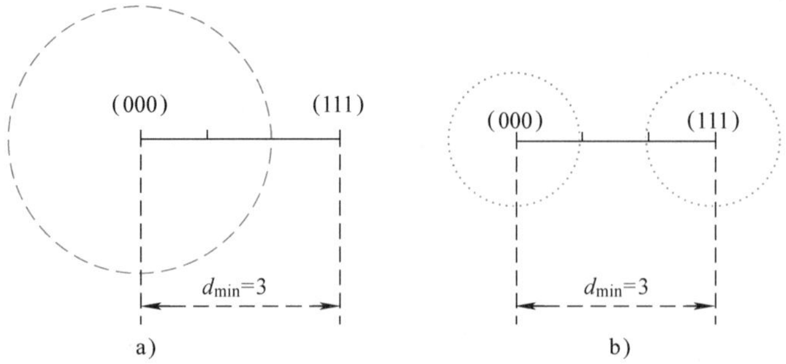

图 5-9 （3，1）重复码的检错和纠错能力

接着考虑（4，1）重复码，显然两个合法码字分别是（0000）和（1111），且该码的码率为 $R=\frac{1}{4}$，最小距离为 $d_{min}=4$。

如果该码用于检错，由 $d_{\min} \geqslant e+1$ 可知该码最多可以检测出 3 个错误，例如当发送码字为（0000）时，只要错误个数不超过三个均可以发现，如图 5-10a 所示。

如果该码用于纠错，由 $d_{\min} \geqslant 2t+1$ 可知该码只可以纠正 1 个错误，如图 5-10b 所示。实际上此时该码还可以同时用于检错，因为由 $d_{\min} \geqslant \alpha+\beta+1$ 可知该码可以同时纠正 1 个错误、检查出 2 个错误，如图 5-10c 所示。例如对于发送码字（0000），当接收向量为（0001）、（0010）、（0100）或（1000）时均可以实现正确译码，当接收向量为（0011）、（0110）、（1100）、（1001）、（0101）或（1010）时可以检测出错误，而当接收向量为（0111）、（1110）、（1101）或（1011）时会被错误地纠正为码字（1111）。当该码通过错误转移概率为 $p=0.01$ 的二进制对称信道传输时，译码错误概率为

$$P_{\mathrm{M}} = \mathrm{C}_4^3 p^3(1-p)+p^4 = 3.97\times10^{-6}$$

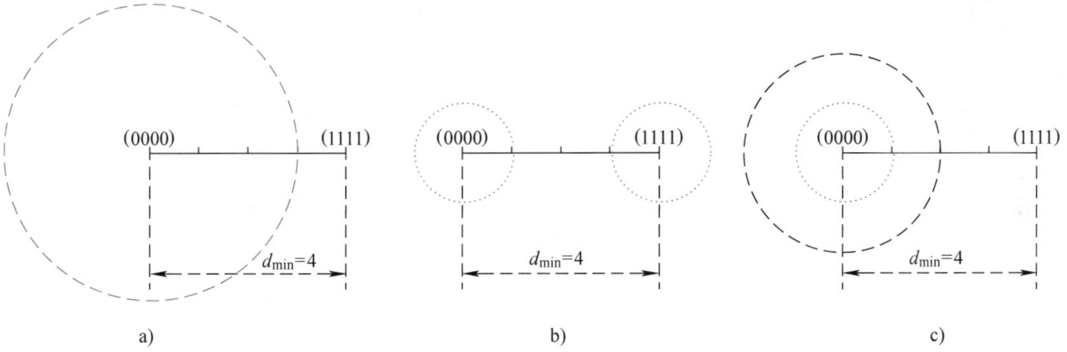

图 5-10　（4，1）重复码的检错和纠错能力

一般而言，随着码长 n 的增加，（n，1）重复码的抗干扰能力会越来越强，但是码率 $R=\dfrac{1}{n}$会越来越低，且随着 n 的增加会趋近零。

【例 5-10】 讨论码长分别为 $n=2$，3，4 时偶校验码的检错和纠错能力。

解　先来考虑（2，1）偶校验码，显然该码只有 2 个合法码字，分别为（00）和（11），且该码的码率为 $R=\dfrac{1}{2}$，最小码距为 $d_{\min}=2$，因此该码仅能检测出 1 个错误。若该码通过错误转移概率为 $p=0.01$ 的二进制对称信道传输，显然发生 2 位错误时译码器不能检测出错误，因此译码器不能检测出错误的概率为 $P_{\mathrm{nd}}=p^2=10^{-4}$；如果用码字重量来计算，该码的重量分布为 $A_0=A_2=1$，于是有 $P_{\mathrm{nd}}=A_2p^2=10^{-4}$。

接着考虑（3，2）偶校验码，显然该码有 $2^2=4$ 个码字，分别为（000）、（101）、（110）和（011），该码的码率为 $R=\dfrac{2}{3}$，最小码距为 $d_{\min}=2$，因此该码也只能检测出 1 个错误。若该码通过错误转移概率为 $p=0.01$ 的二进制对称信道传输时，显然发生 2 位错误时译码器不能检测出错误，因此译码器不能检测出错误的概率为 $P_{\mathrm{nd}}=\mathrm{C}_3^2p^2(1-p)=2.97\times10^{-4}$；如果用码字重量来计算，该码的重量分布为 $A_0=1$，$A_2=3$，于是有 $P_{\mathrm{nd}}=A_2p^2(1-p)=2.97\times10^{-4}$。

再来考虑（4，3）偶校验码，显然该码有 $2^3=8$ 个码字，分别为（0000）、（1001）、

(1010)、(1100)、(0101)、(0110)、(0011) 和 (1111)，该码的码率为 $R=\frac{3}{4}$，最小码距为 $d_{\min}=2$，由公式 $d_{\min}\geqslant e+1$ 可知该码可以确保检测出 1 个错误，但是容易发现实际上该码也可以检测出所有的 3 个错误。若该码通过错误转移概率为 $p=0.01$ 的二进制对称信道传输时，显然发生 2 位或 4 位错误时译码器不能检测出错误，因此译码器不能检测出错误的概率为 $P_{\mathrm{nd}}=\mathrm{C}_4^2p^2(1-p)^2+\mathrm{C}_4^4p^4=5.88\times10^{-4}$；如果用码字重量来计算，该码的重量分布为 $A_0=1$，$A_2=6$，$A_4=1$，于是有 $P_{\mathrm{nd}}=A_2p^2(1-p)^2+A_4p^4=5.88\times10^{-4}$。

推广开来可以发现，随着码长 n 的增加，当 $n\to\infty$ 时奇偶校验码的码率 $R\to1$，但最小距离总是 $d_{\min}=2$，系统误码率会接近无编码系统时的情况，即随着码长的增加，$(n,\ n-1)$ 奇偶校验码的抗干扰能力接近零。

5.5 循环码

循环码是最为重要的一类线性分组码，相比于普通的线性分组码，循环码具有更多的结构特点，这可以使其在较小的计算复杂度下进行代数译码，因此得到了广泛的应用。后面将要介绍的 BCH 码和 Reed - Solomon 码（简称为 RS 码）均属于循环码。

5.5 循环码

5.5.1 循环码的定义与基本性质

循环码是具有如下循环移位性质的线性分组码：如果 $\boldsymbol{c}=(c_{n-1},\ c_{n-2},\ \cdots,\ c_1,\ c_0)$ 是某循环码的一个码字，则 $\boldsymbol{c}$ 中元素在经过一次循环移位后得到的向量 $(c_{n-2},\ \cdots,\ c_1,\ c_0,\ c_{n-1})$ 仍是该码的一个码字。重复上述过程可知，码字 $\boldsymbol{c}$ 的所有循环移位仍是码字。由于循环移位性质的存在，相比于普通的线性分组码，循环码具有额外的可用于简化编码和译码运算的结构特点，利用这些特点可以为实际通信系统设计出有效的编码和译码算法，能够在码字较多的前提下实现码长较大的分组码。

在研究 $(n,\ k)$ 循环码的代数结构时，更方便的方法是将码字向量 $\boldsymbol{c}=(c_{n-1},\ c_{n-2},\ \cdots,\ c_1,\ c_0)$ 表示成如下的码字多项式：

$$c(X)=c_{n-1}X^{n-1}+c_{n-2}X^{n-2}+\cdots+c_1X+c_0 \tag{5-42}$$

显然，码字多项式的阶不可能超过 $n-1$，并且只有当 $c_{n-1}\neq0$ 时码字多项式的阶才为 $n-1$。对于二进制编码，码字多项式中系数的取值为 0 或 1。注意上式中的 X 为形式变量，没有什么具体的物理意义，仅通过它的各次幂来区分各个符号之间的相对位置关系。

将式 (5-42) 的等号两边同时乘上 X，可得

$$Xc(X)=c_{n-1}X^n+c_{n-2}X^{n-1}+\cdots+c_1X^2+c_0X \tag{5-43}$$

该多项式的阶可能会等于 n（当 $c_{n-1}\neq0$ 时），所以不能代表一个码长为 n 的码字。不过，如果将 $Xc(X)$ 除以 X^n+1，可得

$$\frac{Xc(X)}{X^n+1}=c_{n-1}+\frac{c^{(1)}(X)}{X^n+1} \tag{5-44}$$

式中

$$c^{(1)}(X)=c_{n-2}X^{n-1}+\cdots+c_1X^2+c_0X+c_{n-1} \tag{5-45}$$

注意：$c^{(1)}(X)$ 正好是码字向量 $\boldsymbol{c}^{(1)}=(c_{n-2},\ \cdots,\ c_1,\ c_0,\ c_{n-1})$ 对应的码字多项式，而

$\boldsymbol{c}^{(1)}$是码字向量$\boldsymbol{c}$循环移位1次后得到的码字向量。由式（5-44）可知，$c^{(1)}(X)$是$Xc(X)$除以X^n+1之后得到的余式，故该关系也可以记作

$$c^{(1)}(X)=Xc(X) \mod (X^n+1) \tag{5-46}$$

推广开来，对于某循环码的一个码字向量$\boldsymbol{c}=(c_{n-1}, c_{n-2}, \cdots, c_1, c_0)$，若其码字多项式为$c(X)$，则$X^i c(X) \bmod (X^n+1)$也表示该循环码的一个码字多项式，该关系可以表示为

$$X^i c(X)=Q(X)(X^n+1)+c^{(i)}(X) \tag{5-47}$$

式中，$Q(X)$是商式；而余式$c^{(i)}(X)$表示该循环码的一个码字多项式，它对应码字向量$\boldsymbol{c}$循环移位i次后得到的码字向量$\boldsymbol{c}^{(i)}$。

【例5-11】 对长度为$n=4$的码字向量$\boldsymbol{c}=(1011)$，验证循环码的循环特性。

解 对应码字向量$\boldsymbol{c}$的码字多项式为

$$c(X)=X^3+X+1$$

利用多项式的长除法，容易求得$X^i c(X)$（其中$i=1, 2, 3, 4$）除以X^4+1之后的结果，分别为

$$Xc(X)=X^4+X^2+X=(X^4+1)+(X^2+X+1)$$
$$X^2c(X)=X^5+X^3+X^2=X(X^4+1)+(X^3+X^2+X)$$
$$X^3c(X)=X^6+X^4+X^3=(X^2+1)(X^4+1)+(X^3+X^2+1)$$
$$X^4c(X)=X^7+X^5+X^4=(X^3+X+1)(X^4+1)+(X^3+X+1)$$

于是$Xc(X)$、$X^2c(X)$、$X^3c(X)$、$X^4c(X)$除以X^4+1之后所得余式对应的向量分别为

$$\boldsymbol{c}^{(1)}=(0111)$$
$$\boldsymbol{c}^{(2)}=(1110)$$
$$\boldsymbol{c}^{(3)}=(1101)$$
$$\boldsymbol{c}^{(4)}=(1011)$$

显然上面四个向量是码字向量$\boldsymbol{c}$分别循环1次、2次、3次和4次之后的结果。

5.5.2 循环码的生成多项式

循环码可以利用生成多项式（Generator Polynomial）来生成。可以证明，(n, k)循环码的生成多项式是X^n+1的一个因式，且阶为$n-k$，故可以表示为

$$g(X)=X^{n-k}+g_{n-k-1}X^{n-k-1}+\cdots+g_1X+1 \tag{5-48}$$

对应于消息向量$\boldsymbol{m}=(m_{k-1}, m_{k-2}, \cdots, m_0)$的消息多项式可以定义为

$$m(X)=m_{k-1}X^{k-1}+m_{k-2}X^{k-2}+\cdots+m_1X+m_0 \tag{5-49}$$

这样，$m(X)g(X)$是一个不大于$n-1$阶的多项式，可以表示一个码字多项式。

(n, k)循环码共有2^k个消息多项式$\{m_i(X)\}$，$i=1, 2, \cdots, 2^k$，因此通过一个给定的$g(X)$可以生成对应的全部2^k个码字多项式，即

$$c_i(X)=m_i(X)g(X) \tag{5-50}$$

接下来证明由式（5-50）得到的码字多项式满足循环性质：假设$c(X)$表示由式（5-50）得到的任意一个码字多项式，则由式（5-44）可知其循环移位1次后可得

$$c^{(1)}(X)=Xc(X)+c_{n-1}(X^n+1) \tag{5-51}$$

又因为$g(X)$可以整除X^n+1和$c(X)$，所以也可以整除$c^{(1)}(X)$，从而可知$c^{(1)}(X)$也是一个码字多项式。

从上面的讨论可知，将 2^k 个消息多项式分别与生成多项式 $g(X)$ 相乘得到的码字多项式对应的码字向量会具有循环性质，称为（n，k）循环码。这样生成的循环码是向量空间 V_n 的一个子空间 S，且该子空间的维数是 k。

实际上，仅当存在可以整除 X^n+1 且阶为 $n-k$ 的多项式 $g(X)$ 时，（n，k）循环码才存在。因此，设计一个循环码的过程等价于对 X^n+1 进行因式分解的问题。表5-8给出了常用的 X^n+1 因式分解结果，注意该表中因式分解的结果是用八进制数字来表示的，例如多项式 X^3+X^2+1 对应的向量为001101，其对应的八进制表示为15。

表5-8　常用 X^n+1 的因式分解

n	X^n+1 因式分解结果
7	3、15、13
9	3、7、111
15	3、7、31、23、37
17	3、471、727
21	3、7、15、13、165、127
23	3、6165、5343
25	3、37、4102041
27	3、7、111、1001001
31	3、51、45、75、73、67、57
33	3、7、2251、3043、3777
35	3、15、13、37、16475、13627
39	3、7、17075、13617、17777
41	3、5747175、6647133
43	3、47771、52225、64213
45	3、7、31、23、27、111、11001、10011
47	3、75667061、43073357
49	3、15、13、10040001、10000201
51	3、7、661、471、763、433、727、637
55	3、37、3777、7164555、5551347
57	3、7、1341035、1735357、1777777
63	3、7、15、13、141、111、165、155、103、163、133、147、127
127	3、301、221、361、211、271、345、325、235、375、203、323、313、253、247、367、217、357、277

【例5-12】 利用表5-8设计一个（7，4）循环码。

解　查表5-8可知 X^7+1 的因式分解结果为3、15、13，表示的二进制数字分别为011、001101、001011，对应的多项式分别为 $g_1(X)=X+1$、$g_2(X)=X^3+X^2+1$、$g_3(X)=X^3+X+1$，即

$$X^7+1=g_1(X)g_2(X)g_3(X)$$

所以，为了生成（7，4）循环码，可以选用 $g_2(X)=X^3+X^2+1$ 或 $g_3(X)=X^3+X+1$ 作为生成多项式，它们生成的循环码是等效的。其中，由 $g_2(X)$ 生成的（7，4）循环码的

所有码字向量见表 5-9。

表 5-9　(7, 4) 循环码($g_2(X)=X^3+X^2+1$)

消息向量				码字向量						
X^3	X^2	X^1	X^0	X^6	X^5	X^4	X^3	X^2	X^1	X^0
0	0	0	0	0	0	0	0	0	0	0
0	0	0	1	0	0	0	1	1	0	1
0	0	1	0	0	0	1	1	0	1	0
0	0	1	1	0	0	1	0	1	1	1
0	1	0	0	0	1	1	0	1	0	0
0	1	0	1	0	1	1	1	0	0	1
0	1	1	0	0	1	0	1	1	1	0
0	1	1	1	0	1	0	0	0	1	1
1	0	0	0	1	1	0	1	0	0	0
1	0	0	1	1	1	0	0	1	0	1
1	0	1	0	1	1	1	0	0	1	0
1	0	1	1	1	1	1	1	1	1	1
1	1	0	0	1	0	1	1	1	0	0
1	1	0	1	1	0	1	0	0	0	1
1	1	1	0	1	0	0	0	1	1	0
1	1	1	1	1	0	0	1	0	1	1

【例 5-13】 对于码长为 $n=25$ 的 (n, k) 循环码，确定 k 的可能取值。

解　查表 5-8 可知 $X^{25}+1$ 的因式分解结果为 3、37、4102041，表示的二进制数字分别为 011、011111、100001000010000100001，对应的多项式分别为 $X+1$、$X^4+X^3+X^2+X+1$、$X^{20}+X^{15}+X^{10}+X^5+1$。所以，$n-k$ 的可能取值为 1、4、20 或 5、21、24，其中后三个数值来自两个多项式乘积的阶，于是 k 的可能取值分别为 24、21、5、20、4、1。

5.5.3　循环码的监督多项式

假设 $g(X)$ 是 (n, k) 循环码的生成多项式，这样 $g(X)$ 就是 X^n+1 的一个因式，所以

$$X^n+1=g(X)h(X) \tag{5-52}$$

式中，$h(X)$ 是一个阶为 k 的多项式，称为该码的监督多项式（Parity Check Polynomial）。

监督多项式 $h(X)$ 可以用来生成对偶码。定义 $h(X)$ 的互反多项式（Reciprocal Polynomial）为

$$\begin{aligned}X^k h(X^{-1}) &= X^k(X^{-k}+h_{k-1}X^{-k+1}+h_{k-2}X^{-k+2}+\cdots+h_1X^{-1}+1)\\ &=1+h_{k-1}X+h_{k-2}X^2+\cdots+h_1X^{k-1}+X^k\end{aligned} \tag{5-53}$$

显然，互反多项式也是 X^n+1 的一个因式，所以 $X^k h(X^{-1})$ 是 $(n, n-k)$ 循环码的生成多项式，该码是由 $g(X)$ 生成的 (n, k) 循环码的对偶码。注意 $(n, n-k)$ 对偶码构成 (n, k) 循环码的零空间（Null Space）。

【例 5-14】 求 $g(X)=X^3+X^2+1$ 生成的 (7, 4) 循环码的对偶码。

解　由例 5-12 可知 $X^7+1=(X+1)(X^3+X^2+1)(X^3+X+1)$，于是该 (7, 4) 循环码的监督多项式为

$$h(X)=(X+1)(X^3+X+1)=X^4+X^3+X^2+1$$

上式的互反多项式为

$$\tilde{g}(X)=X^4h(X^{-1})=1+X+X^2+X^4$$

由$\tilde{g}(X)$可以生成（7，4）循环码的对偶码，即（7，3）循环码，该对偶码的所有码字向量如表5-10所示。容易验证，该表中的各个码字向量与表5-9中的（7，4）循环码的各个码字向量是正交的。

表5-10 （7，4）循环码的对偶码

消息向量			码字向量						
X^2	X^1	X^0	X^6	X^5	X^4	X^3	X^2	X^1	X^0
0	0	0	0	0	0	0	0	0	0
0	0	1	0	0	1	0	1	1	1
0	1	0	0	1	0	1	1	1	0
0	1	1	0	1	1	1	0	0	1
1	0	0	1	0	1	1	1	0	0
1	0	1	1	0	0	1	0	1	1
1	1	0	1	1	1	0	0	1	0
1	1	1	1	1	0	0	1	0	1

5.5.4 循环码的生成矩阵

对于线性分组码，其生成矩阵可以用任意k个线性独立的码字向量来构造。如果已知某循环码的生成多项式为$g(X)$，那么最容易找到的k个线性独立的码字向量分别是对应于$X^{k-1}g(X)$，…，$X^2g(X)$，$Xg(X)$，$g(X)$等多项式的码字向量，所以可以定义

$$\boldsymbol{G}(X)=\begin{pmatrix}X^{k-1}g(X)\\ \vdots\\ X^2g(X)\\ Xg(X)\\ g(X)\end{pmatrix} \tag{5-54}$$

这样，用$\boldsymbol{G}(X)$中各个行多项式的系数来充当行向量便可以最后得到该码的生成矩阵$\boldsymbol{G}$。

因为任何不高于$n-1$阶且能被$g(X)$整除的多项式都可以表示成上述k个多项式的线性组合，所以上面k个多项式构成的集合是一个k维的基，进而可知与这些多项式对应的码字组成了（n，k）循环码的一个k维的基。

【例5-15】 给出（7，4）循环码的生成矩阵。

解 只要确定（7，4）循环码的生成多项式$g(X)$，那么生成矩阵的4个行向量可以通过计算$X^ig(X)$来获得，其中$i=3，2，1，0$。

由例5-12可知，$g_1(X)=X^3+X^2+1$和$g_2(X)=X^3+X+1$两个生成多项式均可生成（7，4）循环码，所以它们各自对应的生成矩阵$\boldsymbol{G}_1$和$\boldsymbol{G}_2$分别为

$$\boldsymbol{G}_1=\begin{pmatrix}1&1&0&1&0&0&0\\0&1&1&0&1&0&0\\0&0&1&1&0&1&0\\0&0&0&1&1&0&1\end{pmatrix}$$

$$G_2 = \begin{pmatrix} 1 & 0 & 1 & 1 & 0 & 0 & 0 \\ 0 & 1 & 0 & 1 & 1 & 0 & 0 \\ 0 & 0 & 1 & 0 & 1 & 1 & 0 \\ 0 & 0 & 0 & 1 & 0 & 1 & 1 \end{pmatrix}$$

5.5.5　截短循环码

如果$\mathcal{C}$表示一个最小距离为 $d_{\min}$ 的（n，k）线性分组码，则为了生成$\mathcal{C}$的截短码，应仅考虑开头为 j 个 0 的 2^{k-j} 个信息向量（$1 \leqslant j < k$），这 j 个 0 不携带任何信息，因此可以删除，这样留下的 2^{k-j} 个码字就构成了$\mathcal{C}$的截短码（Shortened Code）。截短码是一个码率为 $R_c = \dfrac{k-j}{n-j}$ 的（$n-j$，$k-j$）线性分组码，其中 R_c 小于原码的码率。但是，由于截短码的码字是将原码$\mathcal{C}$中的码字去掉 j 个 0 之后的结果，所以截短码的最小重量不会小于原码的最小重量，如果 j 的取值较大，则截短码通常会比原码的最小重量大一些。

由例 5-13 和表 5-8 可知，对于任意给定的 n 和 k 的值，并不一定恰好有（n，k）循环码存在，此时可以使用截短码的方法来构造满足参数要求的新码。在进行码设计的时候，为了满足预先给定的参数要求，可以将（n，k）循环码截短 j 位从而得到（$n-j$，$k-j$）码。为了生成截短循环码，需要将消息向量中前 j 位直接取 0 值，从而不再传输这些位的信息，这样得到的（$n-j$，$k-j$）码一般不再是循环码；在接收机处重新加上删掉的 j 个 0 值之后，便可以使用原（n，k）循环码的任意译码器来进行译码。

截短循环码的方法普遍用于 RS 码的截短和循环冗余校验（CRC）码的构造中，其中 CRC 码是计算机通信网中错误检测的主要方法。

5.5.6　系统循环码

对于系统形式的循环码，消息向量 $\boldsymbol{m} = (m_{k-1}, m_{k-2}, \cdots, m_0)$ 会整体出现在对应的码字向量中，比如说，可以将 $\boldsymbol{m}$ 整体左移 $n-k$ 位来充当码字向量的左侧 k 位，然后将对应的校验比特放在码字向量的右侧 $n-k$ 位。为了将 $\boldsymbol{m}$ 左移 $n-k$ 位，可以通过其消息多项式 $m(X)$ 来实现，即

$$\begin{aligned} X^{n-k}m(X) &= X^{n-k}(m_{k-1}X^{k-1} + m_{k-2}X^{k-2} + \cdots + m_1 X + m_0) \\ &= m_{k-1}X^{n-1} + m_{k-2}X^{n-2} + \cdots + m_1 X^{n-k+1} + m_0 X^{n-k} \end{aligned} \tag{5-55}$$

将式（5-55）等号两端同时除以生成多项式 $g(X)$，可得

$$X^{n-k}m(X) = q(X)g(X) + p(X) \tag{5-56}$$

式中，$q(X)$是商式，$p(X)$是余式，故其阶不会超过 $n-k$，于是

$$p(X) = p_{n-k-1}X^{n-k-1} + \cdots + p_2 X^2 + p_1 X + p_0 \tag{5-57}$$

式（5-56）的关系也可以表示成

$$p(X) = X^{n-k}m(X) \bmod g(X) \tag{5-58}$$

将 $p(X)$加至式（5-56）的等号两端，可得

$$X^{n-k}m(X) + p(X) = q(X)g(X) \tag{5-59}$$

显然，式（5-59）的等号左端表示一个合法码字，因为该多项式的阶不大于 $n-1$，且能被生成多项式 $g(X)$整除。

将式（5-55）和式（5-57）代入式（5-59），可得该码字多项式 $c(X)=X^{n-k}m(X)+p(X)$ 对应的码字向量为

$$\boldsymbol{c}=(\underbrace{m_{k-1},\ m_{k-2},\ \cdots,\ m_1,\ m_0}_{\boldsymbol{x}},\ \underbrace{p_{n-k-1},\ \cdots,\ p_2,\ p_1,\ p_0}_{\boldsymbol{y}}) \tag{5-60}$$

式中，$\boldsymbol{x}$ 表示消息比特，$\boldsymbol{y}$ 表示校验比特。

归纳起来，生成系统循环码的步骤如下：

1）将消息多项式 $m(X)$ 乘以 X^{n-k}。

2）将 $X^{n-k}m(X)$ 除以生成多项式 $g(X)$，求得余式 $p(X)$。

3）将余式 $p(X)$ 加至 $X^{n-k}m(X)$，即得码字多项式。

【例 5-16】 对于生成多项式为 $g(X)=X^3+X+1$ 的（7，4）循环码，求消息向量 $\boldsymbol{m}=(1101)$ 生成的系统形式码字向量。

解 消息向量 $\boldsymbol{m}$ 对应的多项式为

$$m(X)=X^3+X^2+1$$

于是有

$$X^{n-k}m(X)=X^3(X^3+X^2+1)=X^6+X^5+X^3$$

将上式除以 $g(X)$，可得

$$X^{n-k}m(X)=(X^3+X^2+X+1)g(X)+1$$

于是

$$p(X)=X^{n-k}m(X)\ \bmod\ g(X)=1$$

所以码字多项式为

$$c(X)=X^{n-k}m(X)+p(X)=X^6+X^5+X^3+1$$

对应的码字向量为 $\boldsymbol{c}=(1101001)$。

此外，利用上述生成系统循环码字的方法，也可以生成循环码的系统形式生成矩阵。方法如下：对于 $l=1,2,\cdots,k$，将 X^{n-l} 除以生成多项式 $g(X)$，求得余式 $R_l(X)=X^{n-l}\bmod g(X)$，则 $X^{n-l}+R_l(X)$ 是一个码字多项式，其对应的码字向量可以充当生成矩阵的第 l 行，即

$$\boldsymbol{G}(X)=\begin{pmatrix} X^{n-1}+X^{n-1}\ \bmod\ g(X) \\ X^{n-2}+X^{n-2}\ \bmod\ g(X) \\ \vdots \\ X^{n-k}+X^{n-k}\ \bmod\ g(X) \end{pmatrix} \tag{5-61}$$

最后，只要将 $\boldsymbol{G}(X)$ 中每行的多项式系数作为行向量便能得到系统形式的生成矩阵 $\boldsymbol{G}$。

【例 5-17】 求例 5-16 中（7，4）循环码的系统形式生成矩阵和监督矩阵。

解 已知该码的生成矩阵为 $g(X)=X^3+X+1$，易得

$$X^6=(X^3+X+1)g(X)+(X^2+1)$$
$$X^5=(X^2+1)g(X)+(X^2+X+1)$$
$$X^4=Xg(X)+(X^2+X)$$
$$X^3=g(X)+(X+1)$$

于是

$$G(X)=\begin{pmatrix} X^6+(X^2+1) \\ X^5+(X^2+X+1) \\ X^4+(X^2+X) \\ X^3+(X+1) \end{pmatrix}$$

所以，系统形式的生成矩阵为

$$G=\begin{pmatrix} 1 & 0 & 0 & 0 & 1 & 0 & 1 \\ 0 & 1 & 0 & 0 & 1 & 1 & 1 \\ 0 & 0 & 1 & 0 & 1 & 1 & 0 \\ 0 & 0 & 0 & 1 & 0 & 1 & 1 \end{pmatrix}$$

容易验证，由该系统生成矩阵 $\boldsymbol{G}$ 和例 5-15 中的 $\boldsymbol{G}_2$ 生成的码字完全一样。此外，与 $\boldsymbol{G}$ 对应的系统形式的监督矩阵为

$$H=\begin{pmatrix} 1 & 1 & 1 & 0 & 1 & 0 & 0 \\ 0 & 1 & 1 & 1 & 0 & 1 & 0 \\ 1 & 1 & 0 & 1 & 0 & 0 & 1 \end{pmatrix}$$

5.5.7　循环码的编码器

从前面的讨论中可知，无论是在多项式的循环移位还是在消息多项式的编码过程中都会遇到多项式之间的除法运算，这种运算可以通过除法电路（反馈移位寄存器）来实现。

1. 多项式除法电路

例如，给定两个多项式

$$v(X)=v_mX^m+\cdots+v_2X^2+v_1X+v_0 \tag{5-62}$$

$$g(X)=g_pX^p+\cdots+g_2X^2+g_1X+g_0 \tag{5-63}$$

其中，$m \geqslant p$，那么 $v(X)$ 除以 $g(X)$ 的结果为

$$\frac{v(X)}{g(X)}=q(X)+\frac{p(X)}{g(X)} \tag{5-64}$$

式中，$q(X)$ 是商式；$p(X)$ 是余式。完成上式运算的多项式除法电路如图 5-11 所示，该电路由 p 级反馈移位寄存器组成。

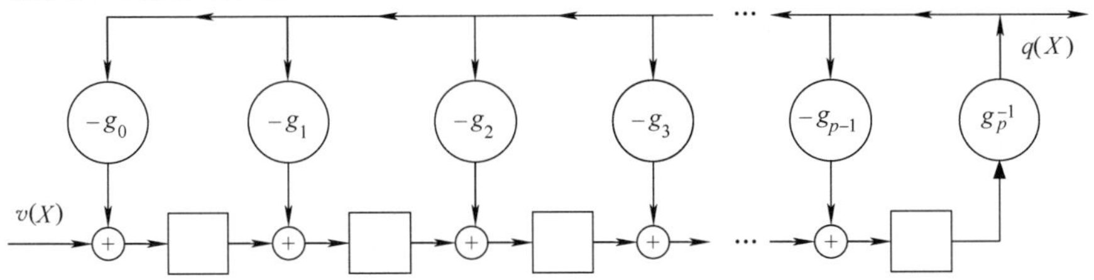

图 5-11　多项式除法电路

首先，图中所有的寄存器都初始化为 0。然后，$v(X)$ 的系数按照从高阶到低阶的顺序，在每个时钟内依次输入该电路一位。在第 p 次移位之后，输出端开始输出商多项式的系数，按照从高阶至低阶的顺序依次输出。在 $m+1$ 次移位之后，寄存器中的最终内容便为余式多项式的系数，右侧为高阶系数，左侧为低阶系数。

【例 5-18】　对于多项式 $v(X)=X^6+X^5+1$ 和 $g(X)=X^3+X+1$，给出完成 $v(X)$ 除以

$g(X)$运算的除法电路。

解 利用长除法容易求得这两个多项式的相除结果为

$$\frac{v(X)}{g(X)}=(X^3+X^2+X)+\frac{X+1}{X^3+X+1}$$

显然这里 $m=6$，$p=3$，故完成上述除法运算的电路如图 5-12 所示。图中所有寄存器的初始状态为0，之后该电路的状态变化如表 5-11 所示。

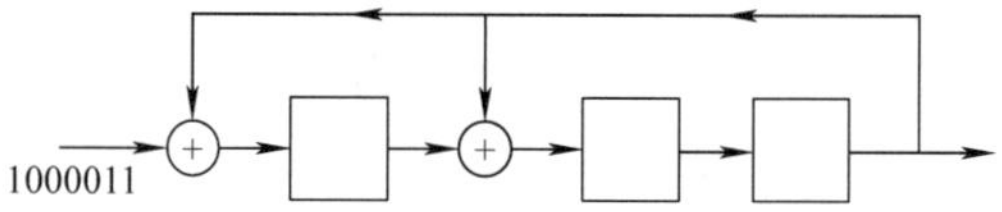

图 5-12 例 5-18 的除法运算电路

表 5-11 例 5-18 电路的状态变化

时钟顺序	输入序列	寄存器内容	输出
0	1000011	000	—
1	100001	100	0
2	10000	110	0
3	1000	011	0
4	100	111	1
5	10	101	1
6	1	100	1
7	—	110	0

在 $p=3$ 次移位时钟之后，商式系数 $\{q_i\}$ 开始依次输出，为 1110，因此商多项式为 $q(X)=X^3+X^2+X$。在 $m+1=7$ 次移位时钟之后，寄存器的最终内容是余式系数 $\{p_i\}$，为 110，于是余式多项式为 $p(X)=X+1$。

2. 循环码编码电路

前面已经给出了生成系统形式循环码的步骤，其中最为重要的一步是计算 $X^{n-k}m(X)$除以 $g(X)$之后得到的余式，该操作可以使用前述的多项式除法电路来实现。如果某循环码的生成多项式为

$$g(X)=X^{n-k}+g_{n-k-1}X^{n-k-1}+\cdots+g_2X^2+g_1X+1 \tag{5-65}$$

则该循环码的系统形式编码电路如图 5-13 所示。注意在该图中，输入数据端接在了最右侧寄存器的输出端，这样做是为了缩短编码器的移位循环（Shifting Cycle）周期，省掉了输入数据依次移入各级寄存器的 $n-k$ 个时钟。

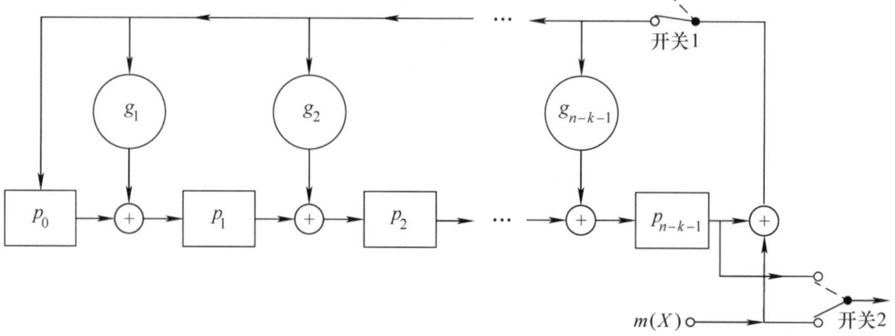

图 5-13 系统循环码的编码电路

在前 k 个移位时钟内，开关 1 闭合，而开关 2 接通下方的端口，于是编码器的输出为 k 位消息比特，同时这 k 比特也依次送入了移位寄存器；当 k 位消息比特全送入编码器后，寄存器中的内容便是与余式多项式系数分别对应的 $n-k$ 位校验比特，此时两个开关均打向相反方向，即开关 1 断开，开关 2 接通上方的端口，然后在接下来的 $n-k$ 个移位时钟内，寄存器中的校验比特依次输出。总之，在每个移位循环的周期内，移位的次数共为 n。

【例 5-19】　对于生成矩阵为 $g(X)=X^3+X+1$ 的（7，4）循环码，请给出该码的编码电路，并对消息向量 $\boldsymbol{m}=(1101)$ 进行系统编码。

解　由例 5-16 的计算结果可知，消息向量 $\boldsymbol{m}=(1101)$ 对应的码字向量为 $\boldsymbol{c}=(1101001)$。生成多项式为 $g(X)=X^3+X+1$ 的（7，4）循环码的编码电路如图 5-14 所示。

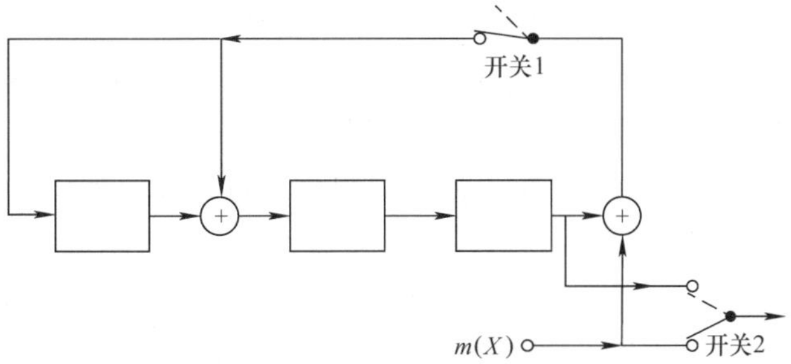

图 5-14　（7，4）循环码的编码器

该编码电路在输入 $\boldsymbol{m}=(1101)$ 下的状态变化见表 5-12。

表 5-12　例 5-19 电路的状态变化

时钟顺序	输入序列	寄存器内容	输出
0	1011	000	—
1	101	110	1
2	10	101	1
3	1	100	0
4	—	100	1

当 4 位消息比特都送入编码电路之后，寄存器中的内容就是校验比特，注意左侧寄存器的内容表示低位，右侧寄存器的内容表示高位，所以最后可得码字向量为

$$\boldsymbol{c}=(\underbrace{1101}_{\text{消息比特}}\quad\underbrace{001}_{\text{校验比特}})$$

显然得到的码字向量与之前计算的结果一致。

5.5.8　循环码的译码器

1. 译码原理

编码器输出的码字向量 $\boldsymbol{c}=(c_{n-1}, c_{n-2}, \cdots, c_1, c_0)$ 在传输过程中会受到噪声的干扰，因此接收向量 $\boldsymbol{r}=(r_{n-1}, r_{n-2}, \cdots, r_1, r_0)$ 可能会和发送的码字向量不同，即可以表示为 $\boldsymbol{r}=\boldsymbol{c}+\boldsymbol{e}$，其中 $\boldsymbol{e}=(e_{n-1}, e_{n-2}, \cdots, e_1, e_0)$ 是错误图样。设与发送码字 $\boldsymbol{c}$ 对应的码字多项式为 $c(X)$，与错误图样 $\boldsymbol{e}$ 对应的错误多项式为 $e(X)$，那么与接收向量 $\boldsymbol{r}$ 对应的接收

多项式可以表示为

$$r(X)=c(X)+e(X) \tag{5-66}$$

通过计算 $r(X)$ 是否能够被生成多项式 $g(X)$ 整除，可以判断 $r(X)$ 是否为一个有效的码字多项式。为此，可以将 $r(X)$ 除以 $g(X)$ 之后得到的余式定义为伴随多项式（Syndrome Polynomial），即

$$s(X)=r(X) \mod g(X)=e(X) \mod g(X) \tag{5-67}$$

上式的计算过程利用了 $c(X)$ 可以整除 $g(X)$ 的事实。显然，伴随多项式的阶不可能大于 $n-k-1$，因此其对应的伴随式可以用 $n-k$ 个元素组成的向量来表示。此外，由上式可以发现，$r(X)$ 模 $g(X)$ 得到的余式与 $e(X)$ 模 $g(X)$ 得到的余式完全一样，所以通过接收多项式 $r(X)$ 计算得到的 $s(X)$ 包含了纠正错误图样所需要的信息。

根据上面的讨论可知，$s(X)$ 取决于错误图样而不是码字。由于所有可能的伴随多项式有 2^{n-k} 个，而所有可能的错误图样有 2^n 个，所以不同的错误图样可能会导致相同的伴随多项式。最大似然译码（Maximum－Likelihood Decoding）准则要求找到对应于所得 $s(X)$ 的所有错误图样中重量最小的那个，然后将其加至 $r(X)$，从而获得最为可能的发送码字多项式 $c(X)$。

伴随多项式的计算仍然可以利用前述的多项式除法电路来完成，其工作原理与编码器基本相同，如图5-15所示。该电路的工作流程如下：起初图中各个寄存器的初始值均为0，开关位于位置1；当 n 比特的接收向量都移入寄存器后，$n-k$ 个寄存器中的内容便组成了伴随式，左侧低位右侧高位；接下来，开关打到位置2，寄存器中的伴随式会依次输出。得到伴随式之后，便可按照5.3.7节介绍的查表法来找到最为可能的错误图样。

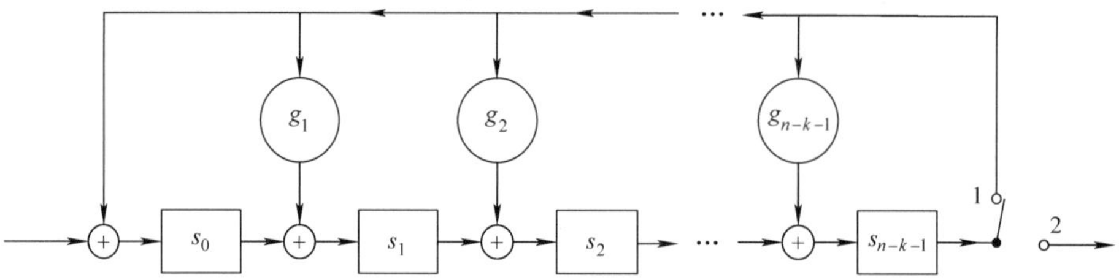

图5-15 伴随式计算电路

【例5-20】 对于生成多项式为 $g(X)=X^3+X+1$ 的（7，4）循环码，请给出该码的伴随式计算电路，并对接收向量 $\boldsymbol{r}=(1001101)$ 进行译码。

解 该码的伴随式计算电路如图5-16所示。

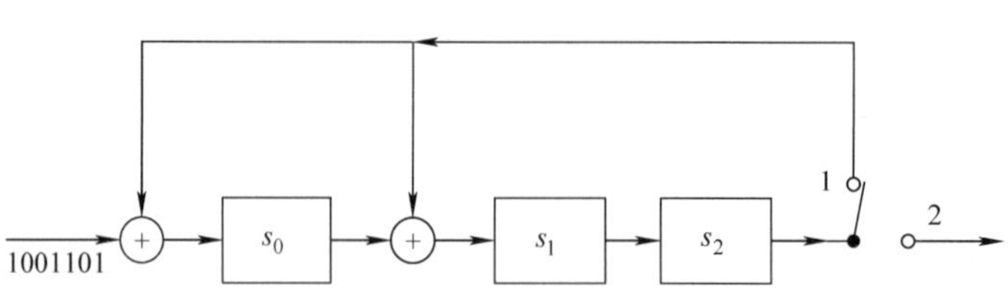

图5-16 例5-20的伴随式计算电路

该电路的状态变化如表5-13所示。

表 5-13　例 5-20 电路的状态变化

时钟顺序	输入序列	寄存器内容
0	1011001	000
1	101100	100
2	10110	010
3	1011	001
4	101	010
5	10	101
6	1	100
7	—	110

所以，伴随式为 $\boldsymbol{s}=(s_2,\ s_1,\ s_0)=(011)$。

因为该码的最小码距为 $d_{\min}=3$，所以可以确保纠正 1 位错误，并且容易验证，该码的伴随式查询表见表 5-14。

表 5-14　(7，4) 循环码的伴随式查询表

错误图样 $(e_{n-1},\ \cdots,\ e_1,\ e_0)$	错误多项式	伴随多项式	伴随式 $(s_2,\ s_1,\ s_0)$
1000000	X^6	X^2+1	101
0100000	X^5	X^2+X+1	111
0010000	X^4	X^2+X	110
0001000	X^3	$X+1$	011
0000100	X^2	X^2	100
0000010	X	X	010
0000001	1	1	001

现在已得伴随式为 $\boldsymbol{s}=(s_2,\ s_1,\ s_0)=(011)$，通过查询表 5-14 可知对应该伴随式最为可能的错误图样为 $\boldsymbol{e}=(0001000)$，因此译码结果为

$$\hat{\boldsymbol{c}}=\boldsymbol{r}+\boldsymbol{e}=(1001101)+(0001000)=(1000101)$$

于是信息比特为 $\boldsymbol{m}=(1000)$。

2. 梅吉特译码器

当 $n-k$ 值不大的时候，利用计算伴随式然后查询标准阵列的译码方法容易实现，但是在 $n-k$ 值较大的情况下会对存储和计算设备要求很高。例如 $n-k=20$ 时标准阵列中共有 2^{20}（约 100 万）个陪集首，此时要从如此多的元素中筛选出一个错误图样来是非常耗费存储空间和时间的。此外，在确定错误图样之后，可以用模 2 加的方法将其加至接收向量来完成译码，此时若采用 5.3.8 节介绍的并行方式（1 次 n 位）来实现的话需要 n 个异或门，但此时也可以只用 1 个异或门从而以串行方式（1 次 1 位）来完成译码。实际上，利用循环码良好的代数特性可以简化寻找错误图样的过程，从而简化译码电路。

可以证明：如果 $s(X)$ 对应于错误多项式 $e(X)$，$e^{(1)}(X)$ 表示 $e(X)$ 循环移位一次得到多项式，则对应于 $e^{(1)}(X)$ 的伴随多项式将是 $s^{(1)}(X)$，即

$$s^{(1)}(X) = Xs(X) \mod g(X) \tag{5-68}$$

下面来简单证明一下上述结论。如果对应于错误多项式 $e(X)$ 的伴随式多项式为 $s(X)$，那么显然有

$$e(X) = a(X)g(X) + s(X) \tag{5-69}$$

式中，$a(X)$ 是 $e(X)$ 除以 $g(X)$ 之后得到的商式，而 $s(X)$ 是余式。又根据式（5-51）可知

$$e^{(1)}(X) = Xe(X) + e_{n-1}(X^n + 1) \tag{5-70}$$

式中，e_{n-1} 是错误多项式 $e(X)$ 中最高阶那项的系数。将式（5-69）代入式（5-70），可得

$$\begin{aligned} e^{(1)}(X) &= X[a(X)g(X) + s(X)] + e_{n-1}g(X)h(X) \\ &= [Xa(X) + e_{n-1}h(X)]g(X) + Xs(X) \end{aligned} \tag{5-71}$$

由上式可知，$e^{(1)}(X)$ 除以 $g(X)$ 之后得到的余式，也就是对应于 $e^{(1)}(X)$ 的伴随多项式将是由式（5-68）给出的 $s^{(1)}(X)$。

于是，为了能够获得对应于 $\boldsymbol{r}^{(1)}$ 的伴随式，需要将 $s(X)$ 乘以 X 之后再除以 $g(X)$ 来求得余式，这等效于图 5-15 中的移位寄存器内容在没有输入之后继续移位。这意味着，由 $\boldsymbol{s}$ 计算 e_{n-1} 的组合逻辑电路也可以用于由 $\boldsymbol{s}^{(1)}$ 计算 e_{n-2}。这种译码器叫作梅吉特译码器（Meggit Decoder）。

在梅吉特译码器中，首先将接收向量 $\boldsymbol{r} = (r_{n-1}, r_{n-2}, \cdots, r_1, r_0)$ 输入伴随式计算电路来求出 $s(X)$，然后将伴随式送往组合电路来计算 e_{n-1}，接着将该电路的输出与 r_{n-1} 模 2 相加来进行纠正；之后，将伴随式循环移位一次，再使用相同的组合逻辑电路来计算 e_{n-2}；该过程重复 n 次。假如错误图样是可纠正的（陪集首之一），则译码器可以纠正该错误。具体的译码原理如下。

利用循环码的循环结构，可以对接收多项式 $r(X) = r_{n-1}X^{n-1} + \cdots + r_2X^2 + r_1X + r_0$ 进行串行译码，每次只译 1 位，并且在同一电路中进行译码。首先，由 $r(X)$ 确定伴随多项式 $s(X)$；接着，译码电路检查 $s(X)$ 是否对应于一个在最高位 X^{n-1} 存在差错（即 $e_{n-1} = 1$）的可纠正错误图样，然后根据情况选择如下两种处理方法：

（1）如果由 $s(X)$ 得到的错误图样中 $e_{n-1} = 0$，则将接收多项式和伴随式多项式同时循环移位一次，这样便得到了 $r^{(1)}(X) = r_{n-2}X^{n-1} + \cdots + r_1X^2 + r_0X + r_{n-1}$ 以及与其对应的伴随式 $s^{(1)}(X)$。此时 $r(X)$ 的次高位变成了 $r^{(1)}(X)$ 的最高位，同一译码电路将会检查 $s^{(1)}(X)$ 是否与在 X^{n-1} 位置存在差错的错误模式对应。

（2）如果 $s(X)$ 与 X^{n-1} 位有错的错误图样对应（即 $e_{n-1} = 1$），则接收向量中的最高位 r_{n-1} 必定为差错位，可以通过 $r_{n-1} \oplus e_{n-1}$ 来实现纠错，于是得到的修正后接收多项式为

$$r_1(X) = (r_{n-1} \oplus e_{n-1})X^{n-1} + \cdots + r_2X^2 + r_1X + r_0 \tag{5-72}$$

为了得到与修正接收多项式 $r_1(X)$ 对应的伴随式，可以通过将 X^{n-1} 与 $s(X)$ 模 2 相加从 $s(X)$ 中消除差错位 e_{n-1} 对伴随式的影响，于是 $r_1(X)$ 的伴随多项式为 $[s(X) + X^{n-1}] \mod g(X)$。然后，将 $r_1(X)$ 及其伴随多项式同时循环移位一次，可得

$$r_1^{(1)}(X) = r_{n-2}X^{n-1} + \cdots + r_1X^2 + r_0X + (r_{n-1} \oplus e_{n-1}) \tag{5-73}$$

及其伴随式为

$$s_1^{(1)}(X) = X[s(X) + X^{n-1}] \mod g(X) = s^{(1)}(X) + 1 \tag{5-74}$$

所以，若在对伴随式进行移位时加 1 便可得到 $s_1^{(1)}(X)$。注意在式（5-74）的推导中用到了

式（5-68）和关系式 $X^n+1=g(X)h(X)$。

总之，无论是上述的情况（1）还是情况（2），在得到 $r^{(1)}(X)$ 和 $s^{(1)}(X)$（或 $r_1^{(1)}(X)$ 和 $s_1^{(1)}(X)$）之后，译码电路接着对此时的最高位接收元素 r_{n-2} 进行译码，具体的译码方法和对 r_{n-1} 的处理一样。

将上述过程重复 n 次后，译码过程结束。如果实际的错误多项式 $e(X)$ 对应一个可纠正的错误图样，则在译码结束后伴随式寄存器的内容为 0，且接收多项式 $r(X)$ 得到了正确译码；如果结束后伴随式寄存器的内容不全为 0，则表示检测出了一个不能纠正的错误模式。图 5-17 给出了梅吉特译码器的一般结构。

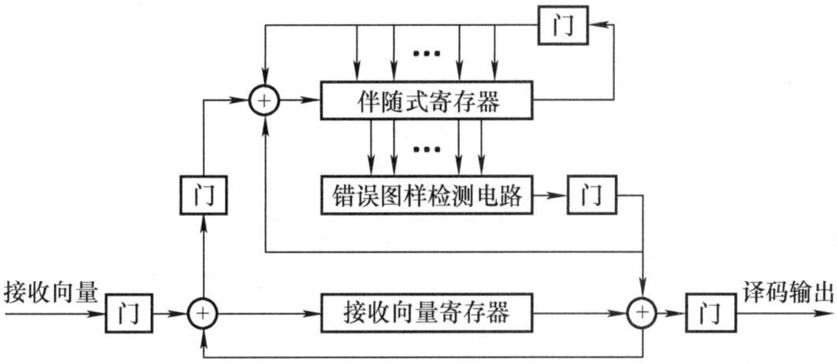

图 5-17　梅吉特译码器结构

其译码步骤如下：

1）接收向量全部移入伴随式寄存器并计算得到伴随式，同时也存入接收向量寄存器。

2）将伴随式读入错误图样检测电路进行检测，当且仅当伴随式寄存器中的内容对应于最高位 X^{n-1} 存在可纠正错误时，该检测电路的输出才为 1，其他情况下的输出均为 0。

3）从接收向量寄存器中读出一个接收符号，并将第 2）步得到的检测电路输出加至该符号进行译码，同时检测电路的输出值也被反馈回伴随式寄存器参与移位操作，用于修正伴随式。

4）用第 3）步得到的新伴随式来检测第二个接收符号（此时其位于接收向量寄存器的最右端）是否有错，具体操作与步骤 2）和 3）相同。

5）译码器按照以上步骤对接收到的符号进行逐位译码，直到从寄存器中读出整个接收向量为止。

【例 5-21】 给出生成多项式为 $g(X)=X^3+X+1$ 的（7，4）循环码的梅吉特译码器结构，并给出接收向量为 $\boldsymbol{r}=(1110011)$ 时的译码过程。

解　该码的梅吉特译码器如图 5-18 所示。图中伴随式寄存器的结构由 $g(X)$ 决定，显然与图 5-16 一致；错误图样检测电路的结构由表 5-14 中第一行结果来决定，即只有当伴随式向量为 $\boldsymbol{s}=(s_2, s_1, s_0)=(101)$ 时，与门的输出才为 1；而接收向量寄存器此时是一个 7 位的移位寄存器。

根据图 5-18 的结构和输入的接收向量 $\boldsymbol{r}=(1110011)$，该译码器的具体译码过程可以用表 5-15 来详细表示。由该表的最右侧一列可知最后的译码结果为 $\boldsymbol{c}=(1010011)$。

下面来验证上面的译码结果是否正确。与接收向量 $\boldsymbol{r}=(1110011)$ 对应的伴随多项式为

$$s(X)=(X^6+X^5+X^4+X+1) \mod g(X)=X^2+X+1$$

因此对应的伴随式向量为 $\boldsymbol{s}=(s_2, s_1, s_0)=(111)$，查询表 5-14 可知此时最为可能的错误

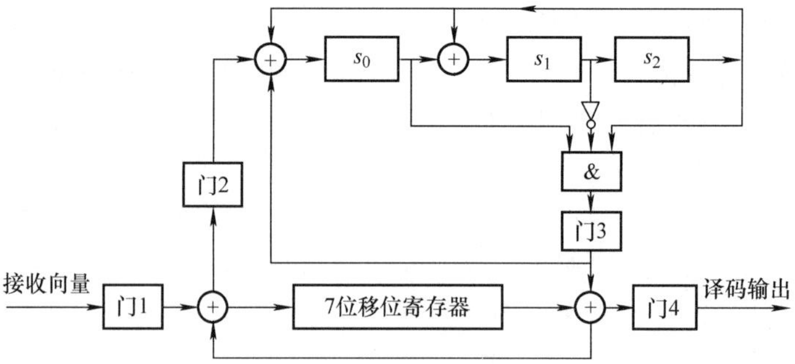

图 5-18 （7，4）循环码的梅吉特译码器

图样为 $\boldsymbol{e}=(0100000)$，于是译码结果为 $\boldsymbol{c}=\boldsymbol{r}+\boldsymbol{e}=(1010011)$，与梅吉特译码器的输出完全一致。

表 5-15 （7，4）循环码的梅吉特译码过程

	时钟顺序	输入序列	s_0	s_1	s_2	门3输出	寄存器内容	译码输出
门1和门2开，门3和门4关	0	—	0	0	0	—	0000000	—
	1	1100111	1	0	0	—	1000000	—
	2	110011	1	1	0	—	1100000	—
	3	11001	1	1	1	—	1110000	—
	4	1100	1	0	1	—	0111000	—
	5	110	1	0	0	—	0011100	—
	6	11	1	1	0	—	1001110	—
	7	1	1	1	1	—	1100111	—
门1和门2关，门3和门4开	8	—	1	0	1	0	1110011	1
	9	—	0	0	0	1	0111001	0
	10	—	0	0	0	0	1011100	1
	11	—	0	0	0	0	0101110	0
	12	—	0	0	0	0	0010111	0
	13	—	0	0	0	0	1001011	1
	14	—	0	0	0	0	1100101	1

5.5.9 循环码实例

1. 汉明码（Hamming Code）

汉明码是信道编码理论研究历史上较早出现的一种线性分组编码方案，该码具有如下的参数设置：

$$(n,k)=(2^m-1,\ 2^m-1-m),\quad m\geqslant 3 \tag{5-75}$$

汉明码的构造用其监督矩阵 $\boldsymbol{H}$ 来描述比较方便。由前面对线性分组码的讨论可知监督矩阵 $\boldsymbol{H}$ 的维度为 $(n-k)\times n=m\times(2^m-1)$，而汉明码监督矩阵 $\boldsymbol{H}$ 的各列分别由所有 2^m-1 个非全零的二进制 m 元组构成。汉明码的码率为

$$R=\frac{2^m-1-m}{2^m-1} \tag{5-76}$$

显然，随着 m 值的变大，汉明码的码率会趋近于1。

因为汉明码的监督矩阵 $\boldsymbol{H}$ 的列向量由所有长度为 m 的非全零序列组成，因此 $\boldsymbol{H}$ 的任意两个列向量之和必然是另外一个列向量，也就是说，总能从 $\boldsymbol{H}$ 中找到三个线性相关的列向量。所以，汉明码的最小码距与 m 的具体取值无关，始终为 $d_{\min}=3$。

【例 5-22】　设计一个 $m=3$ 的汉明码。

解　该码的码长为 $n=2^m-1=7$，消息符号个数为 $k=2^m-1-m=4$，因此该码是一个 (7，4)汉明码。接下来，将所有 7 个非全零的二进制 3 元组来构成监督矩阵 $\boldsymbol{H}$ 的列向量，得

$$\boldsymbol{H}=\begin{pmatrix}1&1&1&0&1&0&0\\0&1&1&1&0&1&0\\1&1&0&1&0&0&1\end{pmatrix}$$

注意在上式中是按照系统形式的监督矩阵来排列的列向量，当然也可以采用其他的排列形式。显然，与上式对应的系统形式生成矩阵为

$$\boldsymbol{G}=\begin{pmatrix}1&0&0&0&1&0&1\\0&1&0&0&1&1&1\\0&0&1&0&1&1&0\\0&0&0&1&0&1&1\end{pmatrix}$$

拓展阅读

事实上，汉明码的发明过程再次印证了马克思主义方法论中的发展性原则。事物都是在变化的，所以必须以发展的眼光来看问题。1947 年的一个周五，在贝尔实验室工作的汉明在回家之前启动了基于机电继电器的计算机，设置机器在周末执行一系列漫长而复杂的计算。该计算机采用添加检验位的方法来判断计算结果中是否有错误。但是当他周一早上到达办公室后，才发现在整个计算过程的初期便发生了错误，所以不得不重新启动漫长的计算程序。汉明对该问题感到特别沮丧，不仅发问："假如机器可以检测到错误，为什么不能确定错误的位置进而纠正呢？"在接下来的几年里，汉明便以发展的眼光开始研究纠错问题，并于 1950 年正式出版了有关汉明码的论文。汉明码的发明不仅解决了通信与计算机科学方面的实际问题，而且开启了一个全新的研究领域。

2. 戈莱码（Golay Code）

戈莱码是一种最小码距为 $d_{\min}=7$ 的二进制（23，12）循环码，该码的生成多项式为

$$g(X)=X^{11}+X^9+X^7+X^6+X^5+X+1 \tag{5-77}$$

将戈莱码附加上一个偶检验位之后便可以得到（24，12）扩展戈莱码（Extended Golay Code），其最小码距变为 $d_{\min}=8$。扩展戈莱码的码率为 0.5，这使得该码比戈莱码更容易实现，并且纠错能力比汉明码要强不少，但是付出的代价是更复杂的译码器和更多的带宽（更低的码率）。

除了上面讨论的汉明码和戈莱码之外，实际中更为常用的是称作 BCH 码的一类循环码。BCH 码可以对码字长度、码率、纠错能力、符号集合等参数提供更为灵活的选择，因此得到了广泛的应用，该码的详细讨论将在下章进行。

5.6 循环码的仿真实例

【例5-23】 考虑例5-11中码字向量循环特性的MATLAB仿真问题。仿真代码如下。

```
c_x = gf([1 0 1 1]); % 码字向量 x^3 +X +1
A = gf([1 0 0 0 1]); % X^4 +1
x1 = gf([1 0]); % X
x1_c_x = conv(x1,c_x);
[q1, p1] = deconv(x1_c_x, A);
p_x1 = p1.x;
disp('码字向量循环 1 次的结果:');
disp(p_x1(end -3:end));
x2 = gf([1 0 0]); % X^2
x2_c_x = conv(x2,c_x);
[q2, p2] = deconv(x2_c_x, A);
p_x2 = p2.x;
disp('码字向量循环 2 次的结果:');
disp(p_x2(end -3:end));
x3 = gf([1 0 0 0]); % X^3
x3_c_x = conv(x3,c_x);
[q3, p3] = deconv(x3_c_x, A);
p_x3 = p3.x;
disp('码字向量循环 3 次的结果:');
disp(p_x3(end -3:end));
x4 = gf([1 0 0 0 0]); % X^4
x4_c_x = conv(x4,c_x);
[q4, p4] = deconv(x4_c_x, A);
p_x4 = p4.x;
disp('码字向量循环 4 次的结果:');
disp(p_x4(end -3:end));
```

5.6 循环码的仿真实例

其中，函数gf()用于生成有限域GF(2)上的数组，有限域的概念参看6.1节；变量c_x存储码字向量；变量A存储多项式X^4+1的系数；变量x1、x2、x3、x4分别存储多项式X、X^2、X^3、X^4的系数；函数conv()用于实现两个多项式的乘法；变量x1_c_x、x2_c_x、x3_c_x、x4_c_x分别存储$Xc(X)$、$X^2c(X)$、$X^3c(X)$、$X^4c(X)$的系数；函数deconv()用于实现两个多项式的除法，变量q1、q2、q3、q4分别存储相除后的商式，变量p1、p2、p3、p4分别存储相除后的余式；变量p_x1、p_x2、p_x3、p_x4分别存储码字向量循环移位1、2、3、4次的结果；函数disp()用于显示相应结果。

【例 5-24】 考虑例 5-12 中循环码码字向量的 MATLAB 仿真问题。仿真代码如下。

```
g2 = gf([1 1 0 1]); % 生成多项式 x^3 +x^2 +1
m_dec = [0:15]';
m_bi = gf(de2bi(m_dec,'left-msb')); % 生成消息向量(降幂排列)
c_bi = gf(zeros(16,7)); % 初始化变量用于存放码字向量
for n =1:16
    c_bi(n,:) = conv(m_bi(n,:),g2); % 生成码字向量
end
disp('所有码字向量(降幂排列)分别为:');
disp(c_bi.x);
```

其中，函数 gf( )用于生成有限域 GF(2) 上的数组；函数 de2bi( )用于将整数转换为二进制向量，参数' left - msb '表示降幂排列；变量 m_bi 存储所有的消息向量，变量 m_dec 存储所有消息向量对应的整数；函数 zeros（16,7）初始化 16 行 7 列的全零数组，并赋值给变量 c_bi；函数 conv( )用于实现两个多项式的乘法；函数 disp( )用于显示相应结果。

【例 5-25】 考虑例 5-15 中 (7,4) 循环码生成矩阵的 MATLAB 仿真问题。仿真代码如下。

```
n = 7;
k = 4; % (7,4)循环码
disp('生成多项式为 x^3 +x^2 +1 时的生成矩阵和校验矩阵:')
genpoly1 = [1 1 0 1]; % g1(x) =x^3 +x^2 +1;
[parmat1,genmat1] = cyclgen(7,genpoly1,'nonsys');
disp(genmat1);
disp(parmat1);
disp('生成多项式为 x^3 +x +1 时的生成矩阵和校验矩阵:')
genpoly2 = [1 0 1 1]; % g2(x) =x^3 +x +1;
[parmat2,genmat2] = cyclgen(7,genpoly2,'nonsys');
disp(genmat2);
disp(parmat2);
```

其中，变量 n 存储码字向量的长度；变量 k 存储消息向量的长度；变量 genpoly1 和 genpoly2 分别存储生成多项式 $g_1(X)$ 和 $g_2(X)$ 的系数；函数 cyclgen( )用于生成非系统形式的生成矩阵和校验矩阵，参数' nonsys '表示非系统形式；变量 genmat1 和 genmat2 存储生成矩阵，变量 parmat1 和 parmat2 存储监督矩阵；函数 disp（）用于显示相应结果。

【例 5-26】 考虑例 5-16 中 (7,4) 循环码编码问题的 MATLAB 仿真。仿真代码如下。

```
n = 7;
k = 4; % (7,4)循环码
genpoly = gf([1 0 1 1]); % 生成多项式 g(x) =x^3 +x +1;
m_x = gf([1 1 0 1]); % 消息多项式 m(X)
x_n_k = gf([1 0 0 0]); % 多项式 X^(n-k)
y_n_k = conv(m_x, x_n_k); %  X^(n-k) * m(X)
[q_x, p_x] = deconv(y_n_k, genpoly); % 多项式除法
c_x = y_n_k + p_x;
disp('消息向量对应的码字为:');
disp(c_x.x);
```

其中，变量 n 存储码字向量的长度；变量 k 存储消息向量的长度；函数 gf( )用于生成有限域 GF(2) 上的数组；变量 genpoly 存储生成多项式的系数；变量 m_x 存储消息多项式的系数；变量 x_n_k 存储多项式 X^{n-k} 的系数；函数 conv( )用于实现两个多项式的乘法，变量 y_n_k存储移项消息多项式的系数；函数 deconv( )用于实现两个多项式的除法，变量 q_x 存储相除后的商式，变量 p_x 存储相除后的余式；变量 c_x 存储码字多项式的系数；函数 disp( )用于显示相应结果。

【例 5-27】 考虑例 5-17 中 (7,4) 循环码的系统形式生成矩阵和监督矩阵的仿真，代码如下。

```
n = 7;
k = 4; % (7,4)循环码
genpoly = [1 0 1 1]; % 生成多项式 g(x) =x^3 +x +1;
[parmat,genmat] = cyclgen(7,genpoly);
disp('(7,4)循环码的系统形式生成矩阵:');
disp(genmat);
disp('(7,4)循环码的系统形式监督矩阵:');
disp(parmat);
```

其中，变量 n 存储码字向量的长度；变量 k 存储消息向量的长度；变量 genpoly 存储生成多项式的系数；函数 cyclgen( )用于生成系统形式的生成矩阵和监督矩阵，变量 genmat 存储生成矩阵，变量 parmat 存储监督矩阵；函数 disp( )用于显示相应结果。

【例 5-28】 考虑例 5-20 中 (7,4) 循环码的译码过程的仿真，代码如下。

```
n = 7;
k = 4; % (7,4)循环码
genpoly = gf([1 0 1 1]); % 生成多项式 g(x) =x^3 +x +1;
r_x = gf([1 0 0 1 1 0 1]); % 接收多项式
disp('接收码字为:');
disp(r_x.x);
[q_x, s_x] = deconv(r_x, genpoly); % 接收多项式除以生成多项式
disp('伴随式为:');
disp(s_x.x);
% ------------------------------------------------------------
index = 0;
error_pattern_table = gf(eye(n)); % 错误图样矩阵(错 1 位)
for ii =1:n
    [q, r] = deconv(error_pattern_table(ii,:), genpoly);
    if r = =s_x
        index = ii; % 表示可纠正错误图样的序号
    end
end
if index ~ =0 % index 不等于零说明找到可纠正的错误图样
    error = error_pattern_table(index,:);
    c_x = r_x + error; % 接收多项式加上错误图样进行纠错
```

```
end
disp('错误图样为:');
disp(error.x);
disp('译码结果为:');
disp(c_x.x);
```

其中，变量 n 存储码字向量的长度；变量 k 存储消息向量的长度；变量 genpoly 存储生成多项式的系数；变量 r_x 存储接收多项式的系数；函数 deconv( )用于计算接收多项式除以生成多项式的结果，变量 q_x 存储相除后的商式，变量 s_x 存储相除后的余式，根据式（5-62）可知变量 s_x 表示伴随式；函数 gf(eye(n))用于生成有限域 GF(2) 上的 7 × 7 单位矩阵，并赋值给变量 error_pattern_table，则该单位矩阵中的每一行均表示一个可以纠正的错误图样；变量 index 的终值用于存储与接收伴随式对应的错误图样的序号，如果其终值不是零，说明找到了可以纠正的错误图样 error，于是将其加到接收多项式上，便可得到译码后的码字多项式 c_x；函数 disp( )用于显示相应结果。

5.7 习题

5-1　设计一个可以检测出所有 1 个、3 个、5 个和 7 个错误的（n，k）奇偶检验码，确定 n 和 k 的值。如果该码通过错误转移概率为 $p=0.01$ 的二进制对称信道传输，求此时该码不能检测出错误的概率。

5-2　某（24，12）线性分组码可以纠正所有 1 位和 2 位的错误图样，并且不能纠正多于 2 位的错误。如果该码通过符号错误概率为10^{-3}的信道传输，求该码的译码错误概率。

5-3　对于一个符号错误概率为10^{-3}的传输信道，考虑以下两个问题：

（1）如果不采用信道编码，那么 92 位长的消息分组经该信道传输后的分组错误概率是多少？

（2）如果采用一个能够纠正 3 位错误的（127，92）线性分组码，则经该信道传输后的分组错误概率又是多少？

5-4　某线性分组码的最小码距是 11，求该码的最大纠错能力和最大检错能力，如果该码同时用于纠错和检错时可以采用什么方案？

5-5　请分析（5，1）重复码的纠错和检错能力。

5-6　讨论 $n=5$ 时奇偶校验码的纠错和检错能力。

5-7　如果一个（7，4）线性分组码的生成矩阵为

$$\boldsymbol{G}=\begin{pmatrix}1&1&1&1&0&0&0\\1&0&1&0&1&0&0\\0&1&1&0&0&1&0\\1&1&0&0&0&0&1\end{pmatrix}$$

（1）求该码的所有码字。

（2）确定该码的监督矩阵 $\boldsymbol{H}$。

（3）如果接收向量为 $\boldsymbol{r}=(1101101)$，求其对应的伴随式，并判断该接收向量是不是一个合法码字。

（4）该码的纠错能力是多少？

（5）该码的检错能力又是多少？

5-8　如果一个系统形式的线性分组码的校验等式为

$$p_1=m_1+m_2+m_4$$
$$p_2=m_1+m_3+m_4$$

$$p_3 = m_1 + m_2 + m_3$$

$$p_4 = m_2 + m_3 + m_4$$

式中 m_i 表示消息符号，p_i 表示校验符号。

（1）确定该码的生成矩阵和监督矩阵。

（2）该码能够纠正多少个错误？

（3）向量（10101010）是不是一个合法码字？

（4）向量（01011100）是不是一个合法码字？

5-9　某个线性分组码的码字具有如下格式

$(m_1 + m_2 + m_4 + m_5,\ m_1 + m_3 + m_4 + m_5,\ m_1 + m_2 + m_3 + m_5,\ m_1 + m_2 + m_3 + m_4,\ m_1,\ m_2,\ m_3,\ m_4,\ m_5)$

（1）求该码的生成矩阵。

（2）求该码的监督矩阵。

（3）确定该码的 n、k 和 $d_{\min}$。

5-10　设计一个 $(n, k) = (5, 2)$ 线性分组码。

（1）要求选择的码字是系统形式，并且使得最小码距 $d_{\min}$ 最大。

（2）确定该码的生成矩阵和监督矩阵。

（3）给出所有5元组构成的标准阵列。

（4）该码的纠错和检错能力如何？

（5）给出可纠正错误模式的伴随式查询表。

5-11　给出（5，1）重复码的标准阵列，该码是一个完美码吗？

5-12　设计一个可以纠正所有单个错误的（3，1）线性分组码，给出码字集合和该码的标准阵列。

5-13　分别判断（7，3）、（7，4）和（15，11）是不是完美码。

5-14　某（15，11）线性分组码用下列校验阵列来定义：

$$\boldsymbol{P} = \begin{pmatrix} 0 & 0 & 1 & 1 \\ 0 & 1 & 0 & 1 \\ 1 & 0 & 0 & 1 \\ 0 & 1 & 1 & 0 \\ 1 & 0 & 1 & 0 \\ 1 & 1 & 0 & 0 \\ 0 & 1 & 1 & 1 \\ 1 & 1 & 1 & 0 \\ 1 & 1 & 0 & 1 \\ 1 & 0 & 1 & 1 \\ 1 & 1 & 1 & 1 \end{pmatrix}$$

（1）求出该码的监督矩阵。

（2）列出标准阵列的陪集首，该码是完美码吗？

（3）如果接收向量为 $\boldsymbol{r} = (011111001011011)$，计算对应的伴随式，并给出译码结果。

5-15　请判断下列多项式是否可以生成一个码长 $n \leqslant 7$ 的循环码，并给出所有可能的 (n, k) 值。

（1）$X^4 + X^3 + 1$。

（2）$X^4 + X^2 + 1$。

（3）$X^4 + X^3 + X + 1$。

（4）$X^4 + X^2 + X + 1$。

（5）$X^5 + X^3 + 1$。

5-16　对于生成多项式为 $g(X)=X^4+X^2+X+1$ 的循环码，请使用多项式除法运算将消息向量 $\boldsymbol{m}=(101)$ 编码成系统形式的码字。

5-17　对于一个生成多项式为 $g(X)=X^3+X^2+X+1$ 的（8，5）循环码，利用反馈移位寄存器设计该码的编码器，并使用该编码器对消息向量 $\boldsymbol{m}=(10101)$ 进行系统形式的编码。

5-18　如果某（15，5）循环码的生成多项式为

$$g(X)=X^{10}+X^8+X^5+X^2+X+1$$

（1）画出该码的编码器结构。

（2）确定消息多项式 $m(X)=X^4+X^2+1$ 对应的码字多项式（系统形式）。

（3）判断多项式 $v(X)=X^{14}+X^8+X^6+X^4+1$ 是否为一个码字多项式。

5-19　考虑一个生成多项式为 $g(X)=X^4+X+1$ 的（15，11）循环码。

（1）画出该码的编码器和译码器结构。

（2）结合消息向量 $\boldsymbol{m}=(11001101011)$ 说明编码过程，并列出寄存器状态的变化。

（3）结合上问中获得的码字，说明译码过程，并列出寄存器状态的变化。

第6章 BCH码和RS码

BCH码是Bose - Chaudhuri - Hocquenghem码的简称，是一种可以纠正多个随机错误的循环码。该码于1959年由Hocquenghem、1960年由Bose和Chaudhuri分别独立提出，是一种很好的线性纠错码类。RS码是Reed - Solomon码的简称，由Reed和Solomon于1960年首先构造得到，是一类具有很强纠错能力的多进制BCH码。

BCH码和RS码具有严格的代数结构，是目前研究最为详尽，分析最为透彻，取得成果也最多的码类，并且纠错能力很强，在中短码长情况下其性能很接近理论值，因此在编码理论中起着重要作用。

在介绍具体的编译码之前，先介绍有限域的概念。

6.1 有限域

6.1.1 有限域的定义

6.1 有限域

为了深入讨论线性分组码的性质，需要了解有限域（Finite Field）的概念及其性质。简单地说，一个域（Field）是指可以进行加、减、乘、除运算的一些对象的集合。为了引入域的概念，首先给出阿贝尔群（Abelian Group）的定义。

对于集合G，定义符号“+”表示一种二元运算，如果满足下面的条件则称该集合为阿贝尔群：

（1）该运算满足交换律。即对于任意a，$b \in G$，有$a+b=b+a$。

（2）该运算满足结合律。即对于任意a，b，$c \in G$，有$(a+b)+c=a+(b+c)$。

（3）该运算具有可以用“0”表示的幺元（Identity Element）。即对于任意$a \in G$，有$a+0=0+a=a$。

（4）对于任意一个元素$a \in G$，均存在一个元素$-a \in G$满足$a+(-a)=(-a)+a=0$，其中元素$-a$称为a的加法逆。

因此，一个阿贝尔群通常可以记作$\{G, +, 0\}$。注意：在上面的定义中用了符号“+”表示的“加法”运算。有时候阿贝尔群也可以改用符号“·”表示的“乘法”运算来进行定义，这种情况下的幺元可以用符号“1”来表示，而该群可以记作$\{G, \cdot, 1\}$，此时元素$a \in G$的乘法逆则可以表示为a^{-1}。

下面给出有限域的定义。有限域也称为伽罗华域（Galois Field）。

对于有限个元素构成的一个集合 F，定义了分别用“+”和“·”表示的加法和乘法两种二元运算，如果满足下列条件则称集合 F 为有限域：

（1）$\{F, +, 0\}$ 是一个阿贝尔群。

（2）$\{F-\{0\}, \cdot, 1\}$ 也是一个阿贝尔群，即集合 F 中的非零元素在乘法运算下也构成一个阿贝尔群。

（3）乘法满足分配律：$a\cdot(b+c)=a\cdot b+a\cdot c$。

综上，一个有限域常常记作 $\{F, +, \cdot\}$。

显然，由所有实数构成的集合 $\mathbb{R}$ 在正常的加法和乘法运算下是一个域（但不是有限域）；集合 $F=\{0,1\}$ 在模 2 加法和乘法运算下构成一个有限域，该域称为二进制域，记作 GF（2）。二进制域上的加法和乘法运算规则如表 6-1 所示。

表 6-1 GF(2) 的加法与乘法

+	0	1	·	0	1
0	0	1	0	0	0
1	1	0	1	0	1

6.1.2 域的特征和基域

根据代数学的基本定理可知，包含 q 个元素的有限域 GF(q) 存在的充要条件是 $q=p^m$，式中，p 是一个素数，m 是一个正整数。此外还可以证明，如果 GF(q) 存在，则该域在同构（Isomorphism）意义下是唯一的，这意味着任何两个相同尺寸的有限域在重新命名元素之后可以相互转化。

对于某素数 p，当 $q=p$ 时得到的有限域 GF(q) 可以表示成 GF(p) $=\{0,1,2,\cdots,p-1\}$，该域中的两种运算是模 p 加法和乘法，例如 GF(5) $=\{0,1,2,3,4\}$；当 $q=p^m$ 时得到的有限域 GF(q) = GF(p^m) 称为 GF(p) 的扩展域（Extension Field），其中 $m\geqslant 2$，而 GF(p) 称为 GF(q) 的基域（Ground Field），p 称为有限域 GF(p^m) 的特征（Characteristic）。

6.1.3 有限域上的多项式

为了便于研究扩展域的结构，下面来定义有限域上的多项式。有限域 GF(p) 上的 m 阶多项式可以表示为

$$g(X)=g_mX^m+\cdots+g_2X^2+g_1X+g_0 \tag{6-1}$$

式中，g_i 是取自 GF(p) 上的元素，$0\leqslant i\leqslant m$，且 $g_m\neq 0$。定义在有限域 GF(p) 上的多项式之间的加法和乘法遵循正常的加法和乘法规则，但是多项式系数之间的加法和乘法要按照模 p 运算。如果式（6-1）中的 $g_m=1$，则该多项式称为首一多项式（Monic Polynomial）。

如果定义在 GF(p) 上的 m 阶多项式不能分解为同一个域上的两个低阶多项式的乘积，则称该多项式为不可约多项式（Irreducible Polynomial）。例如在有限域 GF(2) 上，X^2+X+1 是一个不可约多项式，而 X^2+1 则不是一个不可约多项式，因为 $X^2+1=(X+1)^2$。

同时满足首一和不可约性质的多项式称为素多项式（Prime Polynomial）。

由代数学的基本结论可知，有限域 GF(p) 上的 m 阶多项式会有 m 个根（有些可能是重

根)，但是这些根不一定会在 GF(p)上，而可能在 GF(p)的某个扩展域上。

6.1.4 扩展域的结构

对于有限域 GF(p)上的多项式，根据定义可知阶小于 m 的多项式一共有 p^m 个，其中包括 $g(X)=0$ 和 $g(X)=1$ 两个特殊多项式。

假设 $g(X)$是一个 GF(p)上的 m 阶素多项式，下面考虑一个由 GF(p)上所有阶小于 m 的多项式组成的集合，该集合中元素之间的运算遵循正常的加法和模 $g(X)$ 的多项式乘法，可以证明，这样得到的多项式集合构成了一个有限域 GF(p^m)，显然该域是 GF(p)的一个扩展域。

【例 6-1】 利用有限域 GF(2)上的素多项式 X^2+X+1 来构造扩展域 GF(2^2) = GF(4)。

解 显然，GF(2)上阶小于 2 的所有多项式为 0，1，X 和 $X+1$。这些元素构成的集合便是有限域 GF(4)，即

$$\mathrm{GF}(4)=\{0,1,X,X+1\} \tag{6-2}$$

GF(4)元素之间的加法和乘法运算规则分别如表 6-2 和表 6-3 所示。注意在表 6-3 中两个多项式的相乘结果是模 X^2+X+1 之后的余式。

表 6-2 GF(4)的加法

+	0	1	X	$X+1$
0	0	1	X	$X+1$
1	1	0	$X+1$	X
X	X	$X+1$	0	1
$X+1$	$X+1$	X	1	0

此外，从表 6-3 的结果可以发现：GF(4)中的所有非零元素均可以表示成 X 的某次幂，即 $X=X^1$，$X+1=X^2$，$1=X^3$。

表 6-3 GF(4)的乘法

·	0	1	X	$X+1$
0	0	0	0	0
1	0	1	X	$X+1$
X	0	X	$X+1$	1
$X+1$	0	$X+1$	1	X

【例 6-2】 利用有限域 GF(2)上的素多项式 X^3+X+1 来构造扩展域 GF(2^3) = GF(8)。

解 GF(2)上阶小于 3 的所有多项式构成的扩展域为

$$\mathrm{GF}(8)=\{0,1,X,X^2,X+1,X^2+X,X^2+X+1,X^2+1\} \tag{6-3}$$

此处，仍可以发现 GF(8)中所有非零元素都可以写成 X 的某次幂的形式：$X^1=X$，$X^2=X^2$，$X^3=X+1$，$X^4=X^2+X$，$X^5=X^2+X+1$，$X^6=X^2+1$，$X^7=1=X^0$。另外，GF(8)中的各个元素也可以用式（6-3）中各个多项式对应的长度为 3 的系数向量来表示。

综上，有限域 GF(8)中各元素的三种等价表示方法如表 6-4 所示。

表 6-4　GF(8)元素的三种等价表示方法

幂形式	多项式形式	向量形式
—	0	000
$X^0=X^7$	1	001
X^1	X	010
X^2	X^2	100
X^3	$X+1$	011
X^4	X^2+X	110
X^5	X^2+X+1	111
X^6	X^2+1	101

观察表 6-4 可以发现：当计算扩展域中元素之间加法的时候，使用多项式形式或向量形式比较简便；而当计算元素之间乘法的时候，使用幂形式比较简便。例如 X^2+X+1 和 X^2+1两个元素，相加的结果为$(X^2+X+1)+(X^2+1)=X$，而这两个元素对应的幂形式分别为 X^5 和 X^6，于是这两个元素之间的相乘结果为$(X^2+X+1)(X^2+1)=X^5X^6=X^{11}=X^4=X^2+X$。

6.1.5　本原元素和本原多项式

对于任意一个非零元素 $\beta\in GF(q)$，满足等式$\beta^i=1$ 的最小整数 i 称为元素 β 的阶（Order)。可以证明，等式$\beta^{q-1}=1$ 一定成立，所以元素β 的阶的最大值等于 $q-1$。如果 GF(q)的某个非零元素的阶为 $q-1$，则称该元素为本原元素（Primitive Element)。显然，在例 6-1 和例 6-2 中 X 均是本原元素。

本原元素最为重要的特性是其各次幂可以生成所在有限域的所有非零元素。此外，本原元素不是唯一的，例如在例 6-2 研究的 GF(8)中 X^2 和 $X+1$ 两个元素也是本原元素，而元素 $X^0=1$ 则不是本原元素，因为该元素的阶为 1。

根据前面给出的素多项式的定义可知，有限域 GF(p)上阶为 m 的素多项式可能会有多个，所以会有多个构造扩展域 GF(p^m)的方法，但是这些扩展域均是同构的。为了分析方便，通常希望 X 是 GF(p^m)的一个本原元素，这样的话很容易通过求 X 的各次幂来找到该域中的所有非零元素。

设 GF(p^m)由素多项式 $g(X)$生成，如果 X 是 GF(p^m)的一个本原元素，则称 $g(X)$为本原多项式（Primitive Polynomial)。可以证明，任意阶的本原多项式都存在，所以对于任意的正整数 m 和任意一个素数 p，均可以生成 X 为本原元素的扩展域 GF(p^m)，也就是说，该域中所有的非零元素都可以表示为 X^i，$0\leqslant i<p^m-1$。在后面的内容中，均假设有限域是由本原多项式生成的。

【例 6-3】　$g_1(X)=X^4+X+1$ 和 $g_2(X)=X^4+X^3+X^2+X+1$ 都是 GF(2)上的 4 阶素多项式，二者都可以用来生成 GF(2^4)，请判断它们是不是本原多项式。

解　只需要判断分别在 $g_1(X)$和 $g_2(X)$生成的 GF(2^4)中元素 X 是否为本原元素即可。

首先考查由 $g_1(X)$生成的 GF(2^4)，元素 X 的各次幂分别为 X^1，X^2，X^3，$X^4=X+1$，$X^5=X^2+X$，$X^6=X^3+X^2$，$X^7=X^3+X+1$，$X^8=X^2+1$，$X^9=X^3+X$，$X^{10}=X^2+X+1$，

$X^{11}=X^3+X^2+X$，$X^{12}=X^3+X^2+X+1$，$X^{13}=X^3+X^2+1$，$X^{14}=X^3+1$，$X^{15}=1$。所以 X 是本原元素，从而可知 $g_1(X)$ 是本原多项式。

接着考查由 $g_2(X)$ 生成的 $GF(2^4)$，在该种情况下元素 X 的各次幂分别为 X^1，X^2，X^3，$X^4=X^3+X^2+X+1$，$X^5=1$。所以此时 X 的阶为 5，不是本原元素，于是可知 $g_2(X)$ 不是本原多项式。

接下来给出本原多项式的另一种定义。

可以证明，$GF(p)$ 上的任意 m 阶素多项式 $g(X)$ 均可以整除 $X^{p^m-1}+1$。不过，$g(X)$ 也可能整除 X^i+1，其中 $i<p^m-1$。例如，素多项式 $X^4+X^3+X^2+X+1$ 可以整除 $X^{2^4-1}+1$（$X^{15}+1$），也可以整除 X^5+1。令 i 表示可以使素多项式 $g(X)$ 整除 X^i+1 的最小整数，如果 $i=p^m-1$，则 $g(X)$ 是一个本原多项式。这是本原多项式的第二种等价定义，该定义表明当 $i<p^m-1$ 时，本原多项式 $g(X)$ 不能整除 X^i+1。显然，m 阶本原多项式 $g(X)$ 的所有根都将是 $GF(p^m)$ 的本原元素。

常用的本原多项式一般会以表格的形式列出以便查询，例如表 6-5 给出了 $2\leqslant m\leqslant 12$ 时的一些本原多项式。

表 6-5　m 阶本原多项式（$2\leqslant m\leqslant 12$）

m	本原多项式
2	X^2+X+1
3	X^3+X+1
4	X^4+X+1
5	X^5+X^2+1
6	X^6+X+1
7	X^7+X^3+1
8	$X^8+X^4+X^3+X^2+1$
9	X^9+X^4+1
10	$X^{10}+X^3+1$
11	$X^{11}+X^2+1$
12	$X^{12}+X^6+X^4+X+1$

【例 6-4】 利用本原多项式 $g(X)=X^4+X+1$ 来构造 GF(16)，如果 α 是 $g(X)$ 的一个根，请给出 GF(16) 的所有元素。

解　因为 α 是本原多项式 $g(X)$ 的根，所以 α 是 GF(16) 的一个本原元素，于是GF(16) 的所有非零元素都可以写作 α^i 的形式，其中 $0\leqslant i<15$。表 6-6 给出了 GF(16) 中元素的三种等价表示形式。

表 6-6　GF(16) 的元素

幂形式	多项式形式	向量形式
—	0	0000
$\alpha^0=\alpha^{15}$	1	0001
α^1	α	0010

（续）

幂形式	多项式形式	向量形式
α^2	α^2	0100
α^3	α^3	1000
α^4	$\alpha+1$	0011
α^5	$\alpha^2+\alpha$	0110
α^6	$\alpha^3+\alpha^2$	1100
α^7	$\alpha^3+\alpha+1$	1011
α^8	α^2+1	0101
α^9	$\alpha^3+\alpha$	1010
α^{10}	$\alpha^2+\alpha+1$	0111
α^{11}	$\alpha^3+\alpha^2+\alpha$	1110
α^{12}	$\alpha^3+\alpha^2+\alpha+1$	1111
α^{13}	$\alpha^3+\alpha^2+1$	1101
α^{14}	α^3+1	1001

根据表 6-6 容易验证：α^3、α^6、α^9、α^{12}四个元素的阶均为 5；α^5、α^{10}两个元素的阶为 3；α、α^2、α^4、α^8、α^7、α^{14}、α^{11}、α^{13}八个元素的阶是 15，故均为本原元素。

6.1.6　最小多项式和共轭元素

某个域元素的最小多项式（Minimal Polynomial）是指以该元素为根的基域上最低阶的首一多项式。设 β 是 GF(2^m)上的一个非零元素，则 β 的最小多项式 $\phi_\beta(X)$是指系数在 GF(2)上，且满足 $\phi_\beta(\beta)=0$ 的最低阶首一多项式。显然，$\phi_\beta(X)$是 GF(2)上的一个素多项式，可以整除 GF(2)上以 β 为根的所有其他多项式，例如 $f(X)$是 GF(2)上满足 $f(\beta)=0$ 的任意一个多项式，则其可以表示成 $f(X)=a(X)\phi_\beta(X)$。

接下来讨论如何获得某个域元素的最小多项式。

设 $\beta\in$ GF(2^m)且 $\beta\neq0$，则必定有等式 $\beta^{2^m-1}=1$，但是对于某个整数 $l<m$ 也可能会有等式 $\beta^{2^l-1}=1$。例如，对于 GF(16)中的一个元素 $\beta=\alpha^5$，显然 $\beta^3=\beta^{2^2-1}=1$，所以对于该元素 β 有 $l=2<m$。

可以证明，任意元素 $\beta\in$ GF(2^m)的最小多项式可以表示为

$$\phi_\beta(X)=\prod_{i=0}^{l-1}(X+\beta^{2^i}) \tag{6-4}$$

式中，l 是满足 $\beta^{2^l-1}=1$ 的最小整数。由式（6-4）可知，除了 β 之外 $\phi_\beta(X)$的其他所有根均具有 β^{2^i}形式（$1<i\leqslant l-1$），所有这些根都称为 β 的共轭（Conjugates）。可以证明，一个有限域中任意元素的共轭均会具有相同的阶，于是本原元素的共轭也会是本原元素。但是，具有相同阶的元素之间却不一定是共轭关系。某个有限域中具有共轭关系的所有元素被称为属于同一个共轭类（Conjugacy Class）。

求解元素 $\beta\in$ GF(q)的最小多项式的步骤如下：

1）确定 β 的共轭类$\{\beta, \beta^2, \beta^4, \cdots, \beta^{2^{(l-1)}}\}$，即所有具有 β^{2^i}形式的元素，式中，$0\leqslant i\leqslant$

$l-1$，l 是满足 $\beta^{2^l}=\beta$ 的最小正整数。

2）使用式（6-4）来确定 $\phi_\beta(X)$，该式便是以 β 的共轭类为根的首一多项式。

利用上述步骤获得的最小多项式 $\phi_\beta(X)$ 一定会是系数在 GF(2)上的素多项式。

【例 6-5】 确定 GF(16)中所有元素的共轭类与最小多项式。

解 由表 6-6 可知，如果元素 α 是一个本原元素，因为 $\alpha^{16}=\alpha^{2^4}=\alpha$，所以 $l=4$，于是该元素的共轭类为 $\{\alpha, \alpha^2, \alpha^4, \alpha^8\}$，其最小多项式为

$$\begin{aligned}\phi_\alpha(X) &= \prod_{i=0}^{3}(X+\alpha^{2^i}) = (X+\alpha)(X+\alpha^2)(X+\alpha^4)(X+\alpha^8)\\ &= X^4+X+1\end{aligned}$$

对于元素 $\beta=\alpha^3$，因为 $\beta^{16}=\beta^{2^4}=\alpha^{48}=\alpha^3=\beta$，所以 $l=4$，于是该元素的共轭类为 $\{\beta, \beta^2, \beta^4, \beta^8\}=\{\alpha^3, \alpha^6, \alpha^{12}, \alpha^9\}$，其最小多项式为

$$\begin{aligned}\phi_\beta(X) &= \prod_{i=0}^{3}(X+\beta^{2^i}) = (X+\alpha^3)(X+\alpha^6)(X+\alpha^{12})(X+\alpha^9)\\ &= X^4+X^3+X^2+X+1\end{aligned}$$

对于元素 $\gamma=\alpha^5$，因为 $\gamma^4=\gamma^{2^2}=\alpha^{20}=\alpha^5=\gamma$，所以 $l=2$，于是该元素的共轭类为 $\{\gamma,\gamma^2\}=\{\alpha^5,\alpha^{10}\}$，其最小多项式为

$$\begin{aligned}\phi_\gamma(X) &= \prod_{i=0}^{1}(X+\gamma^{2^i}) = (X+\alpha^5)(X+\alpha^{10})\\ &= X^2+X+1\end{aligned}$$

对于元素 $\delta=\alpha^7$，因为 $\delta^{16}=\delta^{2^4}=\alpha^{112}=\alpha^7=\delta$，所以 $l=4$，于是该元素的共轭类为 $\{\delta, \delta^2, \delta^4, \delta^8\}=\{\alpha^7, \alpha^{14}, \alpha^{13}, \alpha^{11}\}$，其最小多项式为

$$\begin{aligned}\phi_\delta(X) &= \prod_{i=0}^{3}(X+\delta^{2^i}) = (X+\alpha^7)(X+\alpha^{14})(X+\alpha^{13})(X+\alpha^{11})\\ &= X^4+X^3+1\end{aligned}$$

容易验证，元素 α 和 δ 都是本原元素，但是二者却属于不同的共轭类，从而会有不同的最小多项式。

从前面的讨论可知，有限域 GF(p^m)的所有 p^m 个元素均为下列方程的根：

$$X^{p^m}-X=0 \tag{6-5}$$

即 GF(p^m)的所有非零元素是下列方程的根：

$$X^{p^m-1}-1=0 \tag{6-6}$$

上式表明：多项式 $X^{2^m-1}-1$ 可以在 GF(2)上唯一分解为对应于 GF(2^m)中各个非零元素的共轭类的最小多项式的乘积。实际上，$X^{2^m-1}-1$ 可以分解为 GF(2)上阶可以整除 m 的所有素多项式的乘积。例如，利用例 6-5 中的结论显然可得

$$X^{2^4-1}-1=\phi_\alpha(X)\phi_\beta(X)\phi_\gamma(X)\phi_\delta(X)(X+1)$$

拓展阅读

BCH 码和 RS 码的发明是“理论联系实际”的典型案例，它们需要解决的纠错问题来自于工程实际，而艰深晦涩的有限域理论必须通过与实际问题的结合才能发挥出巨大作用。理论知识的学习绝不能脱离工程实际，必须坚持实事求是，必须坚持在工程实践中来检验和发

展理论知识。在介绍完有限域的基本理论之后，下面开始介绍 BCH 码和 RS 码的编译码原理。

6.2 BCH 码

BCH 码是由 Bose、Ray - Chaudhuri 和 Hocquenghem 发现的一大类可以纠正多个错误的循环码。BCH 码具有丰富的代数结构，这使得其译码器可以使用更有效的代数译码算法。此外，BCH 码对于广泛的设计参数（码率、码长等）均存在，且适用于二进制和非二进制符号，是最为著名的中短长度编码方式之一。

6.2 BCH 码

6.2.1 BCH 码的结构

因为 BCH 码是一种循环码，因此也可以用生成多项式 $g(X)$ 来描述。接下来介绍一种称作本原二进制 BCH 码（Primitive Binary BCH Code）的编码和译码方法。这种码的码长为 $n=2^m-1$，其中整数 $m\geqslant 3$。对于任意的 $t<2^{m-1}$，这种码可以纠正不少于 t 个错误。实际上，对于任意两个正整数 $m\geqslant 3$ 和 $t<2^{m-1}$，均可以设计一个参数满足下列关系的 BCH 码：

$$\begin{cases} n=2^m-1 \\ n-k\leqslant mt \\ d_{\min}\geqslant 2t+1 \end{cases} \tag{6-7}$$

上面第一个等式可以确定码的长度，第二个不等式给出了该码校验位长度的上界，第三个不等式表明该码至少可以纠正 t 个错误。

6.2.2 BCH 码的生成多项式

为了生成一个可以纠正 t 个错误的 BCH 码，可以从有限域 $GF(2^m)$ 中选取一个本原元素 α，那么以 α，α^2，α^3，…，α^{2t} 为根的 $GF(2)$ 上的最低阶多项式 $g(X)$ 便是该码的生成多项式。

根据前面介绍的最小多项式的定义可知，$GF(2)$ 上任何以 $\beta\in GF(2^m)$ 为根的多项式均可以被 β 的最小多项式 $\phi_\beta(X)$ 整除。因此，生成多项式 $g(X)$ 一定可以被 α^i 的最小多项式 $\phi_{\alpha^i}(X)$ 整除，其中 $1\leqslant i\leqslant 2t$，又因为 $g(X)$ 应为满足该条件的最低阶多项式，于是可得

$$g(X)=\mathrm{LCM}[\phi_{\alpha^i}(X),1\leqslant i\leqslant 2t] \tag{6-8}$$

式中，$\mathrm{LCM}[\cdot]$ 表示取最小公倍数。另外，根据前一节的讨论可知，$\{\alpha, \alpha^2, \alpha^4, \cdots\}$ 在同一个共轭类中，于是对应于 $i=1, 2, 4, \cdots$ 的各个 $\phi_{\alpha^i}(X)$ 是相同的；同理，$\{\alpha^3, \alpha^6, \alpha^{12}, \cdots\}$ 的最小多项式也相同。因此，在确定 $g(X)$ 表达式的时候仅考虑奇数值的 i 就足够了。于是可得

$$g(X)=\mathrm{LCM}[\phi_\alpha(X),\phi_{\alpha^3}(X),\phi_{\alpha^5}(X),\cdots,\phi_{\alpha^{2t-1}}(X)] \tag{6-9}$$

因为最小多项式 $\phi_{\alpha^i}(X)$ 的阶不会超过 m，于是 $g(X)$ 的阶最多为 mt，所以 $n-k\leqslant mt$。

假设 $c(X)$ 是 BCH 码的任一码字多项式，那么根据循环码的性质可知该码的生成多项式 $g(X)$ 将是 $c(X)$ 的一个因式。因此，对应于 $1\leqslant i\leqslant 2t$ 的所有 α^i 都将是 $c(X)$ 的根，于是

$$c(\alpha^i)=0,\quad 1\leqslant i\leqslant 2t \tag{6-10}$$

上式是判断一个阶小于 n 的多项式是否为一个合法 BCH 码字多项式的充要条件。

【例 6-6】 设计一个能够纠正单个错误（$t=1$）的 BCH 码，要求码长 $n=15$（即 $m=4$）。

解 选取 $GF(2^4)$ 上的一个本原元素 α，则由例 6-5 的结果可知 α 的最小多项式为 $\phi_\alpha(X)=X^4+X+1$，显然该式是一个阶为 4 的本原多项式。于是，该 BCH 码的生成多项式为

$$g(X)=\phi_\alpha(X)=X^4+X+1$$

由上式可知 $n-k=4$，$k=11$。因为对于 BCH 码有 $d_{\min}\geqslant 2t+1=3$，而观察上式可知 $g(X)$ 对应码字向量的重量为 3，所以可确定 $d_{\min}=3$。综上，该 BCH 码是一个可以纠正 1 个错误的（15，11）码，其最小码距为 3，实际上该码是一个循环汉明码（Cyclic Hamming Code）。一般而言，循环汉明码是可以纠正单个错误的 BCH 码。

【例 6-7】 设计一个能够纠正 4 个错误（$t=4$）的 BCH 码，要求码长 $n=15$（即 $m=4$）。

解 仍然假设 α 是 $GF(2^4)$ 上的一个本原元素，那么由例 6-5 的结果可知 α 的最小多项式为 $\phi_\alpha(X)=X^4+X+1$，α^3 的最小多项式为 $\phi_{\alpha^3}(X)=X^4+X^3+X^2+X+1$，$\alpha^5$ 的最小多项式为 $\phi_{\alpha^5}(X)=X^2+X+1$，$\alpha^7$ 的最小多项式为 $\phi_{\alpha^7}(X)=X^4+X^3+1$。因此，该 BCH 码的生成多项式为

$$\begin{aligned}g(X)&=\phi_\alpha(X)\phi_{\alpha^3}(X)\phi_{\alpha^5}(X)\phi_{\alpha^7}(X)\\&=X^{14}+X^{13}+X^{12}+X^{11}+X^{10}+X^9+X^8+X^7+X^6+X^5+X^4+X^3+X^2+X+1\end{aligned}$$

由上式可知 $n-k=14$，$k=1$，该码的最小码距 $d_{\min}=15$。因此该 BCH 码是一个（15，1）重复码（Repetition Code）。注意该 BCH 码是按照纠正 4 个错误来设计的，但实际上该码可以纠正最多 7 个错误。

【例 6-8】 设计一个能够纠正两个错误（$t=2$）的 BCH 码，要求码长 $n=15$（即 $m=4$）。

解 仍设 α 表示 $GF(2^4)$ 上的一个本原元素，且由例 6-5 的结果可知 α 的最小多项式为 $\phi_\alpha(X)=X^4+X+1$，α^3 的最小多项式为 $\phi_{\alpha^3}(X)=X^4+X^3+X^2+X+1$。因此，该 BCH 码的生成多项式为

$$\begin{aligned}g(X)&=\phi_\alpha(X)\phi_{\alpha^3}(X)\\&=X^8+X^7+X^6+X^4+1\end{aligned}$$

由上式可知 $n-k=8$，$k=7$。因为对于 BCH 码有 $d_{\min}\geqslant 2t+1=5$，而观察上式可知 $g(X)$ 对应的码字向量的重量为 5，所以可确定 $d_{\min}=5$。

6.2.3 BCH 码的译码

BCH 码是一种循环码，所以适用于循环码的译码算法都能用于 BCH 码，例如前述的梅吉特译码器也可以用于 BCH 码的译码。此外，BCH 码还具有一般循环码所不具备的额外代数结构，这使得该码可以使用更有效的译码算法，特别是码长较大时这种优势更为明显。

设某码字向量 $\boldsymbol{c}$ 对应的码字多项式为 $c(X)$，则对于 $1\leqslant i\leqslant 2t$ 均有 $c(\alpha^i)=0$。如果传输过程中的错误多项式为 $e(X)$，那么接收多项式为

$$y(X)=c(X)+e(X) \tag{6-11}$$

于是，可以将与上式对应的伴随式定义为

$$s_i = y(\alpha^i) = c(\alpha^i) + e(\alpha^i) = e(\alpha^i), 1 \leqslant i \leqslant 2t \tag{6-12}$$

显然，如果传输过程中没有发生错误，那么 $e(X)=0$，则伴随式为零。该伴随式可以通过对接收向量 $\boldsymbol{y}$ 使用 $GF(2^m)$ 域运算来计算得到。

假设在码字向量 $\boldsymbol{c}$ 的传输过程中共有 v 个错误发生，且 $v \leqslant t$，其中 t 是该码的纠错能力，将这些错误的具体位置分别记作 j_1，j_2，…，j_v。不失一般性，假设 $0 \leqslant j_1 < j_2 < \cdots < j_v \leqslant n-1$，于是

$$e(X) = X^{j_1} + X^{j_2} + \cdots + X^{j_{v-1}} + X^{j_v} \tag{6-13}$$

将式（6-13）代入式（6-12），可得

$$\begin{cases} s_1 = \alpha^{j_1} + \alpha^{j_2} + \cdots + \alpha^{j_v} \\ s_2 = (\alpha^{j_1})^2 + (\alpha^{j_2})^2 + \cdots + (\alpha^{j_v})^2 \\ \quad \vdots \\ s_{2t} = (\alpha^{j_1})^{2t} + (\alpha^{j_2})^{2t} + \cdots + (\alpha^{j_v})^{2t} \end{cases} \tag{6-14}$$

式（6-14）给出的方程组中共有 $2t$ 个方程，以及 v 个未知数：j_1，j_2，…，j_v 或者是等价的 α^{j_1}，α^{j_2}，…，α^{j_v}。通过解该方程组便可以求得 v 个未知数 α^{j_1}，α^{j_2}，…，α^{j_v}，进而可得错误位置 j_1，j_2，…，j_v。一旦得到错误位置，便可以对应修改这些位置的接收比特从而得到发射码字 $\boldsymbol{c}$ 的估计值。

如果定义 $\beta_i = \alpha^{j_i}$ 为错误位置数（Error Location Number），其中 $1 \leqslant i \leqslant v$，则式（6-14）可以改写为

$$\begin{cases} s_1 = \beta_1 + \beta_2 + \cdots + \beta_v \\ s_2 = \beta_1^2 + \beta_2^2 + \cdots + \beta_v^2 \\ \quad \vdots \\ s_{2t} = \beta_1^{2t} + \beta_2^{2t} + \cdots + \beta_v^{2t} \end{cases} \tag{6-15}$$

通过解该方程组，可以求得 v 个未知数 β_i，于是可以进一步确定 v 个错误位置。由于 β_i 是 $GF(2^m)$ 中的元素，所以在解上面方程组的时候应该使用 $GF(2^m)$ 内的运算规则。

为了解上面的方程组，下面定义错误定位多项式（Error Locator Polynomial）为

$$\begin{aligned} \sigma(X) &= (1+\beta_1 X)(1+\beta_2 X)\cdots(1+\beta_v X) \\ &= \sigma_v X^v + \sigma_{v-1} X^{v-1} + \cdots + \sigma_1 X + \sigma_0 \end{aligned} \tag{6-16}$$

显然，上式的根为 β_i^{-1}，$1 \leqslant i \leqslant v$，求解该多项式的根即可确定错误的位置。将式（6-16）展开之后可得

$$\begin{cases} \sigma_0 = 1 \\ \sigma_1 = \beta_1 + \beta_2 + \cdots + \beta_v \\ \sigma_2 = \beta_1\beta_2 + \beta_1\beta_3 + \cdots + \beta_{v-1}\beta_v \\ \quad \vdots \\ \sigma_v = \beta_1\beta_2\beta_3\cdots\beta_v \end{cases} \tag{6-17}$$

利用式（6-15）和式（6-17），可得 $\sigma(X)$ 的系数与伴随式之间的关系如下：

$$\left.\begin{aligned} s_1+\sigma_1&=0\\ s_2+\sigma_1 s_1+2\sigma_2&=0\\ s_3+\sigma_1 s_2+\sigma_2 s_1+3\sigma_3&=0\\ &\vdots\\ s_v+\sigma_1 s_{v-1}+\cdots+\sigma_{v-1}s_1+v\sigma_v&=0\\ s_{v+1}+\sigma_1 s_v+\cdots+\sigma_{v-1}s_2+\sigma_v s_1&=0\\ &\vdots \end{aligned}\right\} \tag{6-18}$$

接下来，需要求得系数满足上面这些方程的最低阶多项式 $\sigma(X)$。在确定 $\sigma(X)$ 之后，便可以求得其根 β_i^{-1}，再由这些根的逆即可得到错误的位置。在确定 $\sigma(X)$ 之后，为了求得其根，可以将 $GF(2^m)$ 中所有 2^m 个元素分别代入 $\sigma(X)$ 进行验证。

6.2.4 BCH 码的 Berlekamp – Massey 译码算法

为了求得式（6-18）的解，不少研究者都提出了自己的算法，其中使用最普遍、实践中最重要的是采用了迭代译码的 Berlekamp – Massey 算法，简称为 BM 迭代译码算法。

在该算法中，首先找到满足式（6-18）中第一个等式的最低阶多项式 $\sigma^{(1)}(X)$，然后验证 $\sigma^{(1)}(X)$ 是否也满足第二个等式，并根据验证结果分别做如下处理：如果 $\sigma^{(1)}(X)$ 满足第二个等式，则记 $\sigma^{(2)}(X)=\sigma^{(1)}(X)$；如果 $\sigma^{(1)}(X)$ 不满足第二个等式，则引入一个修正项来修改 $\sigma^{(1)}(X)$，从而得到 $\sigma^{(2)}(X)$，使得 $\sigma^{(2)}(X)$ 是满足前两个等式的最低阶多项式；重复该过程，直到获得一个同时满足式（6-18）中所有等式的最低阶多项式。

假设下式表示满足式（6-18）中前 μ 个等式的最低阶多项式

$$\sigma^{(\mu)}(X)=\sigma_{l_\mu}^{(\mu)}X^{l_\mu}+\sigma_{l_{\mu-1}}^{(\mu)}X^{l_{\mu-1}}+\cdots+\sigma_2^{(\mu)}X^2+\sigma_1^{(\mu)}X+1 \tag{6-19}$$

为了确定 $\sigma^{(\mu+1)}(X)$，可以计算求得第 μ 个偏差（Discrepancy），如下式所示：

$$d_\mu=s_{\mu+1}+\sigma_1^{(\mu)}s_\mu+\sigma_2^{(\mu)}s_{\mu-1}+\cdots+\sigma_{l_\mu}^{(\mu)}s_{\mu+1-l_\mu} \tag{6-20}$$

如果 $d_\mu=0$，表明 $\sigma^{(\mu)}(X)$ 满足前 $\mu+1$ 个等式，于是有

$$\sigma^{(\mu+1)}(X)=\sigma^{(\mu)}(X) \tag{6-21}$$

如果 $d_\mu\neq0$，则需要对 $\sigma^{(\mu)}(X)$ 进行修正来获得 $\sigma^{(\mu+1)}(X)$，如下式所示：

$$\sigma^{(\mu+1)}(X)=\sigma^{(\mu)}(X)+d_\mu d_\rho^{-1}\sigma^{(\rho)}(X)X^{\mu-\rho} \tag{6-22}$$

式中，$\rho<\mu$，且其选择原则为满足 $d_\rho\neq0$ 的所有 ρ 中使得 $\rho-l_\rho$ 值最大的那个，其中 l_ρ 表示 $\sigma^{(\rho)}(X)$ 的阶。这样得到的 $\sigma^{(\mu+1)}(X)$ 是满足式（6-18）中前 $\mu+1$ 个等式的最低阶多项式。重复该过程直到获得 $\sigma^{(2t)}(X)$，该多项式的阶就是错误比特的个数，其根可以用来确定错误的位置。如果 $\sigma^{(2t)}(X)$ 的阶大于 t，则表明接收向量中错误个数多于 t，此时不能进行纠正。

综上，Berlekamp – Massey 译码算法的初始条件如表 6-7 所示，然后可以按照上述方法来迭代进行。

表 6-7 Berlekamp – Massey 译码算法

μ	$\sigma^{(\mu)}(X)$	d_μ	l_μ	$\mu-l_\mu$
-1	1	1	0	-1
0	1	s_1	0	0

（续）

μ	$\sigma^{(\mu)}(X)$	d_μ	l_μ	$\mu-l_\mu$
1	$1+s_1X$			
2				
⋮				
$2t$				

【例 6-9】　考虑例 6-8 中可以纠正 2 个错误的 BCH 码，并利用 Berlekamp - Massey 算法对下列接收向量进行译码

$$y=(0,0,0,0,0,0,0,0,0,0,0,1,0,0,1)$$

解　该接收向量对应的接收多项式为 $y(X)=X^3+1$，于是可得伴随式为

$$s_1=y(\alpha)=\alpha^3+1=\alpha^{14}$$
$$s_2=y(\alpha^2)=\alpha^6+1=\alpha^{13}$$
$$s_3=y(\alpha^3)=\alpha^9+1=\alpha^7$$
$$s_4=y(\alpha^4)=\alpha^{12}+1=\alpha^{11}$$

在上面 4 个伴随式的计算过程中用到了表 6-6 中的结论。接下来，便可以按照表 6-7 中给出的 Berlekamp - Massey 算法来进行译码。

当 $\mu=0$ 的时候，由表 6-7 可得

$$\sigma^{(0)}(X)=1$$
$$d_0=s_1\neq 0\quad\Rightarrow\quad \rho=-1,d_\rho=1,\sigma^{(\rho)}(X)=1$$
$$\sigma^{(1)}(X)=\sigma^{(0)}(X)+d_0d_\rho^{-1}\sigma^{(\rho)}(X)X^{\mu-\rho}=1+\alpha^{14}X$$

当 $\mu=1$ 的时候，有

$$\sigma_1^{(1)}=\alpha^{14}$$
$$d_1=s_2+\sigma_1^{(1)}s_1=\alpha^{13}+\alpha^{14}\alpha^{14}=\alpha^{13}+\alpha^{13}=0$$
$$\sigma^{(2)}(X)=\sigma^{(1)}(X)=1+\alpha^{14}X$$

当 $\mu=2$ 的时候，有

$$\sigma_1^{(2)}=\alpha^{14}$$
$$d_2=s_3+\sigma_1^{(2)}s_2=\alpha^7+\alpha^{14}\alpha^{13}=\alpha^7+\alpha^{12}=\alpha^2\neq 0\quad\Rightarrow\quad \rho=0,d_\rho=\alpha^{14},\sigma^{(\rho)}(X)=1$$
$$\sigma^{(3)}(X)=\sigma^{(2)}(X)+d_2d_\rho^{-1}\sigma^{(\rho)}(X)X^{2-\rho}=1+\alpha^{14}X+\alpha^3X^2$$

当 $\mu=3$ 的时候，有

$$\sigma_1^{(3)}=\alpha^{14},\sigma_2^{(3)}=\alpha^3$$
$$d_3=s_4+\sigma_1^{(3)}s_3+\sigma_2^{(3)}s_2=\alpha^{11}+\alpha^{14}\alpha^7+\alpha^3\alpha^{13}=\alpha^{11}+\alpha^6+\alpha=0$$
$$\sigma^{(4)}(X)=\sigma^{(3)}(X)=1+\alpha^{14}X+\alpha^3X^2$$

综上，可知

$$\sigma(X)=1+\alpha^{14}X+\alpha^3X^2$$

观察上式，可知错误定位多项式 $\sigma(X)$ 的阶为 2，表示接收向量中有 2 位错误，所以对应了一个可以纠正的错误图样，因此只需要求得该多项式的根便可以得到错误的位置。

为了求得 $\sigma(X)$ 的根，可以将 $GF(2^4)$ 中的元素依次代入该多项式进行检验，最后求得该

多项式的两个根为 1 和 α^{12}。这两个根的逆便是错误位置数，容易求得分别为 $\beta_1=\alpha^0$ 和 $\beta_2=\alpha^3$，于是可知错误比特的位置分别为 $j_1=0$ 和 $j_2=3$，因此错误多项式为 $e(X)=X^3+1$。所以，译码后恢复的码字多项式为 $c(X)=y(X)+e(X)=0$，即对应的码字向量是全零码字向量。

6.3 RS码

6.3 RS码

Reed－Solomon 码简称为 RS 码，是实际系统中使用最为广泛的一种编码方式，无论是在通信系统还是数据存储系统中都有普遍的应用。RS 码是一种特殊的非二进制的 BCH 码，最早由 Reed 和 Solomon 于 1960 年提出。

在构造码长为 $n=2^m-1$ 的二进制 BCH 码的时候，需要从 $GF(2^m)$ 中选取一个本原元素 α，然后寻找对应于 α^i 的最小多项式，其中 $1\leqslant i\leqslant 2t$。在前面的内容里，将 $\beta\in GF(2^m)$ 的最小多项式定义为 $GF(2)$ 上的最低阶首一多项式，实际上这种定义只是最小多项式一般性定义的一个特例，如果去掉最小多项式定义在 $GF(2)$ 上的限制，则会得到阶数更低的其他形式的最小多项式。一个极端的例子是元素 $\beta\in GF(2^m)$ 定义在 $GF(2^m)$ 上的最小多项式，即以 β 为根的 $GF(2^m)$ 上的最低阶多项式，显然 $X+\beta$ 便是该多项式。

RS 码是可以纠正 t 个错误的 2^m 进制 BCH 码，码长为 $N=2^m-1$ 个符号（即表示 mN 个二进制位）。在接下来对 RS 码的讨论中，码长用 N 来表示，消息符号的个数用 K 来表示，最小码距用 $D_{\min}$ 来表示。

6.3.1 RS 码的生成多项式

为了设计一个 RS 码，首先选择一个本原元素 $\alpha\in GF(2^m)$，然后对于 $1\leqslant i\leqslant 2t$ 分别求出 α^i 在 $GF(2^m)$ 上的最小多项式，显然这些多项式可以表示为 $X+\alpha^i$，所以生成多项式为

$$\begin{aligned} g(X) &= (X+\alpha)(X+\alpha^2)(X+\alpha^3)\cdots(X+\alpha^{2t}) \\ &= X^{2t}+g_{2t-1}X^{2t-1}+\cdots+g_1X+g_0 \end{aligned} \tag{6-23}$$

式中，$g_i\in GF(2^m)$，$1\leqslant i\leqslant 2t-1$，即 $g(X)$ 是 $GF(2^m)$ 上的一个多项式。$g(X)$ 便是 2^m 进制 RS 码的生成多项式，该码的码长为 $N=2^m-1$ 且 $N-K=2t$。

对于 $1\leqslant i\leqslant 2t$，因为 α^i 是 $GF(2^m)$ 上的非零元素，所以它们都是 $X^{2^m-1}+1$ 的根，于是 $g(X)$ 是 $X^{2^m-1}+1$ 的一个因式。显然，$g(X)$ 的码重不会小于该码的最小码距 $D_{\min}$，而 $D_{\min}\geqslant 2t+1$，因此由式（6-23）可知 $g(X)$ 的系数 g_i 都不会是零，于是该码的最小码重等于 $2t+1$，即

$$D_{\min}=2t+1=N-K+1 \tag{6-24}$$

综上可知，RS 码是一个 2^m 进制的（2^m-1，2^m-2t-1）BCH 码，且最小码距为 $D_{\min}=2t+1$，其中 $m\geqslant 3$ 为正整数，$1\leqslant t\leqslant 2^{m-1}-1$。此外，RS 码码字的重量分布式是可以准确计算出来的，例如对于 $GF(q)$ 上码长为 $N=q-1$ 的 RS 码，如果最小码距为 $D_{\min}$，则该码码字的重量分布可以用下式来求得：

$$A_i = C_N^i N \sum_{j=0}^{i-D_{\min}} (-1)^j C_{i-1}^j (N+1)^{i-j-D_{\min}} \tag{6-25}$$

式中，$D_{\min} \leqslant i \leqslant N$。

【例 6-10】 设计一个码长 $N=15$ 且可以纠正 3 个错误（$t=3$）的 RS 码，请给出生成多项式。

解　由 $N=2^m-1=15$ 可得 $m=4$，因此 $K=2^m-2t-1=9$。选取 GF(2^4) 上的一个本原元素 α，则生成多项式为

$$\begin{aligned} g(X) &= (X+\alpha)(X+\alpha^2)(X+\alpha^3)(X+\alpha^4)(X+\alpha^5)(X+\alpha^6) \\ &= (X^2+\alpha^5X+\alpha^3)(X^2+\alpha^7X+\alpha^7)(X^2+\alpha^9X+\alpha^{11}) \\ &= (X^4+\alpha^{13}X^3+\alpha^6X^2+\alpha^3X+\alpha^{10})(X^2+\alpha^9X+\alpha^{11}) \\ &= X^6+\alpha^{10}X^5+\alpha^{14}X^4+\alpha^4X^3+\alpha^6X^2+\alpha^9X+\alpha^6 \end{aligned}$$

在上式的计算过程中用到了表 6-6。该码是一个 GF(2^4)上可以纠正 3 个错误的（15，9）RS 码，该码的码字长度为 15，码字中每个元素都是一个 2^4 进制的符号，于是每个码字等价于 60 位的二进制比特。

最为流行的 RS 码是 GF(2^4)上的（255，223）码，其最小码距 $D_{\min}=255-223+1=33$，从而该码能够纠正 16 个符号的错误，因此在突发信道中（即错误连续成串发生），该码可以纠正最大长度为 $16\times8=128$ 比特的突发错误，这说明 RS 对于突发错误的纠错能力较强。正是因为这个原因，RS 码在突发错误信道中具有特别大的吸引力。

6.3.2　RS 码的系统编码

因为 RS 码是一种循环码，故其系统形式的编码方法与前面的二进制循环码的方法类似，仍可以按照下列步骤来实现：将消息多项式 $m(X)$ 乘以 X^{n-k}；将 $X^{n-k}m(X)$ 除以生成多项式 $g(X)$，求得余式 $p(X)$；将余式 $p(X)$ 加至 $X^{n-k}m(X)$，即得码字多项式。

【例 6-11】 设计一个可以纠正 2 个错误（$t=2$）的（7，3）RS 码，请给出消息向量 $m=(\alpha^5,\alpha^3,\alpha)=(111,011,010)$ 的系统形式编码方案。

解　由 $N=2^m-1=7$ 可得 $m=3$。选取 GF(2^3)上的一个本原元素 α，则生成多项式为

$$\begin{aligned} g(X) &= (X+\alpha)(X+\alpha^2)(X+\alpha^3)(X+\alpha^4) \\ &= (X^2+\alpha^4X+\alpha^3)(X^2+\alpha^6X+1) \\ &= X^4+\alpha^3X^3+X^2+\alpha X+\alpha^3 \end{aligned}$$

在上式的计算过程中用到了表 6-4。消息多项式为 $m(X)=\alpha^5X^2+\alpha^3X+\alpha$，于是

$$X^{n-k}m(X)=X^4(\alpha^5X^2+\alpha^3X+\alpha)=\alpha^5X^6+\alpha^3X^5+\alpha X^4$$

接下来将 $X^{n-k}m(X)$ 除以生成多项式 $g(X)$，可得

$$X^{n-k}m(X)=q(X)g(X)+p(X)$$

其中商式为 $q(X)=\alpha^5X^2+X+\alpha^4$，余式 $p(X)=\alpha^6X^3+\alpha^4X^2+\alpha^2X+1$ 为校验多项式。最后可得码字多项式为

$$c(X)=X^{n-k}m(X)+p(X)=\alpha^5X^6+\alpha^3X^5+\alpha X^4+\alpha^6X^3+\alpha^4X^2+\alpha^2X+1$$

6.3.3　RS 码的译码

编码器生成的 RS 码字在信道传输过程中可能会发生错误。假设某码字 $\boldsymbol{c}$ 在传输过程中发生了 v 个错误，则对应的错误多项式可以表示为

$$e(X)=e_{j_1}X^{j_1}+e_{j_2}X^{j_2}+\cdots+e_{j_v}X^{j_v} \tag{6-26}$$

式中，j_l 表示第 l 个错误的错误位置（Error Location），e_{j_l} 表示第 l 个错误的错误值（Error Value），其中 $l\in\{1,2,\cdots,v\}$。如果码字 $\boldsymbol{c}$ 对应的码字多项式为 $c(X)$，则对应的接收多项式为

$$r(X)=c(X)+e(X) \tag{6-27}$$

对应的伴随式分别为

$$\begin{aligned} s_i &= r(\alpha^i)=c(\alpha^i)+e(\alpha^i)=e(\alpha^i)\\ &= e_{j_1}(\alpha^{j_1})^i+e_{j_2}(\alpha^{j_2})^i+\cdots+e_{j_v}(\alpha^{j_v})^i, 1\leqslant i\leqslant 2t \end{aligned} \tag{6-28}$$

定义 $\beta_l=\alpha^{j_l}$ 为错误定位数（Error Locator Number），$l\in\{1,2,\cdots,v\}$，则式（6-28）可以表示为

$$\begin{cases} s_1=e_{j_1}\beta_1+e_{j_2}\beta_2+\cdots+e_{j_v}\beta_v\\ s_2=e_{j_1}\beta_1^2+e_{j_2}\beta_2^2+\cdots+e_{j_v}\beta_v^2\\ \quad\vdots\\ s_{2t}=e_{j_1}\beta_1^{2t}+e_{j_2}\beta_2^{2t}+\cdots+e_{j_v}\beta_v^{2t} \end{cases} \tag{6-29}$$

式（6-29）是一个 $2t$ 个方程组成的非线性方程组，共有 $2t$ 个未知数，其中 t 个位置数，t 个错误值。显然只要能够求得这 $2t$ 个未知数，就可以实现译码，所以任何可以求解上述方程组的方法都是一种 RS 码的译码算法。

和前面 BCH 译码采用的方法一样，此处也可以定义错误定位多项式为

$$\begin{aligned} \sigma(X) &= (1+\beta_1X)(1+\beta_2X)\cdots(1+\beta_vX)\\ &= \sigma_vX^v+\sigma_{v-1}X^{v-1}+\cdots+\sigma_1X+1 \end{aligned} \tag{6-30}$$

式（6-30）v 个根的逆元素显然均是错误位置数，可以用于确定 v 个错误的位置。

接下来，介绍一种称作 Peterson－Gorenstein－Zierler 算法的译码方法。

通过使用傅里叶变换可以将编码理论的思想用信号处理的方法来进行描述和分析。Peterson－Gorenstein－Zierler 算法便是一种基于傅里叶变换的译码算法，其中，Peterson 算法用于确定错误位置，而 Gorenstein－Zierler 算法用于确定错误值。

1. 错误定位数的确定

将式（6-30）等号两边乘以 $e_{j_l}\beta_l^{j+v}$，$1\leqslant l\leqslant v$，可得

$$e_{j_l}\beta_l^{j+v}(1+\beta_1X)(1+\beta_2X)\cdots(1+\beta_vX)=e_{j_l}\beta_l^{j+v}(\sigma_vX^v+\sigma_{v-1}X^{v-1}+\cdots+\sigma_1X+1) \tag{6-31}$$

在式（6-31）中取 $X=\beta_l^{-1}$，可得

$$\begin{aligned} 0 &= e_{j_l}\beta_l^{j+v}(\sigma_v\beta_l^{-v}+\sigma_{v-1}\beta_l^{-v+1}+\cdots+\sigma_1\beta_l^{-1}+1)\\ &= e_{j_l}(\sigma_v\beta_l^{j}+\sigma_{v-1}\beta_l^{j+1}+\cdots+\sigma_1\beta_l^{j+v-1}+\beta_l^{j+v}) \end{aligned} \tag{6-32}$$

显然式（6-32）对于 $1\leqslant l\leqslant v$ 均成立，所以可知

$$\sum_{l=1}^{v}e_{j_l}(\sigma_v\beta_l^{j}+\sigma_{v-1}\beta_l^{j+1}+\cdots+\sigma_1\beta_l^{j+v-1}+\beta_l^{j+v})=0 \tag{6-33}$$

整理可得

$$\sigma_v\sum_{l=1}^{v}e_{j_l}\beta_l^{j}+\sigma_{v-1}\sum_{l=1}^{v}e_{j_l}\beta_l^{j+1}+\cdots+\sigma_1\sum_{l=1}^{v}e_{j_l}\beta_l^{j+v-1}+\sum_{l=1}^{v}e_{j_l}\beta_l^{j+v}=0 \tag{6-34}$$

再利用式（6-29）中的关系，可知式（6-34）中的每一个求和项均是一个伴随式，于是可得

$$\sigma_v s_j + \sigma_{v-1} s_{j+1} + \cdots + \sigma_1 s_{j+v-1} + s_{j+v} = 0 \tag{6-35}$$

显然，只有当 $1 \leqslant j \leqslant 2t - v$ 时 s_j，s_{j+1}，…，s_{j+v-1}，s_{j+v}才表示所有已知的伴随式，因此可得如下方程组：

$$\sigma_v s_j + \sigma_{v-1} s_{j+1} + \cdots + \sigma_1 s_{j+v-1} = -s_{j+v}, \quad 1 \leqslant j \leqslant 2t - v \tag{6-36}$$

式（6-36）是联系 $\sigma(X)$ 系数和伴随式之间的线性方程组，可以将前 v 个等式写成如下的矩阵形式：

$$\begin{pmatrix} s_1 & s_2 & s_3 & \cdots & s_{v-1} & s_v \\ s_2 & s_3 & s_4 & \cdots & s_v & s_{v+1} \\ & & & \vdots & & \\ s_{v-1} & s_v & s_{v+1} & \cdots & s_{2v-3} & s_{2v-2} \\ s_v & s_{v+1} & s_{v+2} & \cdots & s_{2v-2} & s_{2v-1} \end{pmatrix} \begin{pmatrix} \sigma_v \\ \sigma_{v-1} \\ \vdots \\ \sigma_2 \\ \sigma_1 \end{pmatrix} = \begin{pmatrix} -s_{v+1} \\ -s_{v+2} \\ \vdots \\ -s_{2v-1} \\ -s_{2v} \end{pmatrix} \tag{6-37}$$

这样，只要式（6-37）中的方阵是非奇异的，便可以解出 $\sigma(X)$ 的所有系数。

实际上在译码之前，并不知道发生错误的具体个数 v。为了确定该值，不妨定义一个如下的伴随式矩阵：

$$\boldsymbol{M}_\mu = \begin{pmatrix} s_1 & s_2 & s_3 & \cdots & s_{\mu-1} & s_\mu \\ s_2 & s_3 & s_4 & \cdots & s_\mu & s_{\mu+1} \\ & & & \vdots & & \\ s_{\mu-1} & s_\mu & s_{\mu+1} & \cdots & s_{2\mu-3} & s_{2\mu-2} \\ s_\mu & s_{\mu+1} & s_{\mu+2} & \cdots & s_{2\mu-2} & s_{2\mu-1} \end{pmatrix} \tag{6-38}$$

则可以证明：当 μ 恰好等于实际发生的错误符号个数 v 时（即 $\mu = v$ 时），矩阵 $\boldsymbol{M}_\mu$ 是非奇异的；而当 $\mu > v$ 时，矩阵 $\boldsymbol{M}_\mu$ 是奇异的。所以，为了确定 v 的值，译码器依次计算 $\boldsymbol{M}_t$，$\boldsymbol{M}_{t-1}$，…的行列式，直到获得第一个非零值的行列式 $|\boldsymbol{M}_v|$ 时停止计算，此时便得到了错误符号个数 v 的值。接下来，将式（6-37）等号左右两边都左乘上 $\boldsymbol{M}_v$ 的逆矩阵，便可得到 $\sigma(X)$ 的所有系数，进而便能求出 $\sigma(X)$ 的根。

2. 错误值的确定

在确定了 $e(X) = e_{j_1} X^{j_1} + e_{j_2} X^{j_2} + \cdots + e_{j_v} X^{j_v}$ 中的错误位置数 j_1，j_2，…，j_v 之后，为了确定错误值 e_{j_1}，e_{j_2}，…，e_{j_v}，可以将任意 v 个伴随式的值代入 $e(X)$ 来进行确定。

3. 利用错误多项式来纠错

在得到错误多项式 $e(X)$ 之后，只需要将其加至接收多项式 $r(X)$ 便可得到码字多项式，即

$$c(X) = r(X) + e(X) \tag{6-39}$$

【例 6-12】　对于例 6-11 中可以纠正 2 个错误（$t = 2$）的（7，3）RS 码，如果发送码字多项式为 $c(X) = \alpha^5 X^6 + \alpha^3 X^5 + \alpha X^4 + \alpha^6 X^3 + \alpha^4 X^2 + \alpha^2 X + 1$，并假设传输过程中的错误图样为 $\boldsymbol{e} = (0, \alpha^3, 0, 0, 0, 0, 0)$。请给出接收多项式，并对其进行译码。

解　错误多项式为 $e(X) = \alpha^3 X^5$，于是接收多项式为

$$r(X)=c(X)+e(X)=\alpha^5X^6+\alpha X^4+\alpha^6X^3+\alpha^4X^2+\alpha^2X+1$$

与上式对应的伴随式分别为

$$s_1=r(\alpha)=\alpha^4+\alpha^5+\alpha^2+\alpha^6+\alpha^3+1=\alpha$$
$$s_2=r(\alpha^2)=\alpha^3+\alpha^2+\alpha^5+\alpha+\alpha^4+1=\alpha^6$$
$$s_3=r(\alpha^3)=\alpha^2+\alpha^6+\alpha+\alpha^3+\alpha^5+1=\alpha^4$$
$$s_4=r(\alpha^4)=\alpha+\alpha^3+\alpha^4+\alpha^5+\alpha^6+1=\alpha^2$$

下面来确定错误符号个数。首先计算

$$|\boldsymbol{M}_2|=\begin{vmatrix} s_1 & s_2 \\ s_2 & s_3 \end{vmatrix}=\begin{vmatrix} \alpha & \alpha^6 \\ \alpha^6 & \alpha^4 \end{vmatrix}=\alpha^5+\alpha^5=0$$

接着计算

$$|\boldsymbol{M}_1|=s_1=\alpha\neq 0$$

因此，可知误码个数为1。

接着来确定错误位置。由式（6-37）可得

$$s_1\sigma_1=s_2 \quad\Rightarrow\quad \sigma_1=\alpha^5$$

于是，错误定位多项式为

$$\sigma(X)=\alpha^5X+1$$

上式的根为 $\beta_1^{-1}=\alpha^2$，错误定位数为 $\beta_1=\alpha^5$，从而可知误码的错误位置为 $j_1=5$，错误多项式可以表示为

$$e(X)=e_{j_1}X^5$$

下面来求错误值。为了计算错误值 e_{j_1}，可以将任意一个伴随式的值代入上式，例如

$$s_1=e(\alpha)=e_{j_1}\alpha^5=\alpha \quad\Rightarrow\quad e_{j_1}=\alpha^3$$

于是，最终可得错误多项式为

$$e(X)=\alpha^3X^5$$

所以，译码器得到的码字多项式为

$$c(X)=r(X)+e(X)=\alpha^5X^6+\alpha^3X^5+\alpha X^4+\alpha^6X^3+\alpha^4X^2+\alpha^2X+1$$

又因为该码是系统码，所以该多项式左侧3个系数构成对应的消息向量，即

$$m=(\alpha^5,\alpha^3,\alpha)$$

【例6-13】 继续考虑上例，如果传输过程中的错误图样为 $\boldsymbol{e}=(0,0,\alpha^5,\alpha^2,0,0,0)$。请给出接收多项式，并对其进行译码。

解 错误多项式为 $e(X)=\alpha^5X^4+\alpha^2X^3$，于是接收多项式为

$$r(X)=c(X)+e(X)=\alpha^5X^6+\alpha^3X^5+\alpha^6X^4+X^3+\alpha^4X^2+\alpha^2X+1$$

与上式对应的伴随式分别为

$$s_1=r(\alpha)=\alpha^4+\alpha+\alpha^3+\alpha^3+\alpha^6+\alpha^3+1=\alpha^3$$
$$s_2=r(\alpha^2)=\alpha^3+\alpha^6+1+\alpha^6+\alpha+\alpha^4+1=\alpha^5$$
$$s_3=r(\alpha^3)=\alpha^2+\alpha^4+\alpha^4+\alpha^2+\alpha^3+\alpha^5+1=\alpha^6$$
$$s_4=r(\alpha^4)=\alpha+\alpha^2+\alpha+\alpha^5+\alpha^5+\alpha^6+1=0$$

下面来确定错误符号的个数。计算

$$|\boldsymbol{M}_2|=\begin{vmatrix} s_1 & s_2 \\ s_2 & s_3 \end{vmatrix}=\begin{vmatrix} \alpha^3 & \alpha^5 \\ \alpha^5 & \alpha^6 \end{vmatrix}=\alpha^2+\alpha^3=\alpha^5\neq 0$$

可知错误符号个数为 2。

接着来确定错误定位多项式 $\sigma(X)$ 的表达式。易得

$$\boldsymbol{M}_2^{-1}=\frac{1}{\alpha^5}\begin{pmatrix}\alpha^6 & \alpha^5\\ \alpha^5 & \alpha^3\end{pmatrix}=\alpha^2\begin{pmatrix}\alpha^6 & \alpha^5\\ \alpha^5 & \alpha^3\end{pmatrix}=\begin{pmatrix}\alpha & 1\\ 1 & \alpha^5\end{pmatrix}$$

$$\begin{pmatrix}\sigma_2\\ \sigma_1\end{pmatrix}=\boldsymbol{M}_2^{-1}\begin{pmatrix}s_3\\ s_4\end{pmatrix}=\begin{pmatrix}\alpha & 1\\ 1 & \alpha^5\end{pmatrix}\begin{pmatrix}\alpha^6\\ 0\end{pmatrix}=\begin{pmatrix}1\\ \alpha^6\end{pmatrix}$$

于是，错误定位多项式为

$$\sigma(X)=\sigma_2X^2+\sigma_1X+1=X^2+\alpha^6X+1$$

为了求得上式的根 β_1^{-1} 和 β_2^{-1}，可以将 $\mathrm{GF}(2^3)$ 中的所有非零元素一一代入进行检验：

$$\begin{gathered}\sigma(\alpha^0)=1+\alpha^6+1=\alpha^6\\ \sigma(\alpha^1)=\alpha^2+1+1=\alpha^2\\ \sigma(\alpha^2)=\alpha^4+\alpha+1=\alpha^6\\ \sigma(\alpha^3)=\alpha^6+\alpha^2+1=0\\ \sigma(\alpha^4)=\alpha+\alpha^3+1=0\\ \sigma(\alpha^5)=\alpha^3+\alpha^4+1=\alpha^6\\ \sigma(\alpha^6)=\alpha^5+\alpha^5+1=1\end{gathered}$$

所以 $\beta_1^{-1}=\alpha^3$ 和 $\beta_2^{-1}=\alpha^4$，从而错误定位数为 $\beta_1=\alpha^4$ 和 $\beta_2=\alpha^3$，即两个错误的位置分别为 $j_1=4$ 和 $j_2=3$，这样错误多项式可以表示为

$$e(X)=e_{j_1}X^4+e_{j_2}X^3$$

然后来确定两个错误值 e_{j_1} 和 e_{j_2}。将任意两个伴随式的值代入上式可得

$$\begin{cases}s_1=e(\alpha)=e_{j_1}\alpha^4+e_{j_2}\alpha^3=\alpha^3\\ s_2=e(\alpha^2)=e_{j_1}\alpha+e_{j_2}\alpha^6=\alpha^5\end{cases}$$

求解上述方程可得 $e_{j_1}=\alpha^5$，$e_{j_2}=\alpha^2$，这样，最终确定的错误多项式为

$$e(X)=\alpha^5X^4+\alpha^2X^3$$

所以，译码器得到的码字多项式为

$$\begin{aligned}c(X)&=r(X)+e(X)\\ &=(\alpha^5X^6+\alpha^3X^5+\alpha^6X^4+X^3+\alpha^4X^2+\alpha^2X+1)+(\alpha^5X^4+\alpha^2X^3)\\ &=\alpha^5X^6+\alpha^3X^5+\alpha X^4+\alpha^6X^3+\alpha^4X^2+\alpha^2X+1\end{aligned}$$

该码是系统码，所以该多项式左侧 3 个系数构成对应的消息向量 $\boldsymbol{m}=(\alpha^5,\alpha^3,\alpha)$。

6.4 BCH 码和 RS 码的仿真实例

【例 6-14】 实现例6-2 中有限域 GF(8) 各个元素的 MATLAB 仿真问题。如表 6-4 所示，用于表示有限域中元素的方法有幂形式和向量形式（即多项式形式中的系数），此外也经常将向量形式折算成对应的十进制整数来表示，称为整数形式。下列代码可以生成并显示 GF(8) 中元素的幂形式、向量形式和整数形式。

6.4 BCH 码和 RS 码的仿真实例

```
prim_poly = [1 1 0 1]; % 用素多项式 x^3 + x + 1 生成 GF(8)
gf8_elements = [ -inf 0 1 2 3 4 5 6]'; % 生成 GF(8)中的元素(幂形式的指数)
[polyformat, expformat] = gftuple(gf8_elements, prim_poly);
integerformat = bi2de(polyformat);
disp('GF(8)中的元素(幂形式中的指数):');
disp(expformat);
disp('GF(8)中的元素(向量形式):');
disp(polyformat);
disp('GF(8)中的元素(整数形式):');
disp(integerformat);
```

其中，变量 prim_poly 存储用于生成有限域 GF(8) 的素多项式的系数；变量 gf8_elements 用于存储幂形式元素的指数，此代码中选取元素 X^n 中的 $n = [-\inf, 0, 1, 2, 3, 4, 5, 6]$，其中指数 -inf 对应有限域元素 0；函数 gftuple( )用于将元素的幂形式转换为向量形式 polyformat，以及最简幂形式 expformat（即确保幂形式的指数 $n \in \{-\inf, 0, 1, 2, 3, 4, 5, 6\}$）；函数 bi2de( )用于实现二进制到十进制的转换，转换结果 integerformat 用于保存各元素的整数形式；函数 disp( )用于显示相应结果。

【例 6-15】 实现例 6-3 中两个多项式是否为本原多项式的 MATLAB 仿真问题。因为 $g_1(x)$ 是本原多项式，所以各元素的生成可以采用类似上一题的方法。下面重点讨论不是本原多项式的 $g_2(x)$，此时用于生成幂形式元素 X、X^2、X^3、X^4、X^5 对应多项式形式的代码如下。

```
p = 2; % 有限域 GF(2)
g2 = [1 1 1 1 1]; % 多项式 x^4 + x^3 + x^2 + x + 1
x1 = [0 1]; % x^1
[quot1, remd1] = gfdeconv(x1, g2, p);
x2 = [0 0 1]; % x^2
[quot2, remd2] = gfdeconv(x2, g2, p);
x3 = [0 0 0 1]; % x^3
[quot3, remd3] = gfdeconv(x3, g2, p);
x4 = [0 0 0 0 1]; % x^4
[quot4, remd4] = gfdeconv(x4, g2, p);
x5 = [0 0 0 0 0 1]; % x^5
[quot5, remd5] = gfdeconv(x5, g2, p);
disp('元素 X^1 的多项式形式为:');
disp(remd1);
disp('元素 X^2 的多项式形式为:');
disp(remd2);
disp('元素 X^3 的多项式形式为:');
disp(remd3);
disp('元素 X^4 的多项式形式为:');
disp(remd4);
disp('元素 X^5 的多项式形式为:');
disp(remd5);
```

其中，变量 p = 2 表示有限域 GF(2) 上运算；变量 g2 存储多项式 $g_2(x)$ 的系数；变量

x_1、x_2、x_3、x_4、x_5 分别存储多项式 X、X^2、X^3、X^4、X^5 的系数；函数 gfdeconv( )执行有限域 GF(p) 上的多项式除法；quot1 ~ quot5 分别用于存储五次多项式除法的商式；remd1 ~ remd5 分别用于存储五次多项式除法的余式；函数 disp( )用于显示相应结果。运行结果和例 6-3 中的结果一致。

【例 6-16】 实现例 6-5 中最小多项式的仿真问题。用于产生共轭类 $\{\alpha,\alpha^2,\alpha^4,\alpha^8\}$ 的最小多项式的代码如下。

```
m = 4; % GF(2^m) =GF(16)
prim_poly = [1 1 0 0 1]; % GF (16) 的生成多项式
gf_elements = [1 2 4 8] '; % 生成幂形式的元素 alpha^ {1, 2, 4, 8}
[polyformat, expformat] = gftuple (gf_elements, prim_poly);
integerformat = bi2de (polyformat);
apoly = gf ( [integerformat (1) 1], m); % X + alpha
bpoly = gf ( [integerformat (2) 1], m);% X + alpha^2
cpoly = gf ( [integerformat (3) 1], m);% X + alpha^4
dpoly = gf ( [integerformat (4) 1], m);% X + alpha^8
epoly = conv (apoly, bpoly);
fpoly = conv (cpoly, dpoly);
min_ poly = conv (epoly, fpoly);
disp ('元素 alpha 的最小多项式为: ') ;
disp (min_ poly.x);
```

其中，变量 m =4 表示有限域 GF(2^4) = GF(16) 上运算；变量 prim_poly 存储用于生成有限域 GF(16) 的素多项式的系数；变量 gf_elements 用于存储 $\{\alpha,\alpha^2,\alpha^4,\alpha^8\}$ 中各元素的指数；函数 gftuple( )用于将元素的幂形式转换为多项式形式 polyformat，以及最简幂形式 expformat；函数 bi2de( )用于实现二进制到十进制的转换，转换结果 integerformat 用于保存各元素的整数形式；函数 gf( )用于生成有限域上的数组；变量 apoly、bpoly、cpoly、dpoly 分别表示多项式 $X+\alpha$、$X+\alpha^2$、$X+\alpha^4$、$X+\alpha^8$；函数 conv( )用于实现多项式乘法；变量min_poly 用于存储最小多项式；函数 disp( )用于显示相应结果。

为了得到其他共轭类的最小多项式，只需要将上述代码中变量 gf_elements 的值修改为 [3 6 12 9]'、[5 10]'和 [7 14 13 11]'，便可得到剩余三个最小多项式。

【例 6-17】 实现例 6-7 中生成多项式的仿真问题。采用上题生成最小多项式的方法，可以得到产生该 BCH 码生成多项式的代码如下。

```
m = 4; % GF(p^m) =GF(16)
prim_poly = [1 1 0 0 1]; % GF(16)的生成多项式
% --------------------------------------
gf_elements = [1 2 4 8]'; % 生成幂形式的元素 alpha^{1,2,4,8}
[polyformat, expformat] = gftuple(gf_elements, prim_poly);
integerformat = bi2de(polyformat);
apoly = gf([integerformat(1) 1], m); % X + alpha
bpoly = gf([integerformat(2) 1], m);% X + alpha^2
cpoly = gf([integerformat(3) 1], m);% X + alpha^4
dpoly = gf([integerformat(4) 1], m);% X + alpha^8
```

```
epoly = conv(apoly,bpoly);
fpoly = conv(cpoly,dpoly);
min_poly_alpha = conv(epoly,fpoly);% 元素 alpha 的最小多项式
% -----------------------------------------------
gf_elements = [3 6 12 9]'; % 生成幂形式的元素 alpha^{3,6,12,9}
[polyformat, expformat] = gftuple(gf_elements, prim_poly);
integerformat = bi2de(polyformat);
apoly = gf([integerformat(1) 1], m); % X + alpha^3
bpoly = gf([integerformat(2) 1], m);% X + alpha^6
cpoly = gf([integerformat(3) 1], m);% X + alpha^12
dpoly = gf([integerformat(4) 1], m);% X + alpha^9
epoly = conv(apoly,bpoly);
fpoly = conv(cpoly,dpoly);
min_poly_beta = conv(epoly,fpoly);% 元素 alpha^3 的最小多项式
% -----------------------------------------------
gf_elements = [5 10]'; % 生成幂形式的元素 alpha^{5,10}
[polyformat, expformat] = gftuple(gf_elements, prim_poly);
integerformat = bi2de(polyformat);
apoly = gf([integerformat(1) 1], m); % X + alpha^5
bpoly = gf([integerformat(2) 1], m);% X + alpha^10
min_poly_gamma = conv(apoly,bpoly);% 元素 alpha^5 的最小多项式
% -----------------------------------------------
gf_elements = [7 14 13 11]'; % 生成幂形式的元素 alpha^{7,14,13,11}
[polyformat, expformat] = gftuple(gf_elements, prim_poly);
integerformat = bi2de(polyformat);
apoly = gf([integerformat(1) 1], m); % X + alpha^7
bpoly = gf([integerformat(2) 1], m);% X + alpha^14
cpoly = gf([integerformat(3) 1], m);% X + alpha^13
dpoly = gf([integerformat(4) 1], m);% X + alpha^11
epoly = conv(apoly,bpoly);
fpoly = conv(cpoly,dpoly);
min_poly_delta = conv(epoly,fpoly);% 元素 alpha^7 的最小多项式
% -----------------------------------------------
a_x =conv(min_poly_alpha,min_poly_beta);
b_x =conv(min_poly_gamma,min_poly_delta);
g_x = conv(a_x,b_x); % 生成多项式
disp('生成多项式的系数为:');
disp(g_x.x);
```

其中，变量 min_poly_alpha、min_poly_beta、min_poly_gamma、min_poly_delta 分别表示共轭类 $\{\alpha,\alpha^2,\alpha^4,\alpha^8\}$、$\{\alpha^3,\alpha^6,\alpha^{12},\alpha^9\}$、$\{\alpha^5,\alpha^{10}\}$、$\{\alpha^7,\alpha^{14},\alpha^{13},\alpha^{11}\}$ 的最小多项式；变量 g_x. x用于存储该码生成多项式的系数；函数 disp( )用于显示相应结果。

简单修改上述代码，只要将多项式 min_poly_alpha 和 min_poly_beta 相乘，便可得到

例 6-8中 BCH 码生成多项式的系数。

【例 6-18】 实现例 6-9 中 BCH 码译码问题的 MATLAB 仿真问题，代码如下。

```
n = 15; % 码字向量长度
k = 7; % 消息向量长度
[genpoly,t] = bchgenpoly(n,k); % genpoly 是生成多项式,t 是可纠正错误个数
y = gf([0 0 0 0 0 0 0 0 0 0 0 1 0 0 1]); % 接收向量 X^3 +1
[decoded,cnumerr,ccode] = bchdec(y,n,k); % 译码
disp('纠错后的消息向量:');
disp(decoded.x);
disp('错误个数:');
disp(cnumerr);
disp('纠错后的码字向量:');
disp(ccode.x);
```

其中，变量 n 存储码字向量的长度；变量 k 存储消息向量的长度；函数 bchgenpoly( )用于产生 BCH 码的生成多项式，变量 genpoly 存储生成多项式的系数，变量 t 存储纠错能力；函数 gf( )用于生成有限域 GF(2) 上的数组，变量 y 存储接收向量；函数 bchdec( )用于进行 BCH 译码，变量 decoded 存储纠错后的消息向量，变量 cnumerr 存储错误个数，变量 ccode 存储纠错后的码字向量；函数 disp( )用于显示相应结果。

【例 6-19】 实现例 6-10 中 RS 码生成多项式的仿真问题。生成该码生成多项式的代码如下。

```
m = 4; % GF(p^m) =GF(16)
prim_poly = [1 1 0 0 1]; % GF(16)的生成多项式
% ----------------------------------------
gf_elements = [1 2 3 4 5 6]'; % 生成幂形式的元素 alpha^{1,2,3,4,5,6}
[polyformat, expformat] = gftuple(gf_elements, prim_poly);
integerformat = bi2de(polyformat);
poly1 = gf([integerformat(1) 1], m); % X + alpha^1
poly2 = gf([integerformat(2) 1], m); % X + alpha^2
poly3 = gf([integerformat(3) 1], m); % X + alpha^3
poly4 = gf([integerformat(4) 1], m); % X + alpha^4
poly5 = gf([integerformat(5) 1], m); % X + alpha^5
poly6 = gf([integerformat(6) 1], m); % X + alpha^6
apoly = conv(poly1,poly2);
bpoly = conv(poly3,poly4);
cpoly = conv(poly5,poly6);
dpoly = conv(apoly,bpoly);
g_x_dec = conv(dpoly,cpoly);
g_x_poly = double(de2bi(g_x_dec.x));
[polyformat, g_x_exp] = gftuple(g_x_poly, prim_poly);
disp('生成多项式的系数(幂形式的指数,升幂排列)为:');
disp(g_x_exp');
```

上述代码与例 6-17 的代码类似。其中，变量 g_x_dec 存储生成多项式系数的整数形式；

变量 g_x_exp 存储生成多项式系数的幂形式的指数。

【例 6-20】 实现例 6-11 中 RS 码生成多项式和码字多项式的仿真问题，代码如下。

```
m = 3; % GF(2^m) =GF(8)
prim_poly = [1 1 0 1]; % GF(8)的生成多项式
% ------------------------------------------
gf_elements = [1 2 3 4]'; % 生成幂形式的元素 alpha^{1,2,3,4}
[polyformat, expformat] = gftuple(gf_elements, prim_poly);
integerformat = bi2de(polyformat);
poly1 = gf([1 integerformat(1)], m); % X + alpha^1
poly2 = gf([1 integerformat(2)], m); % X + alpha^2
poly3 = gf([1 integerformat(3)], m); % X + alpha^3
poly4 = gf([1 integerformat(4)], m); % X + alpha^4
apoly = conv(poly1,poly2);
bpoly = conv(poly3,poly4);
g_x_dec = conv(apoly,bpoly);% 生成多项式的系数(整数形式)
g_x_poly = double(de2bi(g_x_dec.x));
[polyformat, g_x_exp] = gftuple(g_x_poly, prim_poly);
disp('生成多项式(降幂排列)的系数(幂形式的指数)为:');
disp(g_x_exp');
% ------------------------------------------
gf_elements = [5 3 1 -inf -inf -inf -inf]'; % 移位消息多项式的系数(幂形式)
[polyformat, expformat] = gftuple(gf_elements, prim_poly);
m_x = bi2de(polyformat)'; % 移位消息多项式的系数(整数形式)
[quot, p_x] = deconv(m_x, g_x_dec); % 除以生成多项式
c_x = [m_x(1:3) p_x(4:7)]; % 码字多项式的系数(整数形式)
c_x_polyformat = double(de2bi(c_x.x, 3));
[polyformat, c_x_expformat] = gftuple(c_x_polyformat, prim_poly);
disp('码字多项式(降幂排列)的系数(幂形式的指数)为:');
disp(c_x_expformat');
```

其中，变量 g_x_dec 存储生成多项式的整数形式系数；变量 g_x_exp 存储生成多项式的幂形式系数；变量 m_x 存储移位后消息多项式的整数形式系数；函数 deconv( )用于多项式除法，变量 polyformat 存储多项式相除的商式，变量 p_x 存储多项式相除的余式；变量c_x存储码字多项式的整数形式系数；变量 c_x_expformat 存储码字多项式的幂形式系数；函数 disp( )用于显示相应结果。

【例 6-21】 实现例 6-12 中 RS 码译码过程中伴随式的仿真问题，代码如下。

```
p = 2;
m=3; % GF(p^m) =GF(8)
g = [1 1 0 1]; % GF(8)生成多项式
% ------------------------------------------
r_x_expformat = [5, -Inf, 1, 6, 4, 2, 0]';% 接收多项式(降幂排列)的幂形式系数
[r_x_polyformat, expformat] = gftuple(r_x_expformat, m, p);
r_x_integerformat = gf(bi2de(r_x_polyformat)',m);
```

```
% 接收多项式(降幂排列)的整数形式系数
% --------------------------------------------------------
X_expformat = [6, 5, 4, 3, 2, 1, 0]'; % X^{6,5,4,3,2,1,0}
[X_polyformat, X_expformat] = gftuple(X_expformat, m, p);
X_integerformat = gf(bi2de(X_polyformat),m);
s1_integerformat = r_x_integerformat * X_integerformat;
s1_polyformat = double(de2bi(s1_integerformat.x));
[s1_polyformat, s1_expformat] = gftuple(s1_polyformat, m, p);
disp('伴随式 s1 为:');
disp(s1_expformat);% 伴随式 s1(幂形式的指数)
```

其中，变量 r_x_expformat 存储接收多项式的幂形式系数；变量 r_x_integerformat 存储接收多项式的整数形式系数；变量 X_expformat 存储数组 $[X^6, X^5, X^4, X^3, X^2, X^1, X^0]$ 当 $X=\alpha$ 时的幂值，变量 X_integerformat 存储该数组对应的整数值；变量 s1_integerformat 存储 $X=\alpha$ 时整数形式的伴随式 s_1，而变量 s1_expformat 存储对应的幂形式的伴随式 s_1。

简单修改上述代码，只需要将变量 X_expformat 的值依次换为[12, 10, 8, 6, 4, 2, 0]'、[18, 15, 12, 9, 6, 3, 0]'、[24, 20, 16, 12, 8, 4, 0]'，便可得伴随式 s_2、s_3、s_4。

【例 6-22】 实现例 6-13 中 RS 码译码问题的仿真问题，代码如下。

```
m = 3; % GF(2^m) =GF(8)
prim_poly = [1 1 0 1]; % GF(8)的生成多项式 X^3 +X +1
N = 7; % 码字向量长度
K = 3; % 消息向量长度
genpoly_dec = rsgenpoly(N,K); % RS 码的生成多项式
genpoly_poly = double(de2bi(genpoly_dec.x));
[genpoly_polyformat, genpoly_expformat] = gftuple(genpoly_poly, prim_
poly);
disp('RS 码生成多项式(降幂排列)系数(幂形式的指数)');
disp(genpoly_expformat');
r_exp = [5 3 6 0 4 2 0]'; % 接收多项式(降幂排列)系数(幂形式的指数)
disp('接收多项式(降幂排列)系数(幂形式的指数)');
disp(r_exp');
[r_polyformat, r_expformat] = gftuple(r_exp,prim_poly);
r_integer = gf(bi2de(r_polyformat),m); % 接收多项式(降幂排列)系数(整数形式)
[decoded,cnumerr,ccode] = rsdec(r_integer',N,K); % RS 译码
ccode_poly = double(de2bi(ccode.x));
[ccode_poly, ccode_exp] = gftuple(ccode_poly,prim_poly);
disp('译码后的码字向量(幂形式的指数):');
disp(ccode_exp');
```

其中，变量 m=3 表示有限域 GF(8)；变量 prim_poly 存储生成多项式的系数；变量 N 存储码字向量的长度；变量 K 存储消息向量的长度；函数 rsgenpoly( )用于生成 RS 码的生成多项式的整数形式系数；函数 de2bi( )用于将整数转换为二进制数，函数 double( )用于将数据转换为双精度浮点值；变量 genpoly_poly 存储生成多项式的向量形式的系数；函数

gftuple( )用于实现有限域元素向量形式和幂形式之间的转换，变量 genpoly_polyformat 存储向量形式，变量 genpoly_expformat 存储幂形式；变量 r_exp 存储接收多项式（降幂排列）的系数（幂形式的指数）；变量 r_polyformat 存储元素的向量形式，变量 r_expformat 存储元素的幂形式；函数 bi2de( )用于将二进制数转换为整数，函数 gf( )用于生成有限域 GF(8)上的元素，变量 r_integer 存储接收多项式（降幂排列）的整数形式系数；函数 rsdec( )用于实现 RS 译码，变量 decoded 存储纠错后的消息向量，变量 cnumerr 存储错误个数，变量 ccode 存储纠错后的码字向量（整数型元素）；变量 ccode_poly 存储纠错后的码字向量（向量形式元素），变量 ccode_exp 存储纠错后的码字向量（幂形式元素）；函数disp( )用于显示相应结果。

6.5 习题

6-1 利用本原多项式 $g(X)=X^5+X^2+1$ 来构造 GF(32)，如果 α 是 $g(X)$的一个根，请给出 GF(32)的所有元素，要求同时给出幂、多项式和向量三种形式。

6-2 设计一个码长为 $n=31$ 且可以纠 $t=2$ 个错误的 BCH 码，请给出该码的生成多项式和码率。

6-3 对于题 6-2 中的 BCH 码，如果接收向量为 $\boldsymbol{r}=(0000000000000000000011001001001)$，请使用 Berlekamp－Massey 算法来确定错误位置。

6-4 对于题 6-2 中的 BCH 码，如果接收向量为 $\boldsymbol{r}=(1110000000000000000011101101001)$，请再使用 Berlekamp－Massey 算法来进行译码。

6-5 通过一个（15，7）BCH 码来构造一个（12，4）缩短码，给出该缩短码的生成矩阵。

6-6 （63，36）BCH 码可以纠正 5 个错误，9 个（7，4）码字分组也可以纠正 9 个错误，且两种方案的码率一致。

（1）9 个（7，4）码字分组可以纠正更多的错误，是不是表明该方案的纠错能力更强？

（2）如果有 5 位错误随机分布在 63 位符号内，比较这两种方案。

6-7 设计一个码长为 $N=7$ 且可以纠正 2 个错误（$t=2$）的 RS 码，给出生成多项式。

6-8 设计一个码长为 $N=63$ 且可以纠正 3 个错误（$t=3$）的 RS 码，给出生成多项式，并说明该码共有多少个码字？

6-9 设计一个码长 $N=31$ 且可以纠正 3 个错误（$t=3$）的 RS 码，请给出生成多项式，并给出消息向量 $\boldsymbol{m}=(01000,00101,00010,01010,11010)$的系统形式编码方案。

6-10 考虑一个（7，3）RS 码。

（1）该码的纠错能力是多少？该码的每个符号代表多少比特？

（2）求该码标准阵列中行和列的数量。

（3）利用标准阵列的维度来验证该码的纠错能力。

（4）该码是完美码吗？假如不是完美码，该码还有多少残余的纠错能力？

6-11 考虑由有限域 GF(2^m)上基元素构成的集合$\{0,\alpha^0,\alpha^1,\alpha^2,\cdots,\alpha^{2^m-2}\}$，其中 $m=4$。

（1）给出该有限域中元素之间加法运算的结果。

（2）给出该有限域中元素之间乘法运算的结果。

（3）确定（31，27）RS 码的生成多项式。

6-12 利用（7，3）RS 码的生成多项式来对消息比特向量 $\boldsymbol{m}=(010110111)$进行系统形式的编码，使用多项式除法确定校验多项式，并给出码字多项式及其二进制形式。

6-13 考虑一个（7，3）RS 码。

（1）对消息符号向量 $\boldsymbol{m}=(6,5,1)$ 进行系统形式的编码，给出二进制形式的码字。

（2）验证该码生成多项式的根也是上问所得码字多项式的根。

（3）如果码字在传输过程中最右侧的 6bit 发生了错误，确定对应的伴随式。

（4）证明上问得到的伴随式也可以用错误多项式来得到。

6-14　针对上题得到的受扰码字，使用 Peterson – Gorenstein – Zierler 算法进行译码，分别确定错误发生的位置、错误值，并对受扰码字进行纠正。

第7章 卷 积 码

分组码编码器将信息码流分割成孤立的码块进行编/译码。从信息论的角度，分组编码丢失了分组间的相关信息，分组长度越短，丢失的信息越多。编码定理指出分组长度越大越好，但译码复杂度会随之按指数上升，因此限制了分组长度的进一步增大。

1955 年，Elias 提出了卷积码的概念，任意时刻编码器输出的码元不仅和当前输入的信息码元相关，还与之前多个时刻输入的信息码元相关，一定程度上解决了此问题。卷积码是无线数字通信系统的一个十分重要的组成部分，在实际中应用广泛。例如，GPRS、DVB、IEEE802. 11、W－CDMA 中都使用了卷积码。

本章首先介绍卷积码的基本概念、定义及卷积码编码器的各种表示方法；然后介绍卷积码译码器及卷积码的距离特性；最后简单介绍 Turbo 码。

7.1 卷积码概述

7.1 卷积码概述

线性分组码编码器输出的 n 个码元中，每一个码元仅和此时刻输入的 k 个信息码元有关。卷积码不同于分组码的一个重要特征就是编码器的记忆性，即在任意时刻，编码器输出的 n 个码元中，每个码元不仅和此时刻输入的 k 个信息码元有关，还与之前 L 个时刻输入的信息码元有关。通常将 $N=L+1$ 定义为卷积码的约束长度，则编码过程中相互关联的码元数为 Nn，监督位监督着这 N 段时间内的信息。卷积码的编码效率 $R=k/n$。实际应用中，n 和 k 通常取较小的值，通过 N 的变化来控制编码器的性能和复杂度。通常用（n，k，L）来表示卷积编码电路。

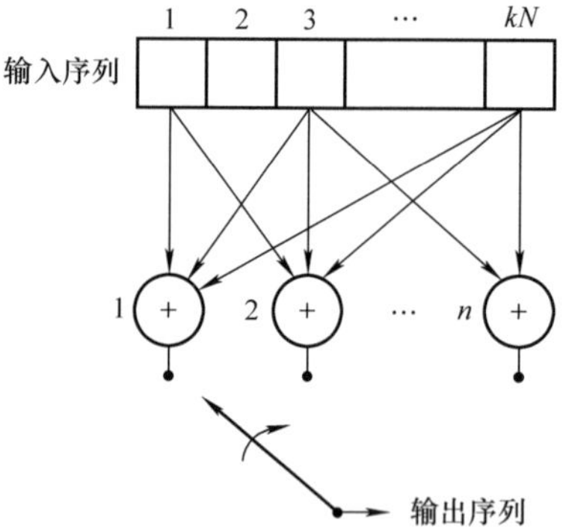

图 7-1 约束长度为 N，编码效率 $R=k/n$ 的卷积码编码器

除了构造上的不同外，在同样的编码效率下，卷积码的性能要优于分组码，至少不低于分组码。由于在现代数字通信系统中，数据通常是以组的形式传输，因此分组码似乎更适合于检测错误，并通过反馈重传进行纠错，而卷积码将主要应用于前向纠错数据通信系统中。另外，卷积码不像分组码有严格的代数结构，至今尚未找到非常严密的数学手段将纠错性能与码的结构有规律地联系起来。

如图 7-1 所示，一个通用的卷积码编码器，包括一

个 kN 级移位寄存器和 n 个模 2 加法器。在每个时间单元内，k 比特信息位移入寄存器最开始的 k 级，同时将寄存器中原有的各位右移 k 级，顺序采样 n 个加法器的输出就可以得到输出的码元信息。对于每 k 个信息输入组，有 n 个输出码元与之对应，因此其编码效率 $R=k/n$。

分析最常用的 $R=1/n$ 卷积码编码器，kN 级移位寄存器简化为 N 级移位寄存器。编码器每次只移入 1 位信息比特。在第 i 个时间单元，信息比特 u_i 被移入寄存器的第 1 级，寄存器中原有的所有比特同时右移 1 级。n 个加法器的输出被依次顺序采样输出并发送。由于每 1 个输入信息比特有 n 个输出码元，因此编码效率为 $1/n$。对于（n，k，L）卷积码，当其输入的 k 元组是与其关联的输出 n 元组分支码字的一部分时，该类卷积码称为系统卷积码。

7.2 卷积码编码器

卷积码的关键特征是它的生成函数（也称编码函数）$\boldsymbol{G}(\boldsymbol{U})$。知道生成函数，便可以由输入序列方便地计算出输出序列，常用的卷积码编码器的描述方法有连接图、连接向量、连接多项式、编码矩阵、状态图、树状图、网格图等。

7.2 卷积码编码器

7.2.1 连接图表示

下面以图 7-2 所示的（2，1，2）卷积码编码电路为例说明卷积码编码器。该编码器约束长度 $N=L+1=3$，模 2 加法器的数目 $n=2$，编码效率为 $k/n=1/2$。在每一个单元时刻，1 位信息比特被移入寄存器的最左端，同时将寄存器中所有比特右移 1 位，交替采样两个模 2 加法器，得到的码元序列就是该输入比特对应的分支字。加法器和各级寄存器之间的不同连接，会导致不同的编码性能。需要注意的是，连接方式不可以随意选择。关于如何选择具有良好距离特性的连接方式，目前还没有一个通用的准则，不过借助计算机搜索已经找到了所有约束长度小于 20 的好的编码。

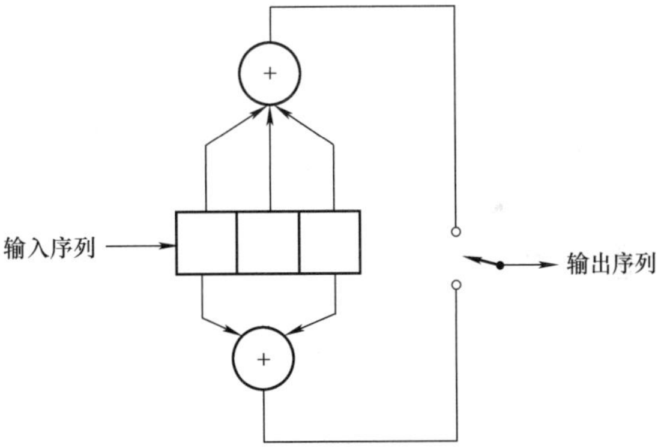

图 7-2 （2，1，2）卷积码编码器

与分组码具有固定字长不同，卷积码没有特定的分组结构。不过，人们通常采用周期截断的方法赋予其分组的结构。为了达到清空编码器中移位寄存器的目的，通常需要在输入数据序列末尾附加 $N-1$ 个 0 比特。由于附加的 0 不包含任何信息，因此其有效编码效率将会降至 k/n 以下。因此为了使编码效率接近 k/n，截断周期一般取值较大。

卷积码编码器还可以采用连接向量集的方法进行描述。每个编码器包含 n 个模 2 加法器，就对应 n 个连接向量，且每个连接向量都是 N 维的，表示该模 2 加法器和移位寄存器之间的连接关系。以图 7-2 所示的编码器为例，其对应的连接向量可以表示为

$$\boldsymbol{l}_1=[1\quad 1\quad 1]$$

$$l_2 = [1 \quad 0 \quad 1]$$

假设用该编码器对信息序列 $\boldsymbol{m}=[101]$ 进行编码。3 位信息比特在时刻 t_1，t_2，t_3 依次输入，之后在 t_4，t_5 时刻输入 $N-1=2$ 个 0 以清空寄存器，确保信息的尾部能完全移出寄存器。得到的输出序列为 1 1 1 0 0 0 1 0 1 1。编码过程如下：

时刻	寄存器内容	分支字	
		u_1	u_2
t_1	1 0 0	1	1
t_2	0 1 0	1	0
t_3	1 0 1	0	0
t_4	0 1 0	1	0
t_5	0 0 1	1	1
t_6	0 0 0	0	0

在 t_6 时刻输入一位 0，寄存器全部为 0，说明在 t_6 时刻已经完成了清空操作，可以输入新的信息比特。

卷积码编码器还可以借助冲激响应——即编码器对单个 1 信息比特的响应，来分析编码器。以图 7-2 所示编码器为例，当单个 1 通过编码器时，寄存器的变化及输出分支字情况如下：

寄存器内容	分支字	
	u_1	u_2
1 0 0	1	1
0 1 0	1	0
0 0 1	1	1

于是，有

输入序列：1　0　0；

输出序列：11　10　11。

而当单个 0 通过编码器时，有

输入序列：0　0　0；

输出序列：00　00　00。

这样，输入序列 $\boldsymbol{m}=[101]$ 对应的输出可按如下方式的线性叠加来得到：

输入	输出				
1	11	10	11		
0		00	00	00	
1			11	10	11
模 2 加	11	10	00	10	11

这里得到的生成序列与前面相同，由此可见卷积码与线性分组码一样，都是线性码。由于其可以通过按时间移位的单脉冲响应进行线性叠加生成，或者将输入序列与编码器的冲激响应相卷积得到输出编码，因此这种编码称为卷积编码。

7.2.2 多项式表示

任何一个码元序列都可以用一个多项式来表示。比如，二进制码元序列 101101… 可写成$1+D^2+D^3+D^5+\cdots$。这里，D 是移位算子，可作为运算符号参与运算，其指数代表移位次数（即码元位置）。由于系数取值为 {0，1}，系数为 0 项可省略，从而使码元序列的表达更加简洁。

同样卷积码编码器的连接也可以用生成多项式来描述。应用 n 个生成多项式描述编码器中的移位寄存器与模 2 加法器的连接方式，n 个生成多项式分别对应 n 个模 2 加法器，每个生成多项式不超过 L 阶。这种描述方式与连接矢量描述方法相似。生成多项式中各项的系数为 1 或 0，取决于移位寄存器和模 2 加法器之间的连接是否存在。

仍以图 7-2 所示编码器为例，用生成多项式 $g_1(D)$ 表示上方的连接，生成多项式 $g_2(D)$ 表示下方的连接，则有

$$g_1(D)=1+D+D^2$$
$$g_2(D)=1+D^2$$

输出序列根据如下方法求得：

$$C_1(D)=m(D)g_1(D)$$
$$C_2(D)=m(D)g_2(D)$$
$$C(D)=C_1(D)\text{ 与 }C_2(D)\text{ 交替采样(并/串变换)}$$

现将信息序列 $\boldsymbol{m}=[1\quad 0\quad 1]$ 表示成多项式形式 $m(D)=1+D^2$。仍假设在信息序列后附加 0 用以清空移位寄存器，该输入序列经过图 7-2 所示编码器后的输出多项式，计算如下：

$$\begin{aligned}C_1(D)&=m(D)g_1(D)=(1+D^2)(1+D+D^2)\\&=1+D+0D^2+D^3+D^4\\C_2(D)&=m(D)g_2(D)=(1+D^2)(1+D^2)\\&=1+0D+0D^2+0D^3+D^4\end{aligned}$$

则对 $C_1(D)$ 与 $C_2(D)$ 交替采样，得到

$$C(D)=(1,1)+(1,0)D+(0,0)D^2+(1,0)D^3+(1,1)D^4$$

即输出序列为 11 10 00 10 11，与前面分析结果一致。

【例 7-1】 二进制 (3,1,2) 卷积生成序列为

$$\boldsymbol{g}_1=[1\quad 0\quad 0]$$
$$\boldsymbol{g}_2=[1\quad 1\quad 0]$$
$$\boldsymbol{g}_3=[1\quad 1\quad 1]$$

如果输入信息序列是 101101011100…，求输出码字序列。

解 本题为 1 路输入 3 路输出，因此转移函数矩阵是一个 1×3 的多项式矩阵。1 路输入为

$$U(D)=1+D^2+D^3+D^5+D^7+D^8+D^9+\cdots$$

卷积码编码器的转移函数矩阵为

$$\boldsymbol{G}(D)=[1\quad 1+D\quad 1+D+D^2]$$

则

$$
\begin{aligned}
C_1(D) &= U(D)g_1(D) \\
&= (1+D^2+D^3+D^5+D^7+D^8+D^9+\cdots)\cdot 1 \\
&= 1+D^2+D^3+D^5+D^7+D^8+D^9+\cdots \\
C_2(D) &= U(D)g_2(D) \\
&= (1+D^2+D^3+D^5+D^7+D^8+D^9+\cdots)\cdot(1+D) \\
&= (1+D)+(D^2+D^3)+(D^3+D^4)+(D^5+D^6)+(D^7+D^8)+\cdots \\
&= 1+D+D^2+D^4+D^5+D^6+D^7+\cdots \\
C_3(D) &= U(D)g_3(D) \\
&= (1+D^2+D^3+D^5+D^7+D^8+D^9+\cdots)\cdot(1+D+D^2) \\
&= (1+D+D^2)+(D^2+D^3+D^4)+(D^3+D^4+D^5)+(D^5+D^6+D^7)+\cdots \\
&= 1+D+D^6+D^9+\cdots
\end{aligned}
$$

它们的系数序列分别是

$$
\begin{aligned}
&C_1(D):1011010111\cdots \\
&C_2(D):1110111100\cdots \\
&C_3(D):1100001001\cdots
\end{aligned}
$$

利用并/串变换，即从左上角开始按列的顺序送出，则输出序列为

$$C = 111\ 011\ 110\ 100\ 010\ 110\ 011\ 110\ 100\ 101\ \cdots$$

7.2.3 矩阵表示

类似（n，k）线性分组码，卷积码也用生成矩阵和监督矩阵来描述。对于任意一个（n，k，L）卷积码，其生成矩阵$\boldsymbol{G}_\infty$是一个半无限矩阵，即

$$
\boldsymbol{G}_\infty = \begin{pmatrix} \boldsymbol{g}_\infty \\ D\boldsymbol{g}_\infty \\ D^2\boldsymbol{g}_\infty \\ \vdots \end{pmatrix} = \begin{pmatrix} \boldsymbol{g}_0 & \boldsymbol{g}_1 & \boldsymbol{g}_2 & \cdots & \boldsymbol{g}_L & 0 & 0 & \cdots \\ 0 & \boldsymbol{g}_0 & \boldsymbol{g}_1 & \boldsymbol{g}_2 & \cdots & \boldsymbol{g}_L & 0 & \cdots \\ 0 & 0 & \boldsymbol{g}_0 & \boldsymbol{g}_1 & \boldsymbol{g}_2 & \cdots & \boldsymbol{g}_L & \cdots \\ \vdots & \vdots & \vdots & \vdots & \vdots & \vdots & \vdots & \vdots \end{pmatrix} \tag{7-1}
$$

式中，D是延时算子，表示一个时钟周期的时延。$\boldsymbol{G}_\infty$是一个半无限矩阵，它有无限多的行和列。其中，

$$\boldsymbol{g}_\infty = [\boldsymbol{g}_0 \quad \boldsymbol{g}_1 \quad \boldsymbol{g}_2 \quad \cdots \quad \boldsymbol{g}_L \quad 0 \quad \cdots] \tag{7-2}$$

称作（n，k，L）卷积码的基本生成矩阵。

显然，基本生成矩阵$\boldsymbol{g}_\infty$也是一个半无限矩阵。只要已知基本生成矩阵$\boldsymbol{g}_\infty$，就能确定生成矩阵$\boldsymbol{G}_\infty$。从式（7-2）还可以看到，基本生成矩阵$\boldsymbol{g}_\infty$是由前$L+1$个生成子矩阵$\boldsymbol{g}_0\sim\boldsymbol{g}_L$决定的，每一个生成子矩阵都是一个$k\times N$阶矩阵。

当已知卷积码的生成矩阵$\boldsymbol{G}_\infty$时，进行

$$\boldsymbol{C} = \boldsymbol{U}\boldsymbol{G}_\infty \tag{7-3}$$

运算即可实现编码。

图7-2所示（2，1，2）卷积码的生成子矩阵表示为

$$
\begin{aligned}
\boldsymbol{g}_0 &= [l_1(0),\ l_2(0)] = [1,1] \\
\boldsymbol{g}_1 &= [l_1(1),\ l_2(1)] = [1,0] \\
\boldsymbol{g}_2 &= [l_1(2),\ l_2(2)] = [1,1]
\end{aligned}
$$

基本生成矩阵

$$\boldsymbol{g}_\infty = [11 \quad 10 \quad 11 \quad 00 \quad 00 \quad \cdots]$$

则该卷积码的生成矩阵 $\boldsymbol{G}_\infty$ 为

$$\boldsymbol{G}_\infty = \begin{pmatrix} g_\infty \\ Dg_\infty \\ D^2 g_\infty \\ \vdots \end{pmatrix} = \begin{pmatrix} 11 & 10 & 11 & 00 & 00 & \cdots \\ & 11 & 10 & 11 & 00 & \cdots \\ & & 11 & 10 & 11 & \cdots \\ & & & 11 & 10 & \cdots \\ & & & & 11 & \cdots \\ & & & & & \cdots \end{pmatrix}$$

当输入信息序列为 $\boldsymbol{U} = [101000\cdots]$ 时，卷积码的输出码字序列为

$$\boldsymbol{C} = [101000\cdots]\begin{pmatrix} 11 & 10 & 11 & 00 & 00 & \cdots \\ & 11 & 10 & 11 & 00 & \cdots \\ & & 11 & 10 & 11 & \cdots \\ & & & 11 & 10 & \cdots \\ & & & & 11 & \cdots \\ & & & & & \cdots \end{pmatrix}$$

$$= [11 \quad 10 \quad 00 \quad 10 \quad 11 \quad \cdots]$$

这里得到的生成序列与前面相同。

【例 7-2】 设（3，1，2）卷积码的生成子矩阵

$$\boldsymbol{g}_0 = [1\ 1\ 1] \quad \boldsymbol{g}_1 = [0\ 1\ 0] \quad \boldsymbol{g}_2 = [0\ 0\ 1]$$

求：（1）卷积码的生成矩阵 $\boldsymbol{G}_\infty$。

（2）若输入信息序列 $\boldsymbol{U} = [1011010100\cdots]$，求卷积码的输出码字序列。

解 已知基本生成矩阵 $\boldsymbol{g}_\infty = [111 \quad 010 \quad 001 \quad 000 \quad 000 \quad \cdots]$，则（3，1，2）卷积码的生成矩阵 $\boldsymbol{G}_\infty$ 为

$$\boldsymbol{G}_\infty = \begin{pmatrix} \boldsymbol{g}_\infty \\ D\boldsymbol{g}_\infty \\ D^2 \boldsymbol{g}_\infty \\ \vdots \end{pmatrix}$$

$$= \begin{pmatrix} 111 & 010 & 001 & 000 & 000 & \cdots \\ & 111 & 010 & 001 & 000 & \cdots \\ & & 111 & 010 & 001 & \cdots \\ & & & 111 & 010 & \cdots \\ & & & & 111 & \cdots \\ & & & & & \cdots \end{pmatrix}$$

当输入信息序列为 $\boldsymbol{U}=[1011010100\cdots]$时，(3，1，2) 卷积码的输出码字序列为

$$\boldsymbol{C}=[1011010100\cdots]\begin{pmatrix} 111 & 010 & 001 & 000 & 000 & \cdots \\ & 111 & 010 & 001 & 000 & \cdots \\ & & 111 & 010 & 001 & \cdots \\ & & & 111 & 010 & \cdots \\ & & & & 111 & \cdots \\ & & & & & \cdots \end{pmatrix}$$

$$=[111 \quad 010 \quad 110 \quad 101 \quad 011 \quad \cdots]$$

【例 7-3】 设 (3，2，1) 卷积码生成子矩阵分别为

$$\boldsymbol{g}_0=\begin{pmatrix} 1 & 0 & 1 \\ 0 & 1 & 0 \end{pmatrix} \quad \boldsymbol{g}_1=\begin{pmatrix} 0 & 0 & 1 \\ 0 & 0 & 1 \end{pmatrix}$$

求：(1) 卷积码的生成矩阵$\boldsymbol{G}_\infty$。

(2) 若输入信息序列 $\boldsymbol{U}=[1011010100\cdots]$，求卷积码的输出码字序列。

解 该码的基本生成矩阵 $\boldsymbol{g}_\infty=[g_0 \quad g_1 \quad 0 \quad \cdots]$，则 (3，2，1) 卷积码的生成矩阵为

$$\boldsymbol{G}_\infty=\begin{pmatrix} \boldsymbol{g}_\infty \\ D\boldsymbol{g}_\infty \\ D^2\boldsymbol{g}_\infty \\ \vdots \end{pmatrix}=\begin{pmatrix} 101 & 001 & 000 & 000 & \cdots \\ 010 & 001 & 000 & 000 & \cdots \\ & 101 & 001 & 000 & \cdots \\ & 010 & 001 & 000 & \cdots \\ & & 101 & 001 & \cdots \\ & & 010 & 001 & \cdots \\ & & & \cdots & \cdots \end{pmatrix}$$

当输入信息序列为 $\boldsymbol{U}=[1011010100\cdots]$时，(3，2，1) 卷积码输出码字序列为

$$\boldsymbol{C}=\boldsymbol{U}\boldsymbol{G}_\infty=[10 \quad 11 \quad 01 \quad 01 \quad 00 \quad \cdots]\begin{pmatrix} 101 & 001 & 000 & 000 & \cdots \\ 010 & 001 & 000 & 000 & \cdots \\ & 101 & 001 & 000 & \cdots \\ & 010 & 001 & 000 & \cdots \\ & & 101 & 001 & \cdots \\ & & 010 & 001 & \cdots \\ & & & \cdots & \cdots \end{pmatrix}$$

$$=[101 \quad 110 \quad 010 \quad 011 \quad 001 \quad \cdots]$$

以上两个卷积码的码字序列中，各子码都具有系统码的特征。例如（3，2，1）卷积码的码字序列 $\boldsymbol{C}=[101\quad 110\quad 010\quad 011\quad 001\quad \cdots]$ 中，每个子码的前两位就是输入信息序列 $\boldsymbol{U}$ 中的对应信息组 $\boldsymbol{U}=[10\quad 11\quad 01\quad 01\quad 00\quad \cdots]$。

由卷积码的定义可知，(n, k, L) 码的任意 N 个连续的子码之间有着相同的约束关系。此外，在卷积码的代数译码中，也只考虑一个编码约束长度内的码序列。所以，不失一般性，只考虑编码器初始状态为全0时，编码器输入 N 个信息组，即 Nk 个信息码元后，编码器输出的首 N 个子码，即 Nn 个码元之间的约束关系即可。这首 N 个子码组成的码组称为卷积码的初始截短码组 $\boldsymbol{C}$，即

$$\boldsymbol{C}=[C_0\quad C_1\quad C_2\quad \cdots\quad C_i\quad \cdots\quad C_L] \tag{7-4}$$

式中，$C_i=c_i(1)c_i(2)\cdots c_i(n)$；$i=0,1,2,\cdots,L$。

根据初始截短码组的定义，$\boldsymbol{C}$ 可以表示成矩阵方程：

$$\boldsymbol{C}=\boldsymbol{UG} \tag{7-5}$$

式中，$\boldsymbol{U}=[U_0\quad U_1\quad U_2\quad \cdots\quad U_L]$，且 $U_i=u_i(1)u_i(2)\cdots u_i(k)$，$i=0,1,2,\cdots,L$；

$$\boldsymbol{G}=\begin{pmatrix} \boldsymbol{g}_0 & \boldsymbol{g}_1 & \boldsymbol{g}_2 & \cdots & \boldsymbol{g}_L \\ & \boldsymbol{g}_0 & \boldsymbol{g}_1 & \cdots & \boldsymbol{g}_{L-1} \\ & & \boldsymbol{g}_0 & \boldsymbol{g}_1 & \boldsymbol{g}_{L-2} \\ & & & \ddots & \vdots \\ & & & & \boldsymbol{g}_0 \end{pmatrix} \tag{7-6}$$

称 $\boldsymbol{G}$ 为初始截短码组的生成矩阵，相应的基本生成矩阵 $\boldsymbol{g}$ 为

$$\boldsymbol{g}=[\boldsymbol{g}_0\quad \boldsymbol{g}_1\quad \boldsymbol{g}_2\quad \cdots\quad \boldsymbol{g}_L] \tag{7-7}$$

在系统码条件下，由于 $k\times k$ 个生成序列是已知的，即当 $i=j$ 时，$g(i,j)=1$；当 $i\neq j$ 时，$g(i,j)=0$，$i=1, 2, \cdots, k$；$j=1, 2, \cdots, k$。且每个子码中的前 k 个码元与相应的 k 个信息码元相同。而后 $n-k$ 个监督元则由信息序列与生成序列的卷积运算得到。由此可知，系统码的初始截短码组的 $Nk\times Nn$ 阶生成矩阵为

$$\boldsymbol{G}=\begin{pmatrix} I_kp_0 & 0p_1 & 0p_2 & \cdots & 0p_L \\ & I_kp_0 & 0p_1 & \cdots & 0p_{L-1} \\ & & I_kp_0 & \cdots & 0p_{L-2} \\ & & & \ddots & \vdots \\ & & & & I_kp_0 \end{pmatrix} \tag{7-8}$$

式中，I_k 为 k 阶单位方阵；0 为 k 阶全0方阵 p_l 为 $k\times(n-k)$ 阶矩阵（$l=0, 1, 2, \cdots, L$），即

$$\boldsymbol{P}_l=\begin{pmatrix} g_l(1,k+1) & g_l(1,k+2) & \cdots & g_l(1,n) \\ g_l(2,k+1) & g_l(2,k+1) & \cdots & g_l(2,n) \\ \vdots & \vdots & & \vdots \\ g_l(k,k+1) & g_l(k,k+1) & \cdots & g_l(k,n) \end{pmatrix} \tag{7-9}$$

系统卷积码初始截短码组的基本生成阵为

$$\boldsymbol{g}=[I_k p_0 \quad 0p_1 \quad 0p_2 \quad \cdots \quad 0p_L] \tag{7-10}$$

【例7-4】(3, 1, 2) 系统卷积码的连接向量为

$$\boldsymbol{l}_1=[g_0(1,1) \quad g_1(1,1) \quad g_2(1,1)]=[100]$$

$$\boldsymbol{l}_2=[g_0(1,2) \quad g_1(1,2) \quad g_2(1,2)]=[110]$$

$$\boldsymbol{l}_3=[g_0(1,3) \quad g_1(1,3) \quad g_2(1,3)]=[101]$$

它的初始截短码组的基本生成矩阵是

$$\begin{aligned}\boldsymbol{G}&=[g_0(1,1)g_0(1,2)g_0(1,3) \quad g_1(1,1)g_1(1,2)g_1(1,3) \quad g_2(1,1)g_2(1,2)g_2(1,3)]\\&=[111 \quad 010 \quad 001]\end{aligned}$$

生成矩阵为

$$\boldsymbol{G}=\begin{pmatrix}111 & 010 & 001\\ & 111 & 010\\ & & 111\end{pmatrix}$$

若设 $\boldsymbol{U}=[u_0(1)u_1(1)u_2(1)]=[101]$，则初始截短码组 $\boldsymbol{C}$ 为

$$\boldsymbol{C}=\boldsymbol{UG}=[111 \quad 010 \quad 100]$$

当长为 $Nk=3$ 的信息序列取值不同时，可以有 $2^{Nk}=8$ 个不同的信息序列，经过编码以后，相应的初始截短码组有8个，而每个初始截短码组的长度为 $Nn=3\times3=9$。这些码组的集合构成了 (9, 3) 线性码。所以有时也用符号 (Nn, Nk) 来表示卷积码。由于初始截短码组的基本生成矩阵和生成矩阵完全可以描述码的卷积关系，就直接称它们为码的基本生成矩阵和生成矩阵。下面讨论卷积码监督矩阵。

(n, k, L) 码的基本监督矩阵为

$$\boldsymbol{h}=[p_L^{\mathrm{T}}0 \quad p_{L-1}^{\mathrm{T}}0 \quad \cdots \quad p_1^{\mathrm{T}}0 \quad p_0^{\mathrm{T}}\boldsymbol{I}_r] \tag{7-11}$$

式中，$\boldsymbol{h}$ 为 $(n-k)\times nN$ 矩阵。

(n, k, L) 码的监督矩阵为

$$\boldsymbol{H}=\begin{pmatrix}p_0^{\mathrm{T}}\boldsymbol{I}_r & & & & & \\ p_1^{\mathrm{T}}0 & p_0^{\mathrm{T}}\boldsymbol{I}_r & & & & \\ \vdots & & \ddots & & & \\ p_{L-1}^{\mathrm{T}}0 & p_{L-2}^{\mathrm{T}}0 & \cdots & p_1^{\mathrm{T}}0 & p_0^{\mathrm{T}}\boldsymbol{I}_r & \\ p_L^{\mathrm{T}}0 & p_{L-1}^{\mathrm{T}}0 & \cdots & p_2^{\mathrm{T}}0 & p_1^{\mathrm{T}}0 & p_0^{\mathrm{T}}\boldsymbol{I}_r\end{pmatrix} \tag{7-12}$$

式中，$\boldsymbol{H}$ 为 $(n-k)N\times nN$ 矩阵。

由以上关于生成矩阵 $\boldsymbol{G}$、监督矩阵 $\boldsymbol{H}$ 的讨论可以看到，它们与码的生成序列 $g(i,j)$ 有密切的联系。所以，在卷积码的应用中，经常是给定码的生成序列 $g(i,j)$，有了 $g(i,j)$ 后，就可以确定卷积码的编码电路及其矩阵表示式。

【例7-5】设 (3, 1, 2) 系统码的生成序列为

$$\boldsymbol{g}(1,1)=1$$

$$\boldsymbol{g}(1,2)=[g_0(1,2) \quad g_1(1,2) \quad g_2(1,2)]$$

$$\boldsymbol{g}(1,3)=[g_0(1,3) \quad g_1(1,3) \quad g_2(1,3)]$$

求该码的监督矩阵。

解 由式(7-12)得(3,1,2)码的监督矩阵为

$$\boldsymbol{H}=\begin{pmatrix} p_0^{\mathrm{T}}\boldsymbol{I}_2 & & \\ p_1^{\mathrm{T}}\boldsymbol{0} & p_0^{\mathrm{T}}\boldsymbol{I}_2 & \\ p_2^{\mathrm{T}}\boldsymbol{0} & p_1^{\mathrm{T}}\boldsymbol{0} & p_0^{\mathrm{T}}\boldsymbol{I}_2 \end{pmatrix}$$

式中,$\boldsymbol{H}$ 为 6×9 阶矩阵$(n-k)N=6,nN=9)$;$\boldsymbol{I}_2$ 为 2 阶单位方阵;$\boldsymbol{0}$ 为 2 阶全 0 方阵。而 $\boldsymbol{p}_0^{\mathrm{T}}$,$\boldsymbol{p}_1^{\mathrm{T}}$,$\boldsymbol{p}_2^{\mathrm{T}}$ 分别为

$$\boldsymbol{p}_0^{\mathrm{T}}=\begin{pmatrix} g_0(1,2) \\ g_0(1,3) \end{pmatrix},\boldsymbol{p}_1^{\mathrm{T}}=\begin{pmatrix} g_1(1,2) \\ g_1(1,3) \end{pmatrix},\boldsymbol{p}_2^{\mathrm{T}}=\begin{pmatrix} g_2(1,2) \\ g_2(1,3) \end{pmatrix}$$

也可以得到如下矩阵方程:

$$\begin{pmatrix} \boldsymbol{p}_0^{\mathrm{T}}\boldsymbol{I}_2 & & \\ \boldsymbol{p}_1^{\mathrm{T}}\boldsymbol{0} & \boldsymbol{p}_0^{\mathrm{T}}\boldsymbol{I}_2 & \\ \boldsymbol{p}_2^{\mathrm{T}}\boldsymbol{0} & \boldsymbol{p}_1^{\mathrm{T}}\boldsymbol{0} & \boldsymbol{p}_0^{\mathrm{T}}\boldsymbol{I}_2 \end{pmatrix}\boldsymbol{C}^{\mathrm{T}}=\boldsymbol{0}^{\mathrm{T}}$$

式中,$\boldsymbol{C}^{\mathrm{T}}$ 为初始截短码组的转置矩阵

$$\boldsymbol{C}=[c_0(1)c_0(2)c_0(3) \quad c_1(1)c_1(2)c_1(3) \quad c_2(1)c_2(2)c_2(3)]$$

$\boldsymbol{0}^{\mathrm{T}}$ 为 6×1 全 0 矩阵。

它的基本监督阵是一个 2×9 矩阵,即 $\boldsymbol{h}=[\boldsymbol{p}_2^{\mathrm{T}}\boldsymbol{0} \quad \boldsymbol{p}_1^{\mathrm{T}}\boldsymbol{0} \quad \boldsymbol{p}_0^{\mathrm{T}}\boldsymbol{I}_2]$。

7.2.4 状态图表示

卷积码编码器还可以看作是一种有限状态机的器件。所谓有限是指状态机只有有限个不同的状态。状态则是存储的关于过去的信息,以图 7-3 所示(2,1,2)卷积码编码器为例,其状态可用最右端的 $L=2$ 级寄存器内容来表示。卷积码编码器在 i 时刻编出的码字称为编码器的输出分支字,它不仅取决于当前时刻的输入信息组,还取决于 i 时刻之前存入记忆阵列的 L 个信息组,换言之,它取决于记忆阵列的内容。了解到当前状态及下一个输入,就可以确定下一个输出。将编码器在时刻 i 的状态定义为 $S_i=m_{i-1}$,m_{i-2},…,m_{i-L}。输出码组 C_i 由状态 S_i 和当前输入信息组 U_i 完全确定。由此,状态 S_i 代表了编码器的过去信息,用于确定编码器的输出。编码器的状态是马尔可夫的(Markovian),即编码器处于状态 S_{i+1} 的概率仅取决于最近的状态 S_i,用公式表示为 $P(S_{i+1}|S_i,S_{i-1},\cdots,S_0)=P(S_{i+1}|S_i)$。

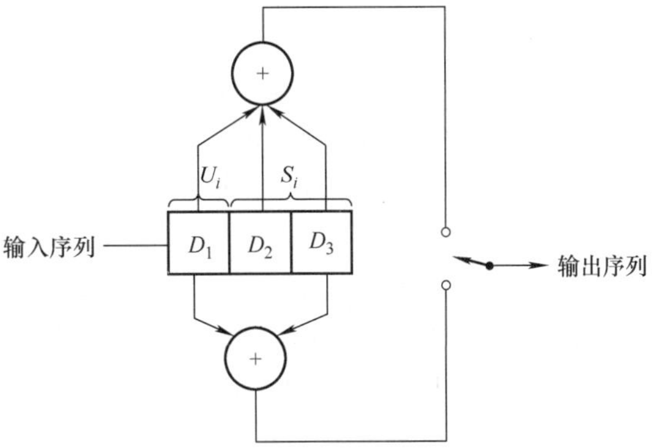

图 7-3 卷积码编码器(编码效率为 1/2,$N=3$)

编码器在时刻 i 的输入信息组 U_i 和编码器状态 S_i 一起决定了编码器的输出 C_i 及下一状态 S_{i+1}。因为编码器状态和信息组组合的数量是有限的,所以卷积码编码器可以看成是一个有限状态机,可用输入信息组 U_i 触发的状态转移图来描述。虽然二元码的 kL 个移位寄存器可有 2^{kL} 个状态,但作为状态机触发信号的 k 重信息分组 U_i 只能有 2^k 种组合方式,因此,

从 S_i 出发，转移到的下一状态数只可能是 2^k 个，而不是所有的 2^{kL} 个状态。

卷积码的状态转移规律可以用编码矩阵和状态图两种方法来描述。对于（n，k，L）卷积码编码器，编码器的状态数就有 2^{kL} 个。可以构造一个 $2^{kL}\times 2^{kL}$ 编码矩阵，其 i 行 j 列的元素 c_{ij} 代表从 i 状态出发转移到下一时刻 j 状态时产生的码组。如果从 i 状态出发不可能转移到 j 状态，则相应的矩阵元素用“·”来表示。

观察图 7-3 所示的编码器，编码器的状态数有 2^2 个，除本时刻的输入信息 D_1 外，寄存器存储的信息 D_2 和 D_3 的 4 种组合决定了编码器当前的 4 个状态。记忆位 D_2 和 D_3 加上当前位 D_1 共同决定了编码器的状态迁移及输出码组。根据之前的分析，把 4 种可能的情况 00，01，10，11 分别表示为 S_0，S_1，S_2，S_3，则编码矩阵为

$$
\begin{array}{c} \\ S_0 \\ S_1 \\ S_2 \\ S_3 \end{array}
\begin{array}{c} \begin{array}{cccc} S_0 & S_1 & S_2 & S_3 \end{array} \\
\boldsymbol{C}=\begin{pmatrix} 00 & \cdot & 11 & \cdot \\ 11 & \cdot & 00 & \cdot \\ \cdot & 10 & \cdot & 01 \\ \cdot & 01 & \cdot & 10 \end{pmatrix} \end{array}
$$

根据编码矩阵，以状态为节点、状态转移为分支、伴随转移的输入/输出码元与各分支对应，就可以画出卷积码编码器的状态图。图 7-4 就是图 7-3 所示编码器的状态图描述。

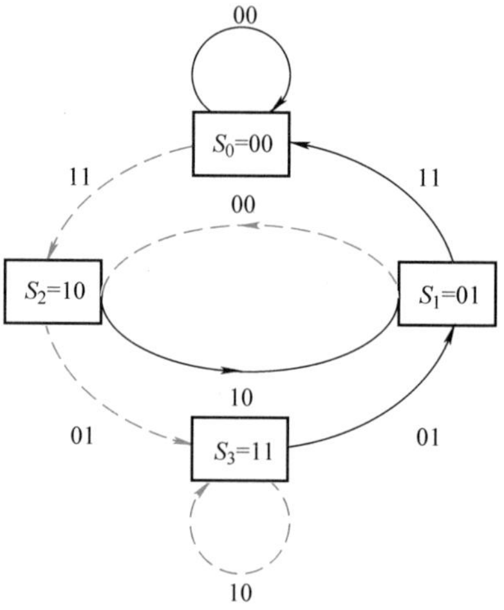

图 7-4 编码器状态图（编码效率为 1/2，$N=3$）

状态图表示了编码器的所有可能状态转移。在该例子中，由于每次输入 1 个信息比特，因此寄存器在每个比特时间上只有两种可能的状态转移，对应于两种可能的输入比特 0 和 1。用实线表示输入比特为 0 的路径，虚线表示输入比特为 1 的路径。状态转移时的输出分支字标注在相应的转移路径旁。例如当前状态为 00 时，其下一状态只有两种可能：00 或 10。

【例 7-6】 假设图 7-3 所示的卷积码编码器中的寄存器初始状态为全 0，输入信息序列为 $\boldsymbol{m}=11011$，并附加输入 2 个 0 以清空寄存器，则对应的状态变化及输出的码字序列 $\boldsymbol{C}$ 表示如下：

输入比特 m_i	寄存器内容	t_i 时刻状态	t_{i+1} 时刻状态	t_i 时刻分支字	
				c_1	c_2
—	000	00	00	—	—
1	100	00	10	1	1
1	110	10	11	0	1
0	011	11	01	0	1
1	101	01	10	0	0
1	110	10	11	0	1
0	011	11	01	0	1
0	001	01	00	1	1

输出序列为 $C=11\quad 01\quad 01\quad 00\quad 01\quad 01\quad 11$。

【例 7-7】 上面例子中寄存器的初始状态为全0，现在假设在输入信息序列之前输入了两位1，即寄存器的初始状态为11，则对应的状态变化及输出的码字序列 $\boldsymbol{C}$ 变为

输入比特 m_i	寄存器内容	t_i 时刻状态	t_{i+1} 时刻状态	t_i 时刻分支字	
				c_1	c_2
—	11x	1x	11	—	—
1	111	11	11	1	0
1	111	11	11	1	0
0	011	11	01	0	1
1	101	01	10	0	0
1	110	10	11	0	1
0	011	11	01	0	1
0	001	01	00	1	1

输出序列为

$$C=10\quad 10\quad 01\quad 00\quad 01\quad 01\quad 11$$

比较两个例子，可见输出序列的每个分支字不仅取决于相应输入比特，还取决于前 L 个比特。

【例 7-8】 二进制（3，1，2）卷积码编码器如图 7-5 所示。试分别用编码矩阵和状态图来描述该码。假设输入信息比特流是｛101101011100…｝，求其输出码字序列。

解 除本时刻输入信息 D_1 外，记忆的信息 D_2 和 D_3 的4种组合决定了编码器当前的4个状态。可把4种可能的情况00，01，10，11分别表示为 S_0，S_1，S_2，S_3，则编码矩阵为

$$\boldsymbol{C}=\begin{array}{c} \\ S_0 \\ S_1 \\ S_2 \\ S_3 \end{array}\begin{array}{c} \begin{array}{cccc} S_0 & S_1 & S_2 & S_3 \end{array} \\ \begin{pmatrix} 000 & \cdot & 111 & \cdot \\ 001 & \cdot & 110 & \cdot \\ \cdot & 011 & \cdot & 100 \\ \cdot & 010 & \cdot & 101 \end{pmatrix} \end{array}$$

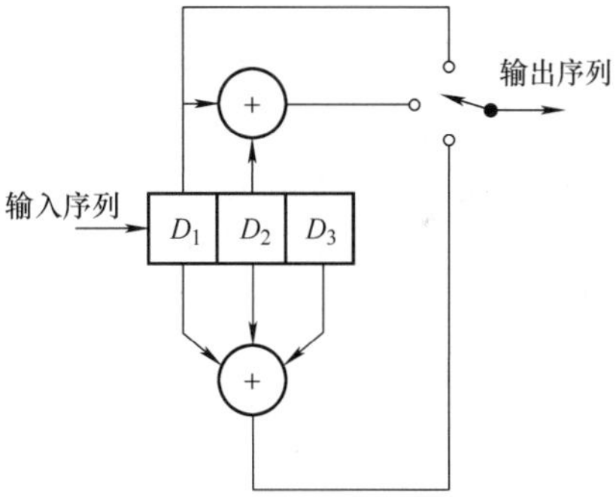

图 7-5 （3，1，2）卷积编码电路

（3，1，2）卷积码的状态图如图 7-6 所示。假如输入信息序列是｛101101011100…｝，从状态图上很容易找到输入/输出和状态的转移关系。从状态 S_0 出发，根据输入找到相应箭头，随着箭头在状态图上移动，最终得到以下结果：

$$S_0\xrightarrow{1/111}S_2\xrightarrow{0/011}S_1\xrightarrow{1/110}S_2\xrightarrow{1/100}S_3\xrightarrow{0/010}S_1\xrightarrow{1/110}S_2\rightarrow\cdots$$

对应的输出码字序列为｛111 011 110 100 010 110 …｝。

7.2.5 树状图表示

虽然状态图可以完整地描述编码器的特性，但由于没有表示时间过程，利用状态图跟踪编码器的状态转移不是很方便。树状图则在状态图的基础上引入时间尺度，可以方便地描述输入序列的编码过程。

【例7-9】 仍然以图7-3所示编码器为例，其树状图描述如图7-7所示。每个输入信息比特的编码过程可用树状图上各个时刻的历经过程来描述。树状图中每个枝杈代表一个输出分支字：上分支代表输入信息比特为0时的分支字；下分支代表输入信息比特为1时的分支字。假设编码器的初始状态为全0，图中显示如果第一位输入为0，则输出分支字00；第一位输入为1，则输出分支字为11。与之类似，如果第一位输入1，第二位输入0，则第二个输出分支字为10；如果第一位输入1，第二位输入1，则第二个输出分支字为01。按照这个准则，当输入信息比特为11011时，对应的历经路径在树状图上用粗线表示，相应的输出序列为11 01 01 00 01。

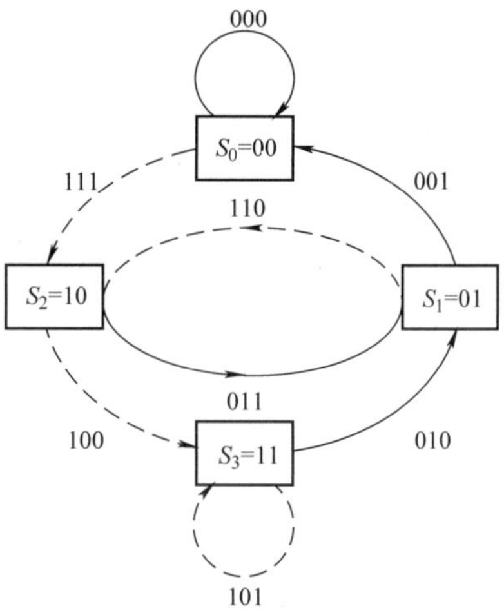

图7-6 卷积码的状态图（编码效率为1/3，$N=3$）

上面举例的树状图是针对（2，1，2）编码器。对一般的二进制（n，k，L）编码器来说，每次输入的是k个信息码元，有2^k个可能的信息组，这对应从树状图上每一节点分出的分支有2^k条，对应2^k种不同信息组的输入，并且每条分支都有n个码元，作为与之相应的输出分支字。

与状态图相比，树状图上增加了时间尺度，可以方便地描述输入序列的编码过程，但用树状图描述也存在一个问题，即树状图的分支数目按2^L增加（L是序列中分支字的数目）。树状图的规模呈指数级增长，因此用树状图描述编码器的方法只适合L较小的情况。

由上述讨论可知，编码器编码过程的实质，就是在输入信息序列的控制下，编码器沿树状图通过一条特定路径的过程。译码过程就是根据接收序列和信道干扰的统计特性，译码器在树状图上力图恢复原来编码器所走的路径，即寻找正确路径的过程。若在码树的中间画一条直线，把码树分成上下两部分，相当于把所有码字序列划分成大小相等的两个子集X_0和X_1。显然，在同一子集中它们有相同的第0段子码（第0分支的值），两个不同子集之间都有不同的第0段子码。在图7-7中，虚线上半部分的子集为X_0，下半部分的子集为X_1，则子集X_0中所有路径（码序列）都有相同的第0段分支子码$c_0=00$，它对应输入信息码元$m_0=0$时的情况；同样，在子集X_1中有相同的第0段分支子码$c_0=11$，它对应输入信息码元$m_0=1$时的情况。在X_0和X_1的子集中，又可以把它们再次划分成大小相等的两个子集：X_{00}和X_{01}，X_{10}和X_{11}；每个子集中的所有路径不仅含有相同的第0段分支子码，还含有相同的第1段分支子码。显然第二次划分，对应输入信息码元为m_1时的情况。这种划分可以无限地进行下去。对于一般的（n，k，L）卷积码来说，也可在它的码树上进行这种子集划分，只不过由于信息组的每次输入有2^k个不同的值，对应从每一个节点出发的有2^k条分支，因而每次划分含有2^k个子集。

从码树结构上看，初始截短码就是从半无限码树上截取从第0节点到第$L+1=N$节点之间，所有分支组成的有限码树（或称初始截短码树）。它共有N阶节点和N段分支。

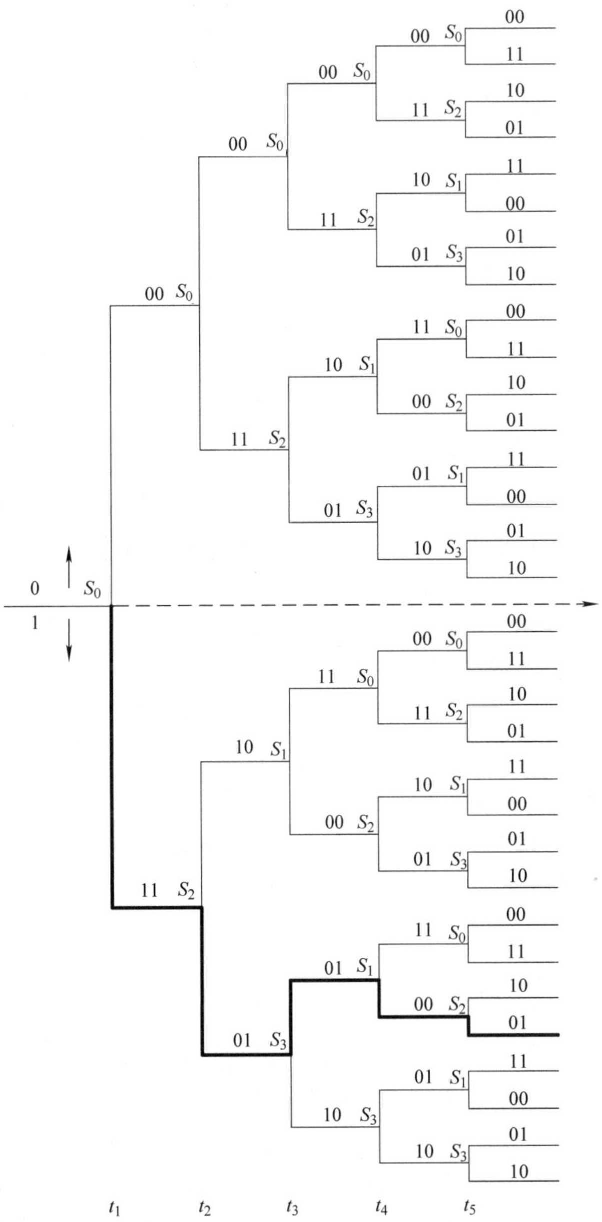

图 7-7 编码器的树状图描述（编码效率为 1/2，$N=3$）

【例 7-10】 图 7-8 即是从图 7-7 的半无限码树上截取的有限码树。它由 3 阶节点和 3 段分支组成，共有 $2^{kN}=8$ 个可能的路径，它们就是$(nN,kN)=(6,3)$初始截短码的所有 8 个码序列。对这 8 个码序列也可以进行子集划分，把第 0 段分支值相同的归为一个子集，上下两部分分为子集 X_0 和 X_1。每个子集有 4 个码序列，而可能的接收序列有 $2^{nN}=2^6$ 个，把它们划分到不同的子集中，如表 7-1 所示，称此表为第 0 段的译码表。

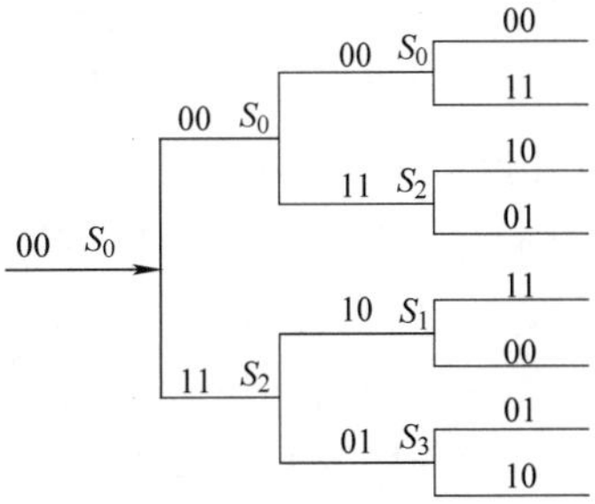

图 7-8 初始截短码树

表 7-1 第 0 段译码子集

	子集 A_0				子集 A_1			
序列	000000	000011	001110	001101	111011	111000	110101	110110
其他接收序列	100000	100011	01110	101101	011011	011000	010101	010110
	010000	010011	011110	011101	101011	101000	100101	100110
	001000	001011	000110	000101	110011	110000	111101	111110
	000100	000111	001010	001001	111111	111100	110001	110010
	000010	000001	001100	001111	111001	111010	110111	110100
	100100	100111	101010	101001	011111	011100	010001	010010
	100010	100001	101100	101110	011001	011010	010111	010100
正确译码输出	0				1			

从译码表看出，如果发送码序列的第 0 分支为 00，则凡是接收序列中的错误图样与列表左侧中的图样一致，一定可使得第 0 分支做出正确判断，也就是说，如果接收序列落在最左边的 4 列之中，则一定能对第 0 子组做出是 00 的正确译码。因此称这 4 列中的元素所组成的子集为第 0 分支译码 00 的正确子集，以 A_0 表示；而另外一个子集则为不正确子集，以 A_1 表示。反之，若发送码序列的第 0 分支是 11，则称 A_1 是第 0 分支译码 11 的正确子集；而 A_0 为不正确子集。

当译码器译完第 0 子组，并译第 1 子组时，由码树可知，第 1 段子码有 4 种可能（第 1 段对应的分支数目），即 00，11，01，10，因而至少需要两个译码表；而译第 2 段子码及以后各段子码，则需要 4 个译码表才能全面说明译码过程。但由于线性卷积码的对称性，只要用一个译码表就能说明问题，而不必列出 4 个。

7.2.6 网格图表示

观察图 7-7 所示的树状图可知，在 t_4 时刻，树的上半部分和下半部分完全相同，出现重复结构。因此可以考虑将上半部分与下半部分的重复分支节点合并，得到另外一种图——网格图。网格图以时间（抽样周期 T）为横轴，以状态为纵轴，将平面分割成网格状。在画网格图时采用与画状态图时相同的规定，即实线表示输入信息比特为 0 时产生的输出，虚线表示输入信息比特为 1 时产生的输出；网格图的节点代表了编码器的状态，第一行节点对应状态 S_0，后续各行依次对应状态 S_1，S_2，…，$S_{2^{N-1}}$。在每个时间单元内，网格图用 2^{N-1} 个节点表示 2^{N-1} 个可能的编码器状态。一般地，约束长度为 N 的树状图在经过 N 分支后开始重复自身结构，因此网格图可以看作编码深度为 N 时得到的固定的周期结构。网格图利用了结构上的重复性，用它来描述编码器比树状图更加方便。

【例 7-11】 图 7-3 所示的卷积码编码器的网格图如图 7-9 所示，此例中的网格图在深度为 3 时（即 t_4 时刻）得到固定的周期结构。自此以后，每一状态可以由前面两个状态中的任意一个转入，并且每一状态都有两种可能的状态转移，分别对应输入信息比特 0 和 1。状态转移时的输出分支字标注在网格图的分支上。

利用网格图上的周期结构信息就可以完全确定编码，画出多个时间段是为了把码元序列看成时间的函数。这里，卷积码编码器的状态用编码寄存器最右端的 $N-1$ 级的内容来表

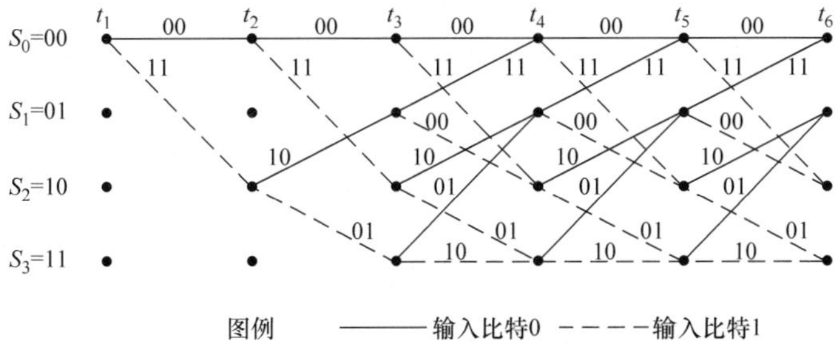

图 7-9 编码器的网格图描述（编码效率为 1/2，$N=3$）

示，每一次状态转移都包括一个初始状态和一个结束状态，最右端的 $N-1$ 级表示当前输入对应的初始状态，此时，当前输入信息比特在寄存器的最左端的 1 级中，而最左端的 $N-1$ 级表示这次状态转移的结束状态。输出的码元序列由占用 m 个时间段的 m 个分支组成（对应输入的 m 个比特），从开始到结束的 $m+1$ 个时刻都对应特定的状态。比如在图 7-9 所示网格图中，假设输入信息序列 11011，则从网格图上很容易得到对应的输出序列为 11 01 01 00 01。

【例 7-12】 用网格图描述图 7-5 所示的二进制（3，1，2）卷积码编码器。如果输入信息序列是｛10110…｝，求输出码字序列。

解 根据例 7-8 得到的编码矩阵和状态图，很容易画出该编码器网格图，如图 7-10 所示。输入信息比特为 0 时，用实线表示；输入信息比特为 1 时，用虚线表示。当输入信息序列为｛10110…｝时，很容易从网格图上找到相应的路径（粗线部分），相应的输出码字序列为｛111 011 110 100 010 …｝。

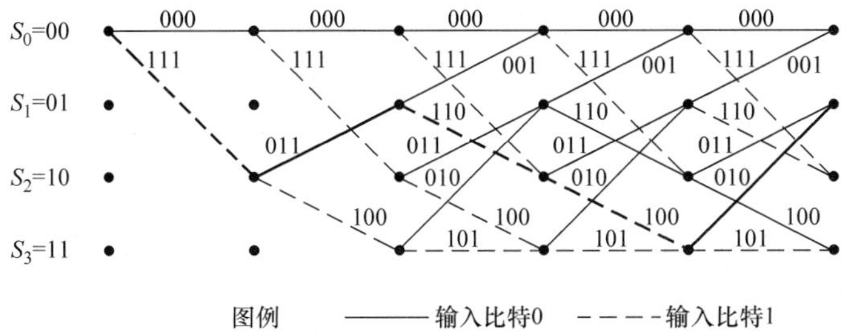

图 7-10 编码器的网格图描述（编码效率为 1/3，$N=3$）

7.3 卷积码译码器

7.3.1 最大似然译码

将最大似然准则应用于卷积码译码时，必须注意卷积码具有记忆性（接收序列代表当前比特和此前若干比特的叠加）。因此应用最大似然准则对卷积编码译码时，应选择最大似然序列。通常发送的码字序列有多种可能，以二进制编码为例，含有 L 个分支字的序列就有 2^L 种可能。如

7.3 卷积码译码器

果所有的输入信息序列等概，$\boldsymbol{U}_m$是可能的发送序列，$\boldsymbol{Z}$ 是接收序列，通过比较各个后验条件概率，也称为似然函数 $P(\boldsymbol{Z}|\boldsymbol{U}_m)$，则依据最大似然准则，即若满足

$$P(\boldsymbol{Z}|\boldsymbol{U}_{m'}) = \max_{\boldsymbol{U}_m} P(\boldsymbol{Z}|\boldsymbol{U}_m) \tag{7-13}$$

则判定发送端发送的是$\boldsymbol{U}_{m'}$。这种具有最小差错概率的最优译码器，称为最大似然译码器。似然函数通常已给定或依据信道特性计算得到。

假设信道是无记忆信道，噪声是零均值的加性高斯白噪声，噪声对各个码元的影响相互独立。编码效率为 $1/n_0$ 的卷积码的似然函数为

$$P(\boldsymbol{Z}|\boldsymbol{U}_m) = \prod_{i=1}^{\infty} P(Z_i|U_m^i) = \prod_{i=1}^{m}\prod_{j=1}^{n} P(Z_{ji}|U_m^{ji}) \tag{7-14}$$

其中，Z_i 是接收序列 $\mathbf{Z}$ 的第 i 个分支，U_m^i 是特定码字$\boldsymbol{U}_m$的第 i 个分支，Z_{ji}是 Z_i 的第 j 个码元，U_m^{ji} 是 U_m^i 的第 j 个码元，每个分支由 n 个码元组成。译码问题即是在图 7-9 所示的网格图中选择一条最优路径，使得式（7-14）取得最大值。

为简化计算，通常对最大似然函数取对数，用加法运算来代替乘法运算。这是因为对数函数是单调递增函数，不会改变原来码字选择的最终结果。对数最大似然函数定义为

$$\gamma_U(m) = \log_2 P(\boldsymbol{Z}|\boldsymbol{U}_m) = \sum_{i=1}^{\infty} \log_2 P(Z_i|U_m^i) = \sum_{i=1}^{\infty}\sum_{j=1}^{n} \log_2 P(Z_{ji}|U_m^{ji}) \tag{7-15}$$

译码问题就转换为在图 7-7 所示的树状图或图 7-9 所示的网格图上选择一条最优路径，使得 $\gamma_U(m)$取最大值的问题。树状图和网格图均可以用于卷积码的译码，但由于树状图中没有考虑支路合并问题，对于二进制编码，L 个分支字组成的码字序列有 2^L 种可能。若利用树状图使用最大似然准则对某个接收序列进行译码时，就需要比较所有可能发送的码字序列相对应的 2^L 个累积对数似然函数，因此用树状图进行最大似然译码并不实际。从后面的介绍中我们知道，使用网格图可以构造出实际可行的译码器，它可以丢弃最大似然序列中不可能存在的路径，译码路径只从幸存路径中选取。由这种译码器得到的译码路径和完全比较最大似然译码器所得到的译码路径相同，因此也是最优路径。同时，由于它能较早地丢弃不可能路径，降低了译码的复杂性。

下面介绍的维特比（Viterbi）译码算法采用最大似然译码准则，是最优算法。但这并不表示维特比算法对一切应用均是最好的，它还受到硬件复杂性的限制。还有一些算法，比如序贯算法、门限算法等，也可以得到与最大似然译码接近的结果。这些算法分别适用于某些特定的应用，但都不是最优的。

7.3.2 维特比译码算法

维特比译码算法是由 Viterbi 在 1967 年提出的。维特比算法的本质仍然是最大似然译码，但与完全比较译码相比，其利用了网格图的特殊结构，使得译码器的复杂度不再是关于码字序列中所有码元数目的函数，从而降低了计算的复杂度。维特比算法包括计算网格图上在时刻 t_i 到达各状态节点的路径（分支码字）和接收序列之间的相似度（通常用码元距离来度量）。维特比算法考虑去除不可能成为最大似然选择对象的网格图上的路径。也就是说，如果有两条路径到达同一状态节点，则具有最优度量的路径被选中（也可以表述为选择具有最大似然度量的码字，或者选择具有最小距离的码字），称为幸存路径。对所有状态都将进行这样的路径选取操作，随着译码器在网格图上不断地深入，通过去除可能性最小的

路径，当相邻的两个时刻单元之间仅有一条幸存路径时，即可实现判决。较早地丢弃不可能的路径降低了译码器的复杂性。Omura 在 1969 年证明了维特比算法实质上就是最大似然算法。

下面通过例子来说明最大似然译码过程。为了便于讨论，假设信道是二进制对称信道（BSC），采用汉明距离作为路径度量。

【例 7-13】 以图 7-3 卷积码编码器为例（编码器的网格图如图 7-9 所示），分析最大似然译码过程。假设输入的信息序列为 $\boldsymbol{m}=11011$，相应的码字序列应为 $\boldsymbol{U}=1101010001$，由于受到噪声干扰，收到的接收序列为 $\boldsymbol{Z}=1101011001$。

解 译码器也可以用类似的网格图表示，如图 7-11 所示。

输入数据序列 $\boldsymbol{m}$	1	1	0	1	1
发送码字 $\boldsymbol{U}$	11	01	01	00	01
接收序列 $\boldsymbol{Z}$	11	01	01	10	01

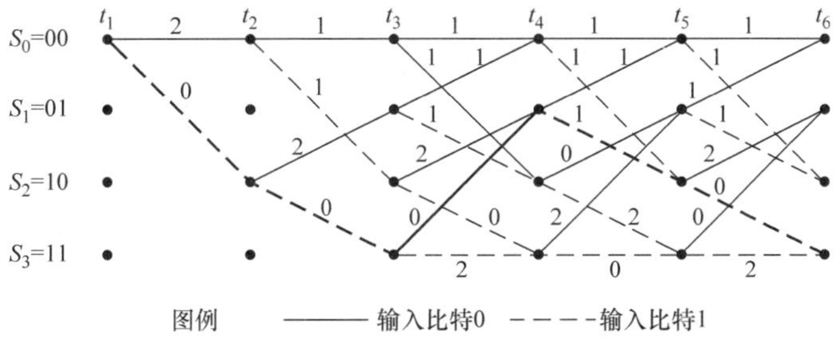

图 7-11 译码器网格图（编码效率为 1/2，$N=3$）

假设初始化后，t_1 时刻从 00 状态开始。在该例中从任一状态出发，仅有两个可能的转移状态，所以在 t_1 和 t_2 时刻，没有画出所有分支，完整的网格图结构从 t_3 时刻开始。为了便于理解整个译码过程，在译码器网格图的每个时间间隔内，给各个分支标注上接收码元和各个转移路径对应的分支字之间的相似性度量（汉明距离）。在编码器的网格图（图 7-9）上的每个分支上标注的是每个状态转移时编码器将输出的码元比特；而在译码器网格图（图 7-11）上的每个分支上标注的是接收码元和编码器上各个分支字在此时间间隔内的汉明距离。

例如在 t_1 时刻，收到的码元是 11，t_1 时刻从 00 状态出发，有两个可能的状态转移：00→00 和 00→10，编码器对应的输出分支字为 00 及 11，因此在译码器网格图上标注的汉明距离应为 2 和 0。在 t_2 时刻，收到的码元是 01，从 00 状态出发的两个可能的 00→00 和 00→10，编码器对应的输出分支字为 00 和 11，相应地在译码器网格图上标注的汉明距离均为 1。而从 10 状态出发的两个可能的 10→01 和 10→11，编码器对应的输出分支字为 10 和 01，相应地在译码器网格图上标注的汉明距离应为 2 和 0。以此类推，可以在译码器网格图上标注出所有接收码字与编码器网格图上各个分支字之间的汉明距离。

在各个时刻单元，按照上述方法标注出译码器网格图的各分支。译码算法实现过程就是利用距离度量在网格图上寻找最大似然距离（最小汉明距离）路径的过程，图 7-11 中的实线路径为寻找到的最优路径（累积路径度量为 1）。

维特比卷积译码算法基础主要基于如下观察：如果网格图上两条路径在某个状态节点合并，在搜寻最优路径时，一般总可以舍弃两条路径中的一条。将某条给定的路径在时刻 t_i

之前的沿途各分支的汉明距离之和定义为累积路径度量。例如在图 7-12 中，t_4 时刻两条路径在状态 S_1 合并，上方路径的累积度量为 5，下方路径的累积度量为 0，因此上方路径一定不是最优的，所以选择下面路径为幸存路径。这种思想成立的原因是基于编码器状态的马尔可夫性：t_i 之后的状态转移只与当前状态有关，而 t_i 之前的状态不会影响将来的状态或者将来的输出分支。

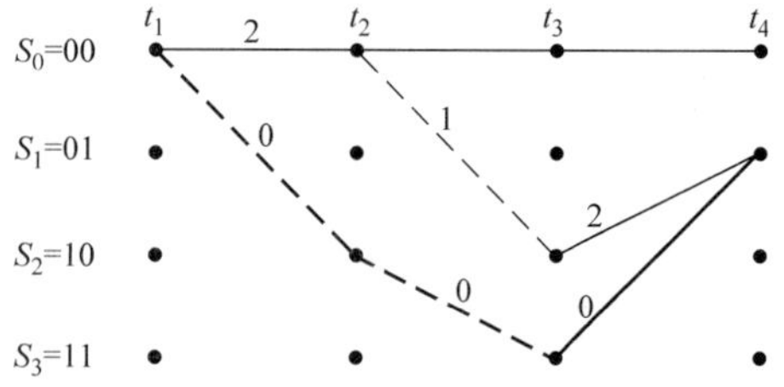

图 7-12 两条合并路径的路径度量

网格图中在每个时刻 t_i 都有个 2^{N-1} 个状态节点，这里 N 是约束长度，每种状态都可经两条路径到达。维特比译码过程中需要计算到达每个状态的两条路径的累积度量，舍弃其中一条路径。在时刻 t_i，算法对所有 2^{N-1} 个状态节点进行计算，然后在时刻 t_{i+1}，重复上述过程。在一个给定的时刻，各状态的幸存路径度量就是该状态节点在该时刻的状态度量。译码过程前几步如图 7-13 所示。假定输入序列为 $\boldsymbol{m}$，发送码字为 $\boldsymbol{U}$，接收序列为 $\boldsymbol{Z}$，并且寄存器状态初始化为全 0。t_1 时刻接收到的码元为 11，从状态 00 出发只有两种状态转移方向：00 和 10。如图 7-13a 所示，00→00 和 00→10 的状态度量分别为 2 和 0。t_2 时刻从每个状态出发都有两个分支，如图 7-13b 所示，这些分支的状态度量分别为 Γ_{S_0}，Γ_{S_1}，Γ_{S_2}，Γ_{S_3}，与各自的结束状态对应。同样地，t_3 时刻从每个状态出发也有两个分支，因此在 t_4 时刻到达每个状态节点的路径都有两条，这两条路径中，累积路径度量较大的将被丢弃。若两条路径的度量恰好相等，则舍弃其中任意一条。t_4 时刻各个状态节点的幸存路径如图 7-13d所示。译码过程进行到此时，时刻 t_1 和 t_2 之间仅有一条幸存路径，成为公共分支。实际上，此时译码器就可以判决 t_1 和 t_2 之间的状态转移是 00→10，这个转移是由输入比特 1 产生的，所以译码器输出 1 作为第一位译码比特。在网格图中，用实线表示 0，虚线表示 1，可以给译码带来很大便利。注意：只有当累积路径度量积累到一定深度时，才产生第一位译码比特。在典型的译码器实现中，通常需要大约 5 倍约束长度的译码延迟。

在译码过程的每一单元时刻，到达状态节点的路径总有两条，通过比较舍弃其中一条。在 t_5 时刻搜寻到达各状态节点幸存路径的过程如图 7-13e ~ f 所示：在此例中，由于在 t_2 时刻离开状态 10 的转移路径仍然有两条，所以尚不能对第二位输入比特进行译码。在 t_6 时刻搜寻到达各状态节点幸存路径的过程如图 7-13g ~ h 所示：在 t_6 时刻同样有路径合并，可以确定译码器输出的第二位译码比特是 1，对应 t_2 ~ t_3 时刻之间的幸存路径。译码器在网格图上继续重复上述过程，通过不断舍弃路径直至仅剩一条，即可实现对接收序列的译码。

在维特比译码算法中通过路径的合并，确保了每个时刻到达各状态节点的路径总数不会超过状态数。对于此例中的情况，可证明在每次删减后，到达各状态节点的路径总数为 4；而对于全比较最大似然译码算法来说，其可能的路径数是序列长度的指数函数。对于分支字长为 L 的二进制码字序列，共有 2^L 种可能的序列，译码器的复杂性将大大增加。

7.3.3 译码器的实现

由图 7-14 所示的简化网格图可知，在译码器的任意时刻，都有两条路径到达状态节点。在每个转移路径上标注分支度量 δ_{xy}，表示从状态 S_x 转移到状态 S_y 的路径度量。可以通过 δ_{xy} 更新 Γ_{S_y} 的状态度量，并确定幸存路径。

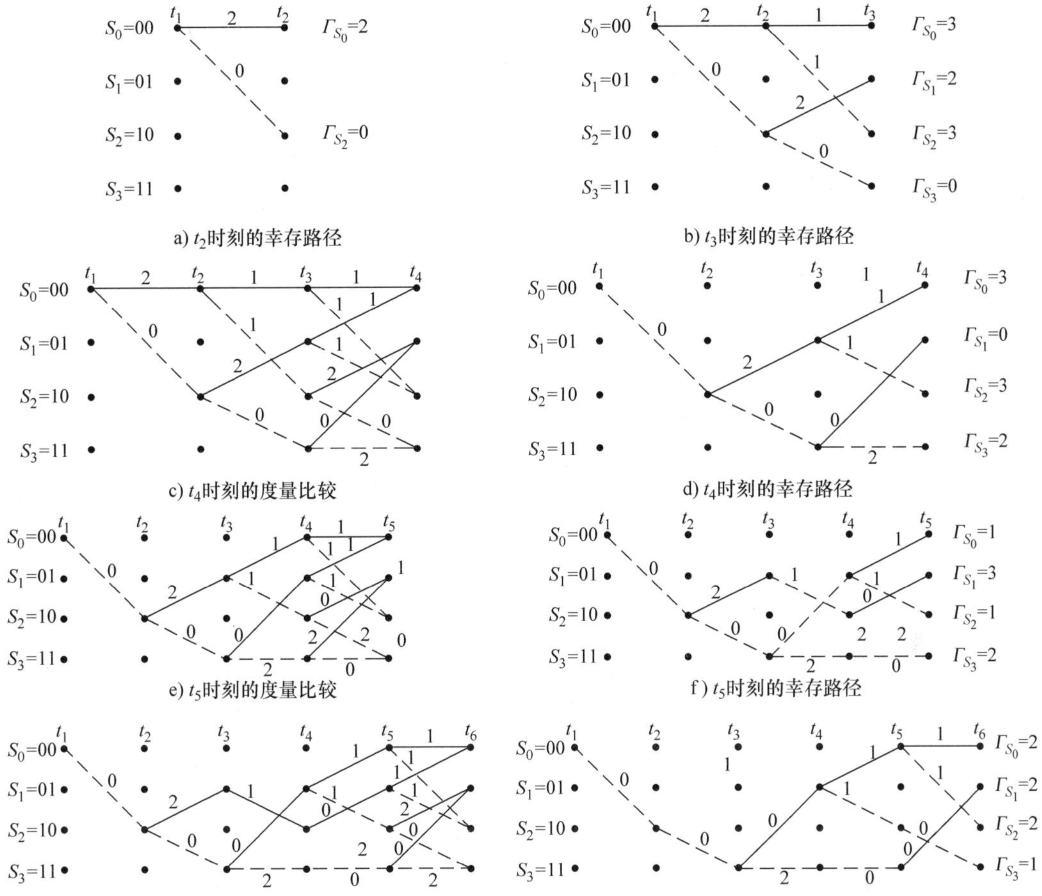

a) t_2时刻的幸存路径　b) t_3时刻的幸存路径

c) t_4时刻的度量比较　d) t_4时刻的幸存路径

e) t_5时刻的度量比较　f) t_5时刻的幸存路径

g) t_6时刻的度量比较　h) t_6时刻的幸存路径

图7-13　幸存路径选择

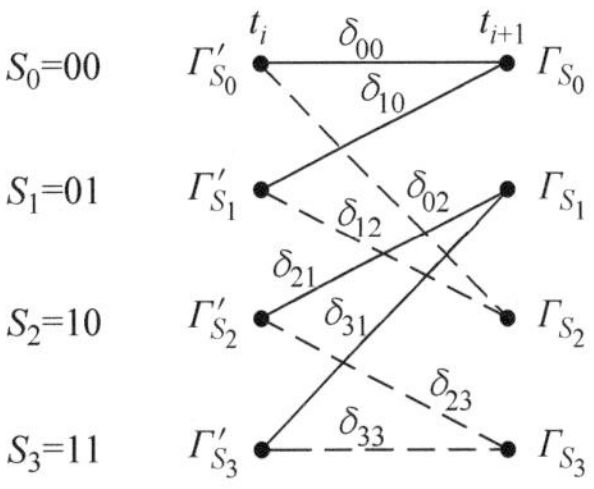

图7-14　简化译码器网格图

仍然以图7-14所示卷积码为例，来说明维特比译码器的实现。该译码器主要由加－比较－选择（Add－Compare－Select，ACS）逻辑单元模块构成。在t_{i+1}时刻，状态$S_0=00$可从$S_0=00$、$S_1=01$两个状态节点迁移过来。状态度量$\boldsymbol{\Gamma}_{S_0}$的计算方法如下：将$t_i$时刻$S_0$的状态度量$\boldsymbol{\Gamma}'_{S_0}$和相应分支度量$\delta_{00}$相加；$S_1$的状态度量$\boldsymbol{\Gamma}'_{S_1}$和相应分支度量$\delta_{10}$相加；将这两个和值作为$t_{i+1}$时刻$S_0$的状态度量的候选项，并送入图7-15所示的ACS逻辑单元模块中进行比较，将其中似然性最大（汉明距离最小）的作为S_0状态的新的状态度量$\boldsymbol{\Gamma}_{S_0}$进行存储，同时存储的还有状态$S_0$的新的路径记录$\hat{m}_{S_0}$。与之类似，状态$S_1S_2S_3$的新的状态度量及新的路径记录更新均可以通过ACS逻辑单元模块实现。通过设立多级ACS单元部件，译码器不断选择幸存路径，即可实现信息比特的译码。

下面利用网格图来分析维特比译码器的实现过程。同样假设输入的信息序列为$\boldsymbol{m}=11011$，码字序列应为$\boldsymbol{U}=1101010001$，接收序列为$\boldsymbol{Z}=1101011001$。图7-16描述的网格图与图7-11类似，但各个分支上的度量是接收码元与编码器网格图上相应分支字之间的汉明

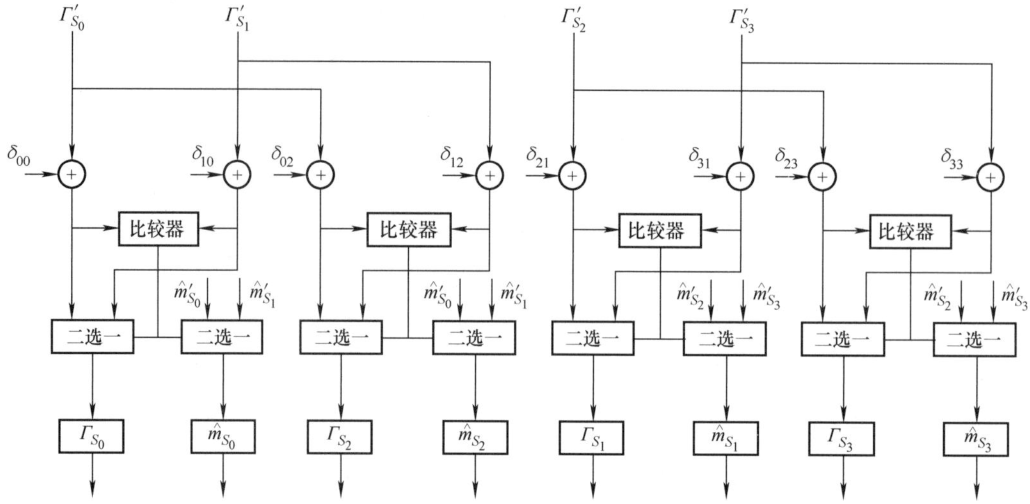

图 7-15 ACS 逻辑单元模块

距离，另外在各个时刻的状态节点上标注了各状态的状态度量 Γ_S。从 t_4 时刻开始，每个状态有两条路径同时到达，可以开始 ACS 操作。例如在 t_4 时刻，S_0 状态的度量有两个选择：一个是 t_3 时刻 S_0 的状态度量 $\Gamma'_{S_0}=3$ 加上分支度量 $\delta_{00}=1$，得到 $\Gamma_{S_0}=4$；另一个是 t_3 时刻 S_1 的状态度量 $\Gamma'_{S_1}=2$ 加上分支度量 $\delta_{10}=1$，得到 $\Gamma_{S_0}=3$。ACS 将具有最大似然性（最小汉明距离）的路径度量作为新的状态度量，即 $\Gamma_{S_0}=3$。观察该网格图从左到右的状态度量，可以证明在每一时刻的状态度量是将幸存路径上前一状态的状态度量与前一转移路径的路径度量相加而得到的。由网格图可知在网格图中的某个节点（经过 4 个或 5 个约束长度的时间间隔后）最早发送的编码比特已经被译码。图 7-16 中，在 t_6 时刻，可以看出最小距离的状态度量为 1。从状态节点 S_3 开始，沿幸存路径（粗线表示）回溯到时刻 t_1，可以看到译码信息｛1101｝（实线表示 0，虚线表示 1）与源码信息是完全一致的。

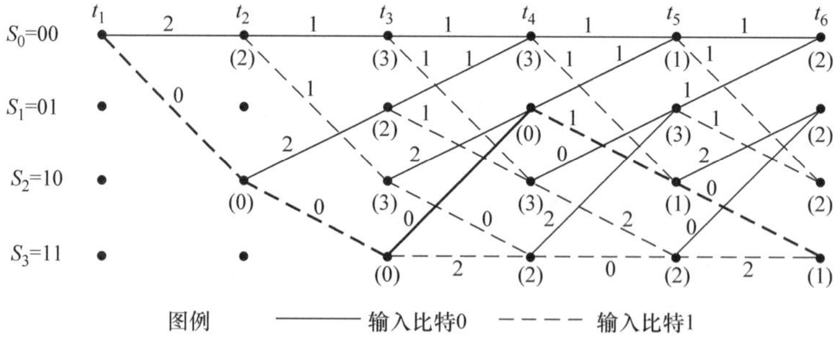

图 7-16 维特比译码中的 ACS 计算

维特比译码器对存储容量的要求随约束长度 N 的增加按指数增加。对于编码效率为$1/n$的编码，每一步译码后，译码器需保留 2^{N-1} 条路径。这些路径通常是由距离当前译码深度之前不远处的同一公共路径分叉得到的。因此，若译码器存储了足够多的 2^{N-1} 条路径记录，可以看到所有路径的最早译码比特是一致的。因此，一个简单译码器的实现，包括设置固定数量的路径记录，并且每次深入到网格的下一级时，可在任意路径上输出最早的译码比特。所需路径存储量为

$$u=h2^{N-1} \tag{7-16}$$

其中，h 是每个状态的信息比特记录长度。一种改进算法是用最大似然路径上的最早比特代替任意路径上的最早比特作为译码器的输出，从而最小化 h。可以证明，当 h 的值为编码约束长度的 4 或 5 倍时，足以获得接近最佳性能的译码器。存储容量大小是译码器实现的一个基本限制，实际使用过程中译码器需要受到约束长度 $N=10$ 的限制。由式（7-16）可知，为了提高编码增益而增大约束长度，会导致存储容量的指数级增加。

分支字同步是指对接收序列确定分支字的起始位置的过程。这种同步不需要在发送的码元比特流中加入额外的冗余信息即可实现，因为未同步时接收端会出现很大的差错率。因此实现同步的一种简单方法就是，监督较大差错率的一些伴随信息，例如网格图上的状态度量的增加速率或者幸存路径的合并速率，通过将这些监督参数与设定的门限值相比较，可以及时调整同步。

7.4 卷积码的特性

7.4.1 卷积码的距离特性

分析图 7-3 所示简单卷积码的距离特性，该编码器的网格图如图 7-9 所示。我们希望能够通过评估所有可能码字序列对之间的最小距离，来评估编码器的性能。由于卷积编码是线性编码，寻找最小距离可以简化为寻找所有码字序列和全 0 序列之间的最小距离。假定输入序列为全 0 序列，那么正确的编码应当是起始和结束状态都是 00，且所有中间状态节点也全是 00。如果在 t_i 时刻状态节点 00 合并的另一条路径比全 0 路径的距离更短，则在译码过程中全 0 路径会被舍弃，这样就出现了差错。或者说当发送全 0 序列时，若全 0 序列不是幸存路径就会出现差错。因此可以通过分析出现差错的最小距离，来分析编码器的距离特性。

7.4 卷积码的特性

如何寻找出现差错的最小距离？我们感兴趣的差错与从全 0 路径分叉后又与全 0 路径合并的幸存路径有关。为什么这条路径要再次与全 0 路径合并？仅仅出现分叉不可以表示错误吗？当然可以，但是如果仅仅用分叉表示出错，只能说明该译码器从分叉点开始，输出的都将是无用信息。通过彻底检查所有从 00 状态到 00 状态的每一条路径就可以求出上述出现差错情况的最小距离。首先，重画网格图，如图 7-17 所示，在各个分支上标注的是输出分支字与全 0 码字序列之间的汉明距离。分析所有从全 0 序列分叉出去，又在某个节点与全 0 序列合并的路径，如果两个序列长度不等，则在较短序列后附加 0，使两个序列长度相等，再计算它们之间的汉明距离。从图 7-17 上可以计算出这些路径与全 0 路径之间的距离，有一条路径与全 0 路径的距离为 5，它在 t_1 时刻与全 0 路径分叉，在 t_4 时刻合并；有两条路径与全 0 路径的距离为 6，其中一条在 t_1 时刻分叉，t_5 时刻合并，另一条在 t_1 时刻分叉，t_6 时刻合并；其他路径情况类似，不再赘述。从图中可以看出，距离为 5 的路径输入比特是 100，与全 0 序列只有 1 比特的差别；距离为 6 的输入比特分别为 1100 和 10100，它们与全 0 序列有 2 比特的差别。所有分叉后又合并的路径的最小距离称为最小自由距离，简称自由距离。此例中，自由距离为 5，在图中用粗线表示。则该编码的纠错能力可以表示为

$$t=\left\lfloor \frac{d_f-1}{2} \right\rfloor \tag{7-17}$$

此例中 $d_f=5$，则图 7-3 所示的编码器可以纠正任意两个比特的信道错误。

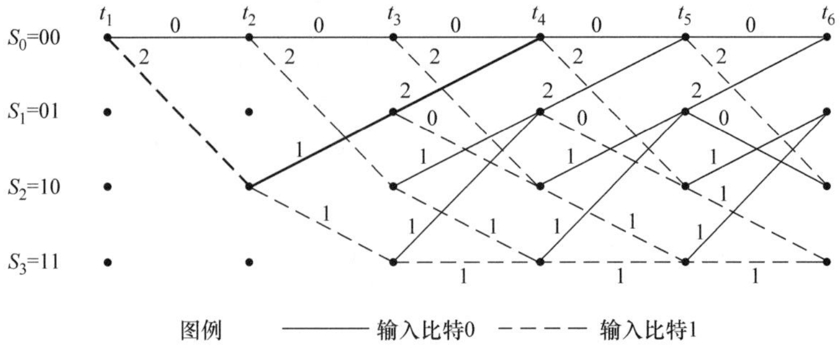

图 7-17 标注与全 0 路径之间距离的网格图

尽管图 7-17 提供了计算自由距离的直观方法，但从编码器的状态转换图着手可以获得更为直接的封闭描述。如图 7-18 所示，首先在状态图上标注状态转换各分支的分支字与全 0 码字之间的汉明距离，用 D^x 表示，幂次 x 表示距离大小。节点的自环可以省略，因为它不影响码字序列相对于全 0 序列的距离属性。并且将节点 S_0 分成两个节点（标记为 S_0 和 S'_0），其中 S_0 代表与全 0 码序列出现分叉的起点，S'_0代表与全 0 码序列合并的终点。在图 7-18所示的修改状态图上可以跟踪所有起始于状态 S_0 和终止于状态 S'_0的路径。利用 D^x 可以计算出路径 $S_0 \to S_2 \to S_1 \to S'_0$的转移函数为 $D^2DD^2=D^5$。类似地，$S_0 \to S_2 \to S_3 \to S_1 \to S'_0$，$S_0 \to S_2 \to S_1 \to S_2 \to S_1 \to S'_0$路径的转移函数都是 D^6。这就是该路径与全 0 路径之间的汉明距离。状态方程可以表示为

$$
\begin{aligned}
X_{S_2} &= D^2 X_{S_0} + X_{S_1} \\
X_{S_1} &= DX_{S_2} + DX_{S_3} \\
X_{S_3} &= DX_{S_2} + DX_{S_3} \\
X'_{S_0} &= D^2 X_{S_1}
\end{aligned}
\tag{7-18}
$$

其中，X_{S_0}，…，X_{S_3}，X'_{S_0}都是到达中间节点的局部路径的虚拟变量。转移函数（有时也称为编码的生成函数）$T(D)$，可以表示为 $T(D)=X'_{S_0}/X_{S_0}$。求解式（7-18）的状态方程可得

$$
T(D)=\frac{D^5}{1-2D}=D^5+2D^6+4D^7+\cdots+2^iD^{i+5}+\cdots \tag{7-19}
$$

该编码的转移函数表明，与全 0 序列距离为 5 的路径只有 1 条，距离为 6 的路径有 2 条，距离为 7 的路径有 4 条。编码的自由距离 d_f 就是 $T(D)$展开式中最低项的汉明重量，此例中 $d_f=5$。当编码器约束长度 N 较大时，利用转移函数 $T(D)$分析编码距离特性的方法就不再适用，因为 $T(D)$的复杂性将随着约束长度的增加呈指数级增长。

通过引入额外因子，转移函数还可以提供更多的信息：为状态图的每个分支引入一个额外因子 L，则转移函数中 L 的累积指数即表示从起始状态 S_0 到终止状态 S'_0的分支数；另外在所有由输入信息比特 1 引起的分支转移里引入因子 N，则转移函数中 N 的累积指数即可表示该路径与全 0 路径之间的汉明距离。引入附加因子 L 和 N 后的状态图如图 7-19 所示。状态方程修改如下：

$$
\begin{aligned}
X_{S_2} &= D^2 LNX_{S_0} + LNX_{S_1} \\
X_{S_1} &= DLX_{S_2} + DLX_{S_3} \\
X_{S_3} &= DLNX_{S_2} + DLNX_{S_3} \\
X'_{S_0} &= D^2 LX_{S_1}
\end{aligned}
\tag{7-20}
$$

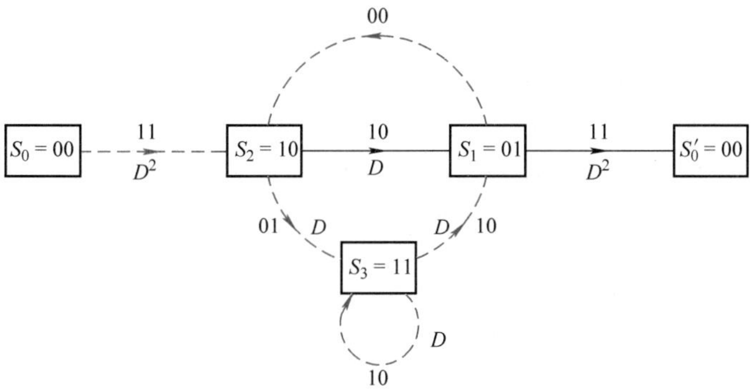

图 7-18 标注了与全 0 路径之间距离的状态图

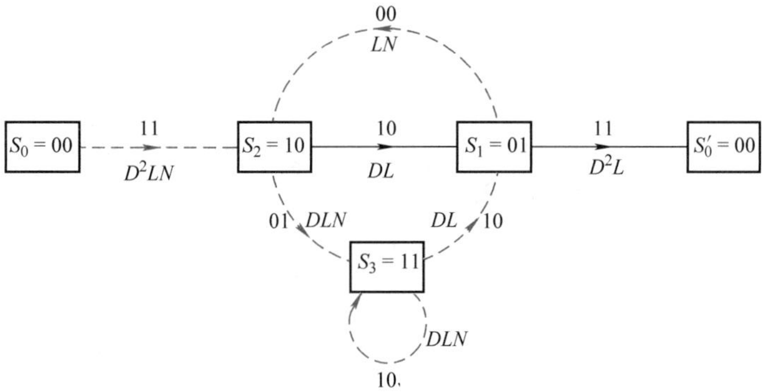

图 7-19 扩展状态图

求解可得扩展后的转移函数为

$$
\begin{aligned}
T(D,L,N) &= \frac{D^5 L^3 N}{1 - DL(1+L)N} \\
&= D^5L^3N + D^6L^4(1+L)N^2 + D^7L^5(1+L)^2N^3 + \cdots + D^{i+5}L^{i+3}N^{i+1} + \cdots
\end{aligned}
\tag{7-21}
$$

现在验证图 7-19 中描述的路径性质：有 1 条距离为 5 的路径，其长度为 3，与全 0 路径的输入序列有 1 比特的差别；有 2 条距离为 6 的路径，其长度分别为 4 和 5，与全 0 路径的输入序列有 2 比特的差别；有 4 条距离为 7 的路径，其中 1 条长度为 5，两条长度为 6，另一条长度为 7，这 4 条路径与全 0 路径的输入序列均有 3 比特的差别。假定全 0 路径是正确路径，但如果因为噪声干扰而选择了一条距离为 7 的路径作为幸存路径，则译码就会产生 3 比特的差错。

由前面分组码的知识可知：纠错能力 t 表示采用最大似然译码时，在码本的每个分组长度内可以纠正的错误码元的个数。但对于卷积码来说，卷积码的纠错能力不能再这样简单地进行描述。完整的说法应当是：当采用最大似然译码时，该卷积码能在 3~5 个约束长度内纠正 t 个差错。确切的长度依赖于差错的分布，对于特定的编码和差错图样，该长度可以用转移函数来界定。

7.4.2　系统卷积码

系统卷积码的定义为：对于（n，k，L）卷积码，当其输入的 k 元组是与其关联的输出 n 元组分支码字的一部分时，这类卷积码称为系统卷积码。图 7-20 显示一个编码效率为 1/2，约束长度 $N=3$ 的系统码编码器。对于线性分组码，将非系统码转换为系统码不会改变分组的距离属性。但对于卷积码，情况则不同，其原因就在于卷积码很大程度上依赖于自由距离。对于给定约束长度和编码效率的卷积码，将其系统化会减小最大自由距离。

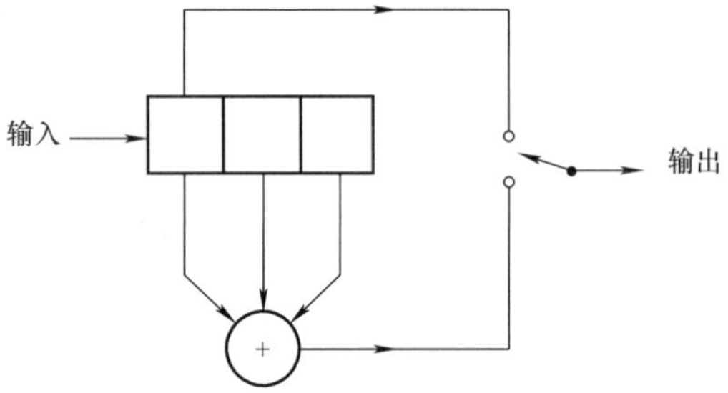

图 7-20　系统卷积码编码器（编码效率为 1/2，$N=3$）

表 7-2 列出了 N 为 2~8，编码效率为 1/2 的系统码和非系统码的最大自由距离。随着约束长度的增加，得到的结果差异也随之增大。

表 7-2　系统码与非系统码的自由距离比较（编码效率为 1/2）

约束长度	系统码自由距离	非系统码自由距离
2	3	3
3	4	5
4	4	6
5	5	7
6	6	8
7	6	10
8	7	10

7.4.3　卷积码中的灾难性错误传播

卷积码中的灾难性错误传播，是指由有限数量的码元差错引起的无限数量的译码错误。Massey 和 Sain 推导了卷积码出现灾难性错误传播的充要条件：对于编码效率为 $1/n$ 的编码方式，发生灾难性错误传播的条件是这些生成多项式包含共同的多项式因子（多项式阶数不低于 1）。例如图 7-21 所示的编码器，编码效率为 1/2，约束长度 $N=3$，生成多项式表示为

$$g_1(D)=1+D$$
$$g_2(D)=1+D^2$$

由于 $1+D^2=(1+D)(1+D)$，所以该编码器会引起灾难性错误传播。

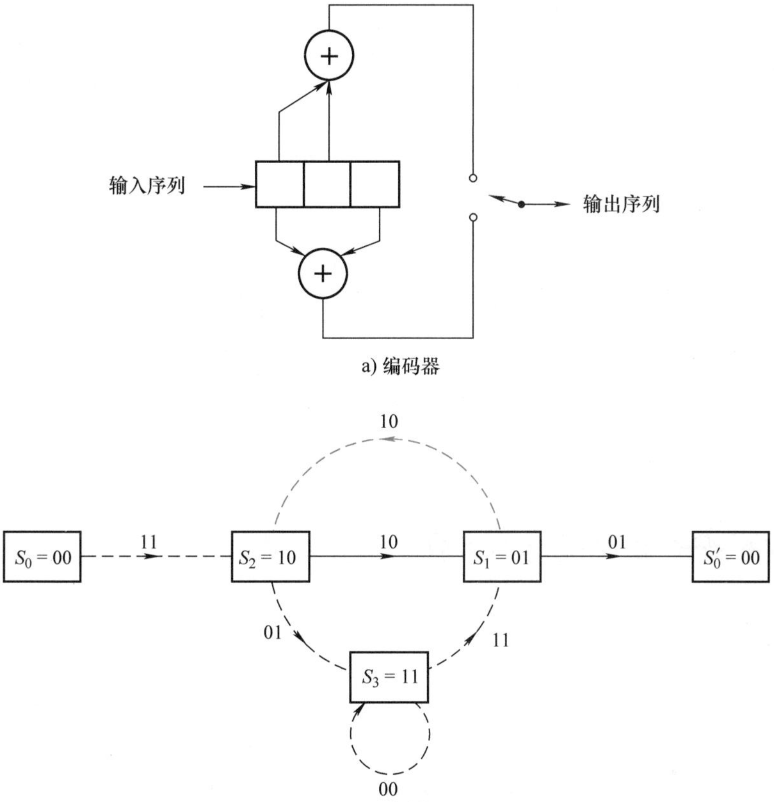

a) 编码器

b) 状态图

图 7-21　引起灾难性错误传播的编码器

从卷积码编码器的状态图来看，当且仅当任意闭环路径的重量为 0 时，才会出现灾难性错误传播。在图 7-21 所示的编码器中，假设全 0 路径是正确路径，由于在 S_3 节点处存在重量为 0 的闭环，那么无论在 S_3 节点处的自环有多少次，不正确路径

$$S_0 \rightarrow S_2 \rightarrow S_3 \rightarrow S_3 \cdots \rightarrow S_3 \rightarrow S_1 \rightarrow S'_0$$

上仅有 6 个 1。举例来说，对于 BSC 信道，若发生 3 个信道比特的差错，结果就会选择这条不正确的路径，并且在这条路径上可以有任意多个判决错误。通过观察可知，对于编码效率为 $1/n$ 的编码器，若编码器的每个加法器都有偶数个连接，那么对应于全 1 状态的自环重量将为 0，这将会引起灾难性错误传播。

系统码的一个重要优点就是不会引起灾难性错误传播，因为系统码的每个闭环上至少有 1 个分支是由非 0 输入比特产生的，从而使每个闭环必有非 0 码元，重量不为 0。不过，可以证明仅有一小部分非系统码（除去所有加法器抽头个数为偶数的）会引起灾难性错误传播。

7.4.4 卷积码的性能界限

可以证明，对于采用硬判决译码的二进制卷积码，其误比特率 P_b 的上界为

$$P_b \leqslant \frac{\mathrm{d}T(D,N)}{\mathrm{d}N}\Big|_{N=1,\ D=2\sqrt{p(1-p)}} \tag{7-22}$$

其中，p 是信道码元差错概率。对图 7-3 所示卷积码编码器，令式（7-21）中的 $L=1$，则转移函数 $T(D,L,N)$ 变为

$$T(D,N)=\frac{D^5N}{1-2DN} \tag{7-23}$$

进一步，有

$$\frac{\mathrm{d}T(D,N)}{\mathrm{d}N}\Big|_{N=1}=\frac{D^5}{(1-2D)^2} \tag{7-24}$$

联立式（7-22）和式（7-24），得

$$P_b \leqslant \frac{\{2[p(1-p)]^{\frac{1}{2}}\}^5}{\{1-4[p(1-p)]^{\frac{1}{2}}\}^2} \tag{7-25}$$

7.5 卷积码的编译码仿真实例

7.5.1 卷积码的编码实现

利用 MATLAB 库函数 convenc 实现编码。

用法：

```
trellis = poly2trellis(constraintlength, codegenerator);
code = convenc(msg, trellis);
```

7.5 卷积码的编译码仿真实例

说明：使用卷积码编码器，对二进制信息 msg 进行编码，其中 trellis 是编码器的网格结构，通过 poly2trellis 函数构造。poly2trellis 是将卷积码多项式转换成 MATLAB 的 trellis 网格表达式的函数，内部参数 constraintlength 是卷积码的约束长度 N，codegenerator 是表示输入输出连接线情况的一个 $k\times n$ 矩阵（用八进制表示），k 为输入信号的个数，n 为输出信号的个数。

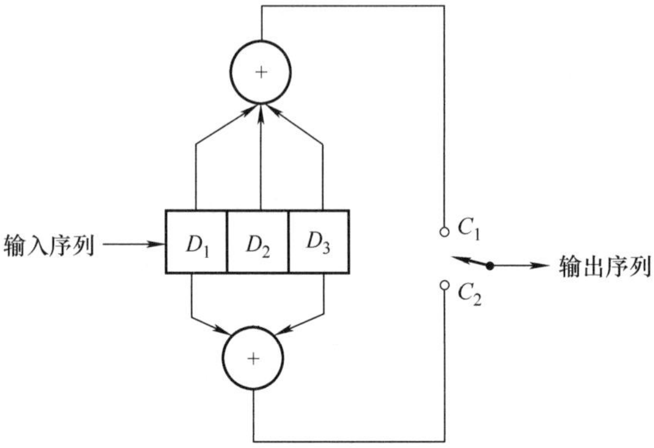

图 7-22 （2，1，2）卷积码编码原理图

例如图7-22 所示的（2，1，2）卷积码编码器，有1个输入，2个输出。那么 constraintlength = 3，codegenerator 为一个 1×2 的矩阵。由图可知，3个移位寄存器皆参与 C_1 的计算，可用向量［1 1 1］表示；1、3号移位寄存器参与 C_2 计算，用向量［1 0 1］表示。转化为八进制，分别为7、5，故有 trellis = poly2trellis（3，［7 5］）。

对应程序如下：

```
msg=[1 0 1 0 0 0];
trellis=poly2trellis([3],[7 5]);
code=convenc(msg,trellis);
```

当输入信息序列 $\boldsymbol{U}$ =［101000］时，卷积码的输出码字序列为 11 10 00 10 11 00。

【例 7-14】 设(3,1,2)卷积码的生成子矩阵 $\boldsymbol{g}_0=[1\ 1\ 1]$、$\boldsymbol{g}_1=[0\ 1\ 0]$、$\boldsymbol{g}_2=[0\ 0\ 1]$，若输入信息序列 $\boldsymbol{U}$ =［1011010100…］时，输出码字序列［111　010　110　101　011　…］。

解　该(3,1,2)卷积码 constraintlength =3，codegenerator 为一个 1×3 的矩阵，对应的连接向量表示为

$$\boldsymbol{l}_1=[g_0(1)\quad g_1(1)\quad g_2(1)]=[1\quad 0\quad 0]$$
$$\boldsymbol{l}_2=[g_0(2)\quad g_1(2)\quad g_2(2)]=[1\quad 1\quad 0]$$
$$\boldsymbol{l}_3=[g_0(3)\quad g_1(3)\quad g_2(3)]=[1\quad 1\quad 1]$$

故有 trellis = poly2trellis(3,［4 6 7］)。

对应程序如下：

```
msg=[1 0 1 1 0 1 0 1 0 0];
trellis=poly2trellis([3],[4 6 5]);
code=convenc(msg,trellis);
```

运行结果为 111 010 110 101 011 110 010 110 010 001，与例 7-2 结果一致。

【例 7-15】 设（3，2，1）卷积码生成子矩阵分别为

$$\boldsymbol{g}_0=\begin{bmatrix}1&0&1\\0&1&0\end{bmatrix}\quad \boldsymbol{g}_1=\begin{bmatrix}0&0&1\\0&0&1\end{bmatrix}$$

若输入信息序列 $\boldsymbol{U}$ =［1011010100…］，输出码字序列 $\boldsymbol{C}$ =［101　110　010　011　001　…］。

解　该(3,2,1)卷积码 constraintlength =2 * 2，codegenerator 为一个 2×3 的矩阵。

$$\boldsymbol{l}_{11}=[g_0(1,1)\quad g_1(1,1)]=[1\quad 0]$$
$$\boldsymbol{l}_{12}=[g_0(1,2)\quad g_1(1,2)]=[0\quad 0]$$
$$\boldsymbol{l}_{13}=[g_0(1,3)\quad g_1(1,3)]=[1\quad 1]$$
$$\boldsymbol{l}_{21}=[g_0(2,1)\quad g_1(2,1)]=[0\quad 0]$$
$$\boldsymbol{l}_{22}=[g_0(2,2)\quad g_1(2,2)]=[1\quad 0]$$
$$\boldsymbol{l}_{23}=[g_0(2,3)\quad g_1(2,3)]=[0\quad 1]$$

故有 trellis = poly2trellis(［2,2］,［2 0 3；0 2 1］)。

对应程序如下：

```
msg=[1 0 1 1 0 1 0 1 0 0 ];
trellis=poly2trellis([2,2],[2 0 3;0 2 1]);
code=convenc(msg,trellis);
```

运行结果为 101 110 010 011 001，与例 7-3 结果一致。

7.5.2 卷积码的译码实现

利用 MATLAB 库函数 vitdec 实现。

用法：

```
msg = vitdec (code, trellis, tblen, opmode, dectype);
```

说明：其中，函数参数 code 为卷积编码，trellis 为网格结构，tblen 表示回溯长度。

opmode 表示 vitdec 函数的 3 种操作模式：

'cont'：假定编码器开始为全 0 状态，译码器从最优路径回溯，延迟 tblen 个符号后译码输出；

'term'：假定编码器开始和结束状态都为全 0 状态，译码器从全 0 状态开始回溯译码，该模式没有延时；

'trunc'：假定编码器开始于全 0 状态，译码器从最优路径回溯，该模式没有延时。

dectype 表示维特比译码的判决模式：

'unquant'：未量化输入，码字包含实值输入；

'hard'：采用硬判决算法；

'soft'：采用软判决算法。

【例 7-16】 (3，1，2) 卷积码译码器的接收码字 $\boldsymbol{r}$ = [111 010 110 101 011 …]，$\boldsymbol{g}_0$ = [1 1 1]、$\boldsymbol{g}_1$ = [0 1 0]、$\boldsymbol{g}_2$ = [0 0 1]，求译码后的信息序列。

解 对应程序如下：

```
r=[1 1 1 0 1 0 1 1 0 1 0 1 0 1 1 1 1 0 0 1 0 1 1 0 0 1 0 0 0 1];
trellis=poly2trellis([3],[4 6 5]);
msg=vitdec(r,trellis,3,'trunc','hard');% 没有延迟,硬判决
```

运行结果为 1011010100，与例 7-14 结果一致。

【例 7-17】 (3，2，1) 卷积码译码器的接收码字 $\boldsymbol{r}$ = [101 110 010 011 001 …]，

$$\boldsymbol{g}_0 = \begin{bmatrix} 1 & 0 & 1 \\ 0 & 1 & 0 \end{bmatrix} \quad \boldsymbol{g}_1 = \begin{bmatrix} 0 & 0 & 1 \\ 0 & 0 & 1 \end{bmatrix}$$

求译码后的信息序列。

解 对应程序如下：

```
r=[1 0 1 1 1 0 0 1 0 0 1 1 0 0 1];
trellis=poly2trellis([2,2],[2 0 3;0 2 1]);
msg=vitdec(r,trellis,3,'trunc','hard');  %没有延迟,硬判决
```

运行结果为 1011010100，与例 7-15 结果一致。

7.6 Turbo 码

7.6 Turbo 码

根据 Shannon 随机编码理论，在信道传输速率 R 不超过信道容量 C 的前提下，只有在码组长度无限的码集合中随机地选择编码码字，并且在接收端采用最大似然译码算法时，才能使误码率接近零。但是最大似然译码的复杂性随编码长度的增加而加大，当编码长度趋于无穷大时，最大似然译码是不可能实现的。因此，多年来随机

编码理论一直是分析与证明编码定理的主要方法，而如何在构造编码上使其发挥充分作用却并未引起人们的足够重视。直到1993年，Turbo码的发现才较好地解决这一问题，为Shannon随机编码理论的应用研究奠定了基础。

7.6.1 Turbo码基本概念

1993年，Claude Berrou等人在国际通信会议上提出了并行级联卷积码（Parallel Concatenated Convolutional Code，PCCC），即Turbo码。由于它很好地应用了香农信道编码定理中的随机性编译码条件，从而获得了几乎接近香农理论极限的译码性能。基本原理是：编码器通过交织器把两个分量编码器进行并行级联，两个分量编码器分别输出相应的校验位比特；而译码器在两个分量译码器之间进行迭代译码，分量译码器之间传递去掉正反馈的外信息。Turbo码具有卓越的纠错性能，性能接近香农限，而且编译码的复杂度不高。

Turbo码巧妙地将两个简单分量码通过伪随机交织器并行级联来构造具有伪随机特性的长码，并通过在两个软输入/软输出（Soft Input Soft Output，SISO）译码器之间进行多次迭代实现伪随机译码。它的性能远远超过了其他的编码方式，得到了广泛的关注和发展，并对当今的编码理论及其研究方法产生了深远的影响，信道编码学也随之进入了一个新的阶段。它结束了长期将信道截止速率作为实际容量限的历史。尽管目前对Turbo码的作用机制尚不十分清楚，对迭代译码算法的性能还缺乏有效的理论解释，但它无疑为最终达到香农信道容量开辟了一条新的途径，其思想在相关研究领域中具有广阔的应用前景。目前，Turbo码被看作自1982年TCM（Trellis Coded Modulation）网格编码调制技术问世以来，信道编码理论与技术研究上所取得的最伟大的技术成就。

7.6.2 Turbo码编码器

并行级联Turbo码编码器的构造如图7-23所示。输入信息 $u=d_k$ 被并行地分为三支，分别对其处理后得到信息码 x_k、删余（puncture）后的校验码 y'_{1k} 和 y'_{2k}，再通过复合器合成一个信息序列发送出去。第一支是系统码的信息 $u=d_k$ 直通通道，由于未做任何处理，速度必然比其他分支快，所以需要加上一个延时，以便与下面两支经交织、编码处理后的信息在时间上匹配。第二支经延时、编码、删余处理后送入复合器，编码方式大多是卷积码，也可以是分组码。第三支经交织、编码、删余处理后送入复合器。编码器1、2叫作子编码器，也叫分量码（Component Codes），两者可以相同，也可以不同，工程实践中两者大多相同。交织的目的是随机化，是为了改变码重分布，如交织前 d_k 对应一个轻码，交织后 d_n 对应一个重码。

交织器是Turbo码编码器的主要组成部分，也是Turbo码的重要特征之一。线性码的纠错译码性能实质上是由码字的重量分布决定的。Turbo码也是线性码，所以其性能也是由码字重量分布决定的。由于交织器实际上决定了Turbo码的重量分布，所以，给定了卷积码编码器后，Turbo码的性能很大程度上就是由交织器来决定的。在低信噪比时，交织器的大小将直接影响Turbo码的差错性能。因为交织长度大时，两个子编码器接收的输入序列的相关性可以很低，就有利于译码迭代，从而使得迭代结果更加准确。在高信噪比时，Turbo码的低重量码字、最小汉明距离或距离谱决定着它可以达到的误码率性能指标，所以交织器的设计会显著地影响低重量码字或距离谱。重量分布是反映纠错码性能的重要指标，所谓具有好

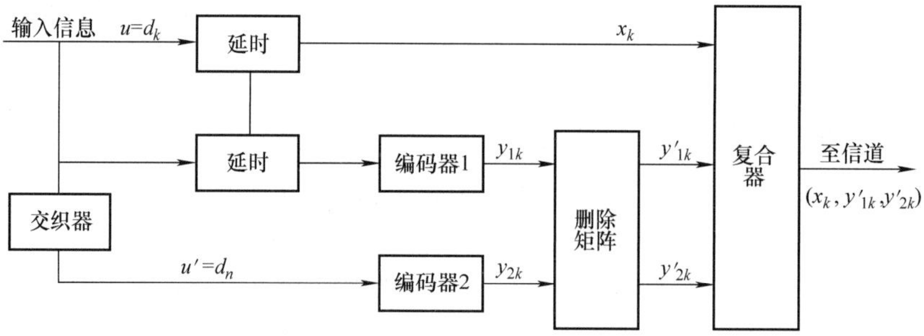

图 7-23　并行级联 Turbo 码编码器的构造

的重量分布，就是要尽量减少低重量的码字的数量。如果没有交织器的作用，Turbo 码的两个子编码器的输入就相同。如果其中一个经编码后产生低重量的码字，那么该序列在经过第二个子编码器输出后也会产生低重量的码字。反之，加入交织器，由于交织器对输入序列进行了置换，使得数据在进入第二个编码器之前被打乱，也就改变了原来信息的排列方式，所以 Turbo 码的两个子编码器同时产生低重量码字输出的可能性就更小了，也就是说交织器减小了 Turbo 码产生低重量码字的概率，从而可以使 Turbo 码有比较好的纠错性能。在 Turbo 码中，利用交织器使码元符号间的相关性减弱，使得进入各个子译码器的信息序列之间不相关。这种去相关的结果使得各个子译码器可以彼此独立工作，软判决信息可以互相利用，判决结果因此更加准确。但是，由于交织器的存在，使得 Turbo 码存在一定的时延，数据帧越长，延时越大。而且交织器的长度会对 Turbo 码的译码性能有很大的影响，交织深度越大，译码的误码率就越低，传输质量也就越高。因此对于那些允许有较大时延的业务，Turbo 码的作用就可以得到充分的发挥；但是对于那些低时延要求的业务，Turbo 码的应用就会受到限制。

删余是通过删除冗余的校验位来调整码率的。Turbo 码由于采用了两个子编码器，因此产生的冗余比特比一般情况多一倍，而这在很多场合下并不需要。但又不能去除两个编码器中的任何一个，折中的办法就是按照一定规律轮流选用两个子编码器的校验比特。举例来说，采用两个码率 $R=1/2$ 的系统卷积码，如果不删余，信息位加两个编码器的各一个校验位将产生 $R=1/3$ 的码流。但如果令编码器 1 的校验流乘以一个删余矩阵 $\boldsymbol{P}_1=[1\quad 0]^{\mathrm{T}}$，而让编码器 2 的校验流乘以删余矩阵 $\boldsymbol{P}_2=[0\quad 1]^{\mathrm{T}}$，就可以在编码器 1 和 2 间轮流取值。此时，虽然 1 位信息仍然产生 2 位校验，但发送到信道上的只是 1 位信息和 1 位轮流取值的校验位，使码率调整为 $R=1/2$。一般情况下，设两编码器的生成矩阵分别为 $\boldsymbol{G}_1$ 和 $\boldsymbol{G}_2$，则两个编码器的输出可以写作矩阵 $[u\boldsymbol{G}_1\quad u'\boldsymbol{G}_2]^{\mathrm{T}}$，这里 u 和 u' 代表交织前后的信息位，$u\boldsymbol{G}_1$ 和 $u'\boldsymbol{G}_2$ 分别是 $1\times N$ 向量，则删余矩阵 $\boldsymbol{P}$ 为 $N\times 2$ 矩阵 $[\boldsymbol{P}_1\quad \boldsymbol{P}_2]$，其中 $\boldsymbol{P}_1$ 和 $\boldsymbol{P}_2$ 为 $N\times 1$ 向量，由 0 和 1 组成，分别表示对两个编码器校验位的选择情况。

借助删余码可用较简单的编译码器（例如 $R=1/2$ 卷积码）实现较高码率（比如 $R=6/7$）的编译码。例如在 1/2 卷积码的网格图上，从一个状态出发或到达一个状态仅有两种可能，Viterbi 算法只需做两条路径的比较，而 6/7 卷积码从一个状态出发或到达一个状态最多可有 $2^6=64$ 种可能，Viterbi 算法最多时需做 64 条路径的比较。一般来说，$R=k/n$ 编码器的每一状态要进行 2^k 次比较。可以想象，如果用 1/2 编码器产生 6/12 码，然后将它缩短到 6/7 码，要比用 6/7 编码器直接编码容易些。这就是 Turbo 码中广泛应用删余技术的原因。需要注意的是 Turbo 码中级联的两个编码器必须是系统码。

7.6.3 Turbo 码译码器

Turbo 码译码器采用反馈结构，以迭代方式译码。与 Turbo 编码器的两个分量编码器对应，译码端也有两个分量译码器，两者的连接方式可以是并行级联（Parallel Concatenation），也可以是串行级联（Series Concatenation），它们的结构分别如图 7-24 和图 7-25 所示。

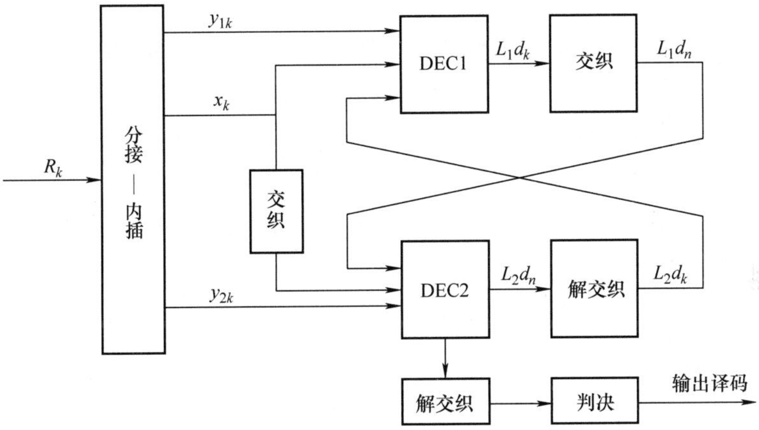

图 7-24 Turbo 码并行级联译码器

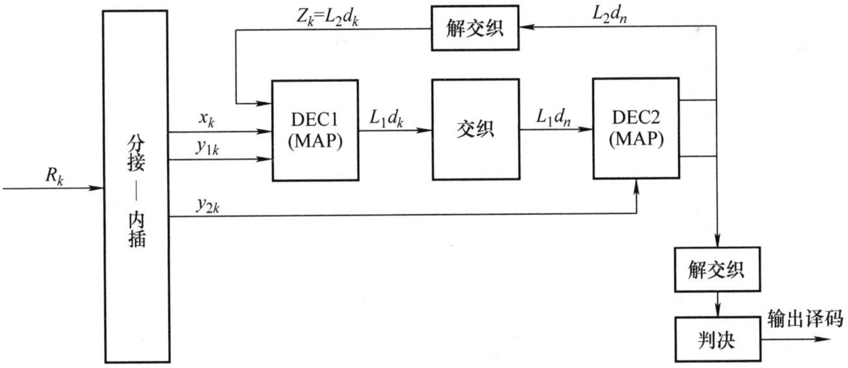

图 7-25 Turbo 码串行级联译码器

对于图 7-24 所示的并行级联的 Turbo 译码器，接收到的数据流中包含三部分内容：信息码 x_k、编码器 1 产生的校验码 y'_{1k}（经删余）和编码器 2 产生的校验码 y'_{2k}（经删余）。对于 Turbo 译码器，无论采用并行级联译码还是串行级联译码，在译码前都首先要进行数据的分离——与发送端复合器功能相反的分接处理，将数据流还原成 x_k、y_{1k} 和 y_{2k} 三路信息。发送端子编码器 1、2 的校验码由于删余，并未全部传送过来，y'_{1k} 和 y'_{2k} 只是 y_{1k} 和 y_{2k} 的部分信息，分接后的校验序列的部分比特位将没有数据，这样就必须根据删余的规律对接收的校验序列进行内插，在被删除的数据位上补以中间量（例如 0 比特），以保证序列的完整性。

Turbo 译码器包含两个独立的子译码器，记作 DEC1 和 DEC2，与 Turbo 编码器的子编码器 1、子编码器 2 对应。DEC1 和 DEC2 均采用软输入/软输出的迭代译码算法，例如 MAP、SOVA 算法。每次迭代有三路输入信息，一是信息码 x_k，二是校验码 y_{1k}和 y_{2k}，三是外信息（也称为边信息或附加信息）。Turbo 码的译码特点正是体现在外信息上，因为通常的系统码译码只需要输入信息码及校验码就够了。这里的外信息是本征信息以外的附加信息，如何产生这类信息及如何运用这类信息就构成了不同的算法。DEC1 和 DEC2 的输出是软输出，与硬输出的不同之处在于：软输出不仅包含本次译码对接收码字的硬估值，还给出了这些估值的可信程度。软输出用似然度表示。根据 DEC1 和 DEC2 连接方式的不同，有并行译码和串行译码之分。

Turbo 码并行译码方案如图 7-24 所示，与图 7-23 所示的 Turbo 编码器对应，送入 DEC1 的是 x_k 及 y_{1k}，其中 $x_k=u=d_k$。送入 DEC2 的是 y_{2k}及交织后的 x_k（即 $u'=d_n$）。完成一轮译码算法后，两个译码器分别输出对 d_k、d_{1k}和 d_n、d_{2k}的译码估值，以及估值的可靠程度，并分别用似然度 $L_1(d_k)$和 $L_2(d_n)$表示。观察图 7-23 所示的 Turbo 编码器，发现校验码 y_{1k}和 y_{2k}虽然是由两个编码器独立产生并分别传输的，但它们是同源的，均取决于信息码 u。于是可合理地推断：DEC1 的译码输出信息必然对 DEC2 的译码有参考作用；反之，DEC2 的译码输出信息对 DEC1 的译码也必然有参考作用。如果将 DEC1 的软输出送入 DEC2，而将 DEC2 的软输出送入 DEC1，必然对两者都有益。事实上，DEC1 提供给 DEC2 的译码软输出 $L_1(d_k)$与 DEC2 的另一支输入 y_{2k}从根源来说，代表同一信息，但它们是相互独立传送的，$L_1(d_k)$对 y_{2k}而言是一种附加信息，使输入到 DEC2 的信息量增加，不确定度（信息熵）减小，从而提高了译码正确性。一个译码器利用另一个译码器的软输出提供的附加信息进行译码，然后将自己的软输出作为附加信息反馈回另一个译码器，整个译码过程可以看作是两个子译码器一次次的信息交换与迭代译码，类似于涡轮机的工作原理，因此将这种码称为 Turbo 码。

由于与 DEC2 对应的 y_{2k}是由 d_k 的交织序列 d_n 产生的，因此 DEC1 软输出 $L_1(d_k)$在送入 DEC2 之前需经交织处理，变为 $L_1(d_n)$以便与 y_{2k}匹配；反之，DEC2 软输出 $L_2(d_n)$在送入 DEC1 之前需经解交织处理。采用这种循环迭代方式，信息可以得到最充分的利用。可以推断：DEC2 译码时利用的 y_{2k}信息并没有被 DEC1 利用，将 DEC2 的译码信息反馈到 DEC1 必然有助于提高 DEC1 的译码性能；另一方面，即使使用了一次的信息，也仅是利用了其中一部分，必然还可以二次、三次地利用。如此，整个译码器的性能可随着迭代而逐步提高。但是，这种提高并不是无限的，因为随着迭代次数的增加，DEC2 与 DEC1 的译码信息中的相互独立的成分（即附加信息）会越来越少，直至降至零。此时信息量已被用尽，继续迭代也就没有意义了，于是迭代终止于 DEC2。最终的软输出经解交织和硬判决后得到译码输出 d_k。

Turbo 串行译码方案如图 7-25 所示。串行译码与并行译码的原理相同，只是 DEC1 和 DEC2 并非同时开始译码，而是先由 DEC1 译码，待 DEC1 的软输出交织后，DEC2 才开始译码。DEC2 的软输出解交织后形成外信息 z_k，送给 DEC1。DEC1 的软输出交织后又送给 DEC2，如此串联循环，直到信息量用尽，迭代结束，最终硬判决译码输出。

串行 Turbo 译码器 DEC1 和 DEC2 的译码、交织、解交织等运算必然造成延时，使 DEC2 产生的外信息 z_k 不可能即时地反馈到 DEC1。两次迭代的时差表现为差分变量，使得不可能有真正意义上的反馈，而是流水线式的迭代结构。

7.7 习题

7-1 设(3, 1, 2)码的生成序列为

$$\boldsymbol{g}(1,1)=[1\quad 1\quad 0]$$
$$\boldsymbol{g}(1,2)=[1\quad 0\quad 1]$$
$$\boldsymbol{g}(1,3)=[1\quad 1\quad 1]$$

(1) 画出它的编码器连接图。

(2) 写出它的生成矩阵。

(3) 输入信息序列 $\boldsymbol{U}=11101$ 时，写出对应的输出码序列。

7-2 已知卷积码的生成序列为

$$\boldsymbol{g}(1,1)=[1\quad 1\quad 0\quad 1]$$
$$\boldsymbol{g}(1,2)=[1\quad 1\quad 1\quad 1]$$

(1) 求出该码的 $\boldsymbol{G}(D)$、$\boldsymbol{H}(D)$矩阵，以及 $\boldsymbol{G}_\infty$ 和 $\boldsymbol{H}_\infty$ 矩阵。

(2) 画出该码的编码器。

(3) 求出相应于信息序列 $\boldsymbol{m}=\{11001\}$ 的编码序列。

(4) 此码是否为系统码?

7-3 已知一卷积码的参数 $n_0=2$，$k_0=1$，其生成多项式为 $g_1(D)=1$，$g_2(D)=1+D$，若输入信息序列为 $\boldsymbol{m}=\{10011\}$：

(1) 画出编码器框图，它的约束长度为多少?

(2) 画出它的树状图、网格图和状态图。

(3) 求编码输出序列，并在树状图和网格图中标出编码路径。

7-4 已知卷积码的约束长度 $N=3$，编码效率为1/3，生成多项式为

$$g_1(D)=D+D^2$$
$$g_2(D)=1+D$$
$$g_3(D)=1+D+D^2$$

求该编码器状态图、树状图及网格图。

7-5 画出图7-26所示卷积码编码器的状态图、树状图及网格图，并利用转移函数的方法找到该编码器的自由距离。

7-6 已知(3, 1, 3)卷积码编码器的输出与输入的关系为

$$c_{1,i}=b_i$$
$$c_{2,i}=b_i+b_{i-1}+b_{i-2}+b_{i-3}$$
$$c_{3,i}=b_i+b_{i-2}+b_{i-3}$$

(1) 画出编码器连接图。

(2) 画出它的网格图和状态图。

(3) 若输入信息序列为{10110}，求编码输出序列。

7-7 已知(2, 1, 2)卷积码编码器的输出与输入的关系为

$$c_{1,i}=b_i+b_{i-1}$$
$$c_{2,i}=b_i+b_{i-1}+b_{i-2}$$

利用维特比译码，当接收序列为{1000100000}时：

(1) 在网格图中标出译码路径，并标出幸存路径的度量。

(2) 求发送序列和译码后的信息序列。

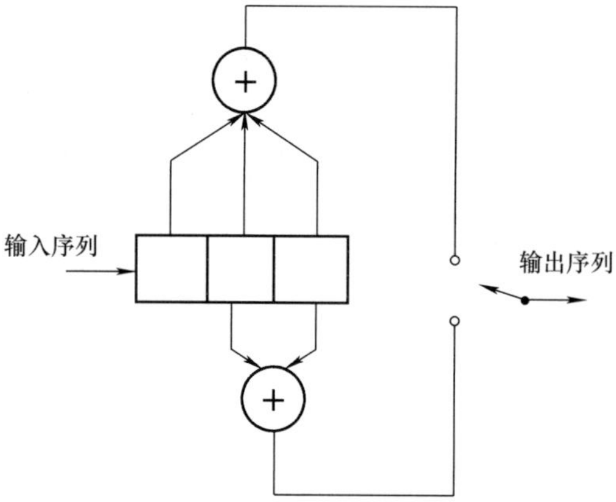

图 7-26 习题 7-5 图

7-8 依据图 7-27 所示的卷积码连接图：

（1）写出编码器的连接向量和连接多项式。

（2）编码器的冲激响应是什么？利用此冲激响应函数，确定输入序列为 {101} 时的输出序列。

（3）画出状态图、树状图和网格图。

（4）分析该编码器是否会引起灾难性错误传播。

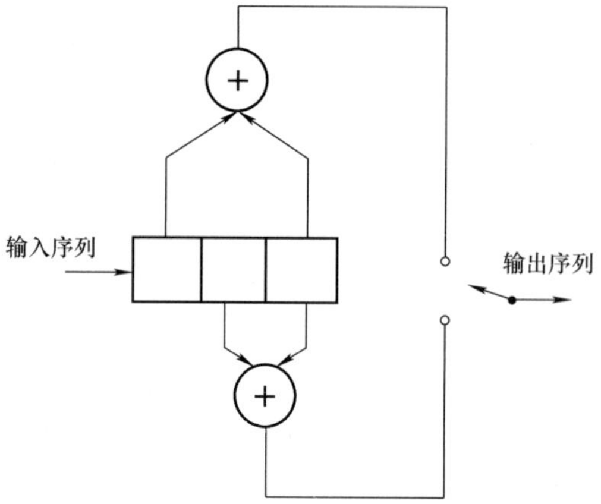

图 7-27 习题 7-8 图

7-9 假设某种编码方案的码字为

$$
\begin{aligned}
a &= 0\quad 0\quad 0\quad 0\quad 0\quad 0\\
b &= 1\quad 0\quad 1\quad 0\quad 1\quad 0\\
c &= 0\quad 1\quad 0\quad 1\quad 0\quad 1\\
d &= 1\quad 1\quad 1\quad 1\quad 1\quad 1
\end{aligned}
$$

经过 BSC 信道后的接收序列为 111010，采用最大似然译码，则译码结果是什么？

7-10 为什么卷积码译码器（如 Viterbi 译码）在译码端所用的记忆单元数越多（大于发送端的记忆单元数），则获得的译码差错概率越小（越逼近理想最佳的最大似然译码）？

7-11 图 7-28 所示约束长度 $N=3$，编码效率为 1/2 的编码器用于 BSC 信道。假设编码器的初始状态为 00，输出端的接收序列 $\boldsymbol{C}=\{11\quad 00\quad 00\quad 10\quad 11\}$。

（1）在网格图中找到最大似然路径，确定译码输出的前 5 位信息比特。若任意两条合并分支的度量取值相等，则选择到达某状态的上半分支。

（2）确定接收序列 **C** 在信道传输过程中受到噪声干扰被改变的信息比特。

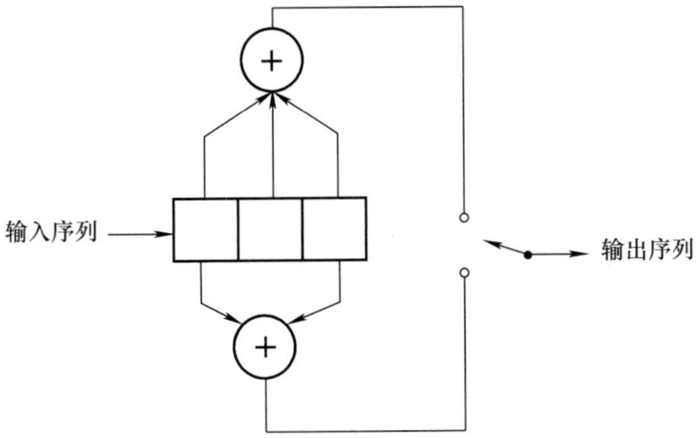

图 7-28 习题 7-11 图

7-12 分析在下列编码效率为 1/2 的编码中，哪些会引起灾难性错误传播？

（1）$g_1(D)=D^2$，$g_2(D)=1+D+D^3$

（2）$g_1(D)=1+D^2$，$g_2(D)=1+D^3$

（3）$g_1(D)=1+D+D^2$，$g_2(D)=1+D+D^3+D^4$

（4）$g_1(D)=1+D+D^3+D^4$，$g_2(D)=1+D^2+D^4$

（5）$g_1(D)=1+D^4+D^6+D^7$，$g_2(D)=1+D^3+D^4$

（6）$g_1(D)=1+D^3+D^4$，$g_2(D)=1+D+D^2+D^4$

7-13 利用图 7-29 所示的编码器网格图上的分支字信息，采用硬判决维特比译码对接收序列 $\mathbf{Z}=\{01\ 11\ 00\ 01\ 11$ 其余为 $0\}$ 进行译码。

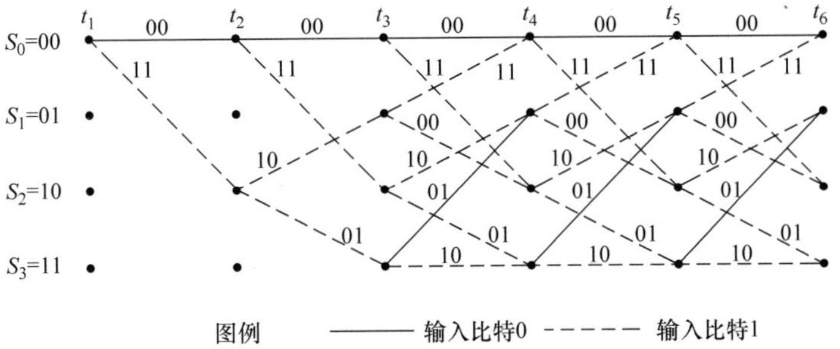

图 7-29 习题 7-13 图

7-14 描述维特比译码过程中的加 - 比较 - 选择（ACS）运算。

7-15 简述 Turbo 码编/译码器的工作原理。

参考文献

[1] COVER T M, THOMAS J A. Elements of Information Theory [M]. 2nd ed. New York: John Wiley & Sons, 2006.

[2] GALLAGER R G. Principles of Digital Communication [M]. London: Cambridge University Press, 2008.

[3] SKLAR B. Digital Communications Fundamentals and Applications [M]. 2nd ed. New York: Pearson Education, 2001.

[4] PROAKIS J G, SALEHI M. Digital Communications [M]. 5th ed. New York: McGraw - Hill, 2008.

[5] HANKERSON D, HARRIS G A, JOHNSON P D. Introduction to Information Theory and Data Compression [M]. 2nd ed. New York: Chapman and Hall, 2003.

[6] BLAHUT R E. Algebraic Codes for Data Transmission [M]. London: Cambridge University Press, 2003.

[7] LIN S, COSTELLO D J. Error Control Coding [M]. 2nd ed. New York: Person Education, 2004.

[8] MORELOS - ZARAGOZA R H. The Art of Error Correcting Coding [M]. 2nd ed. New York: John Wiley & Sons, 2006.

[9] 王育民, 李晖. 信息论与编码理论 [M]. 2 版. 北京: 高等教育出版社, 2013.

[10] 田丽华. 编码理论 [M]. 3 版. 西安: 西安电子科技大学, 2016.

[11] 王新梅, 肖国镇. 纠错码: 原理与应用 [M]. 西安: 西安电子科技大学, 2001.

[12] 傅祖芸. 信息论: 基础理论与应用 [M]. 2 版. 北京: 电子工业出版社, 2007.

[13] 曹雪虹, 张宗橙. 信息论与编码 [M]. 3 版. 北京: 清华大学出版社, 2016.

[14] 李梅, 李亦农, 王玉皞. 信息论基础教程 [M]. 3 版. 北京: 北京邮电大学出版社, 2015.

[15] 陈运, 周亮, 陈新, 等. 信息论与编码 [M]. 3 版. 北京: 电子工业出版社, 2015.

[16] 吴伟陵. 信息处理与编码 [M]. 3 版. 北京: 人民邮电出版社, 2012.